STM32 单片机
系统设计案例与实践

重庆大学出版社

主 编／柏俊杰　郭　旭

副主编／邝巨旺　孙　雄　许弟建　张小云

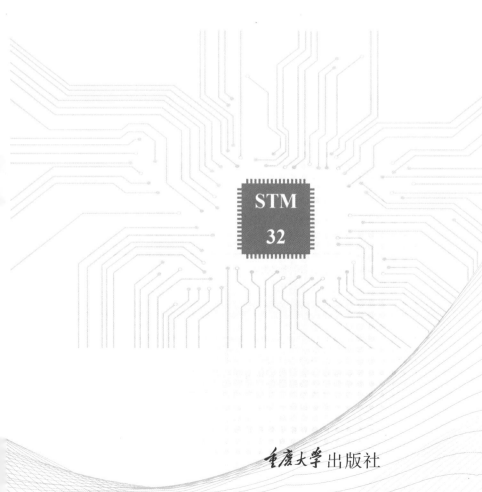

STM
32

重庆大学出版社

内 容 提 要

本书主要涉及基于 C 语言的 STM32 单片机开发与应用技术,包括基础篇和实战篇两部分,以综合案例设计为特色。基础篇的 9 个案例主要针对 STM32 单片机系统设计的基本知识、能力和技术,侧重于单片机 I/O 口、定时器/计数器、外部中断、串口通信等片内资源,以及 STM32 单片机接口技术的初步应用;实战篇的 5 个案例侧重于 STM32 开发技术的综合应用,面向工程实践和创新训练,涉及智能小车、健康监测和移动机器人等多个领域,注重系统架构设计思路与具体的系统硬件与软件设计。

本书可作为高等学校仪器类、电子信息、计算机、自动化和电气、人工智能等专业的案例式教材,用于毕业设计和电子设计竞赛等实践环节,也可作为从事电子设计类工程技术人员的参考用书。

图书在版编目(CIP)数据

STM32 单片机系统设计案例与实践／柏俊杰,郭旭主编. -- 重庆:重庆大学出版社,2024. 11. -- ISBN 978-7-5689-5046-6

Ⅰ. TP368.1

中国国家版本馆 CIP 数据核字第 2024WG6638 号

STM32 单片机系统设计案例与实践

主　编　柏俊杰　郭　旭
副主编　邝巨旺　孙　雄　许弟建　张小云
策划编辑:杨粮菊

责任编辑:姜　凤　　版式设计:杨粮菊
责任校对:关德强　　责任印制:张　策

*

重庆大学出版社出版发行
出版人:陈晓阳
社址:重庆市沙坪坝区大学城西路 21 号
邮编:401331
电话:(023) 88617190　88617185(中小学)
传真:(023) 88617186　88617166
网址:http://www.cqup.com.cn
邮箱:fxk@ cqup. com. cn(营销中心)
全国新华书店经销
重庆正光印务股份有限公司印刷

*

开本:787mm×1092mm　1/16　印张:16.75　字数:419 千
2024 年 11 月第 1 版　　2024 年 11 月第 1 次印刷
ISBN 978-7-5689-5046-6　定价:49.80 元

前 言

近年来，STM32 系列的单片机凭借其高性能、低成本和低功耗等性能特点，发展迅猛，已经成为 32 位单片机市场的主流，在智能仪表、机电一体化、汽车电子、智能家居、医疗设备和多媒体等领域有着广泛应用，在以物联网、大数据、云计算、移动互联和人工智能等新兴技术为引领的智能产业中发挥着举足轻重的作用。目前，以 STM32 为代表的嵌入式技术开发人员存在巨大缺口，各大跨国公司及家电等产业都面临着嵌入式人才严重短缺的挑战。

本书以 STM32 单片机的工程实践和创新能力训练为牵引，由易到难、逐步深入，编写了基础篇和实战篇的 STM32 单片机实践案例。全书精选 14 个 STM32 单片机技术开发案例，由浅入深地介绍 STM32 系列单片机的开发技术。每个案例均有完整的软硬件开发过程，充分展现了生动的设计场景、明确的设计目标、详细的系统软/硬件设计和功能实现过程。实战篇的 5 个案例均附有完整的 C 语言开发代码，读者可在源代码的基础上快速进行二次开发，便于将其转化为各种比赛和创新、创业的案例。本书不仅可为高等院校相关专业师生提供教学案例，还可为工程技术人员和科研人员提供较好的参考资料。

为了配合本书的编写、出版工作，重庆科技大学联合海口丰润动漫单片机微控科技开发有限公司开发了 STM32 单片机开发板及 STM32 单片机实训实验台。依托"开发版"和"实训实验台"完成了全书的案例设计、开发和调试。STM32 单片机开发板和实训实验台已应用到多所学校的课程学习和课外创新活动中。

本书各章编写情况如下：重庆科技大学柏俊杰负责全书的修改和统稿工作，并编写了第 13、14 和 15 章；重庆化工职业学院郭旭编写了第 1、11 和 12 章；海南微控科技有限公司的邝巨旺和孙雄共同编写了第 2—9 章,重庆科技大学许弟建和张小云协助编写和校对了这些章节,重庆轻工职业陈永康编写了第 10 章。另外,重庆科技大学已经毕业的学生李本川、张天豪、夏紫贤、杨璐华和罗丽对本书案例的软硬件系统设计和调试做了大量的工作,在此向他们表示感谢。最后,感谢海南微控科技有限公司为本书的编写提供 STM32 单片机开发板和实验台,在此向该公司表示衷心的感谢。

由于笔者的水平和经验有限,疏漏之处在所难免,恳请专家和读者批评指正。

柏俊杰

2024 年 3 月

目录

第1篇 基础篇

第1章 MDK 软件入门 ·············· 1
1.1 STM32 官方固件库简介 ········· 1
1.2 MDK5 简介 ················ 7
1.3 新建基于 V3.5.0 固件库的 MDK5 工程模板 ······· 8
1.4 程序下载与调试 ············· 29
1.5 MDK5 使用技巧 ············ 38

第2章 跑马灯实验 ·············· 48
2.1 STM32 I/O 口简介 ·········· 48
2.2 硬件设计 ················ 55
2.3 软件设计 ················ 56
2.4 下载验证 ················ 68

第3章 按键实验 ··············· 69
3.1 STM32 I/O 口简介 ·········· 69
3.2 硬件设计 ················ 69
3.3 软件设计 ················ 71
3.4 下载验证 ················ 76

第4章 串口实验 ··············· 77
4.1 STM32 串口简介 ············ 77
4.2 硬件设计 ················ 80
4.3 软件设计 ················ 81
4.4 下载验证 ················ 85

第5章 外部中断实验 ············· 87
5.1 STM32 外部中断简介 ········· 87
5.2 硬件设计 ················ 91
5.3 软件设计 ················ 91

5.4　下载验证 …………………………………… 96

第6章　定时器中断实验 …………………………… 97
6.1　STM32 通用定时器简介 ……………………… 97
6.2　硬件设计 …………………………………… 102
6.3　软件设计 …………………………………… 102
6.4　下载验证 …………………………………… 105

第7章　PWM 输出实验 …………………………… 106
7.1　PWM 简介 …………………………………… 106
7.2　硬件设计 …………………………………… 110
7.3　软件设计 …………………………………… 110
7.4　下载验证 …………………………………… 113

第8章　TFT 液晶显示实验 ……………………… 114
8.1　TFT LCD 简介 ……………………………… 114
8.2　硬件设计 …………………………………… 116
8.3　软件设计 …………………………………… 116
8.4　下载验证 …………………………………… 127

第9章　ADC 实验 …………………………………… 128
9.1　STM32 ADC 简介 …………………………… 128
9.2　硬件设计 …………………………………… 137
9.3　软件设计 …………………………………… 137
9.4　下载验证 …………………………………… 140

第10章　DAC 实验 ………………………………… 141
10.1　STM32 DAC 简介 …………………………… 141
10.2　硬件设计 …………………………………… 146
10.3　软件设计 …………………………………… 147
10.4　下载验证 …………………………………… 150

第2篇　实战篇

第11章　基于STM32 的智能小车控制系统设计 … 151
11.1　智能小车控制系统简介 …………………… 151
11.2　智能小车控制系统方案设计 ……………… 152
11.3　智能小车控制系统硬件设计 ……………… 157

11.4　智能小车控制系统软件设计 ·················· 161

11.5　智能小车控制系统调试 ····················· 167

第12章　智能小车路线规划与自主避障系统设计 ······· 171

12.1　系统简介 ····························· 171

12.2　系统方案设计 ························· 171

12.3　系统硬件设计 ························· 176

12.4　系统软件设计 ························· 180

12.5　系统测试与优化 ······················· 184

第13章　基于手势控制的智能小车的设计与研究 ······· 190

13.1　实验简介 ····························· 190

13.2　系统方案设计 ························· 190

13.3　系统硬件设计 ························· 197

13.4　系统软件设计 ························· 203

13.5　系统调试 ····························· 209

第14章　基于毫米波雷达的睡眠状态检测系统设计 ··· 218

14.1　基于毫米波雷达简介 ··················· 218

14.2　系统总体方案设计 ····················· 218

14.3　系统硬件设计 ························· 224

14.4　软件设计 ····························· 228

14.5　云平台与App设计 ····················· 231

14.6　实验研究 ····························· 235

第15章　基于气体传感器阵列的"电子鼻"系统设计 ··· 240

15.1　系统总体方案设计 ····················· 240

15.2　硬件介绍 ····························· 241

15.3　电子鼻系统硬件设计 ··················· 242

15.4　气体传感器阵列设计 ··················· 245

15.5　软件系统设计 ························· 246

15.6　气源定位追踪方案设计 ················· 249

15.7　气源定位追踪程序设计 ················· 250

15.8　综合实验结果及分析 ··················· 252

15.9　总结 ································· 259

参考文献 ·································· 260

第 1 篇
基础篇

本篇包括 9 个 STM32 单片机开发的基础应用案例,主要针对 STM32 单片机系统设计的基本知识、能力和技术,侧重于单片机输入/输出(Input/Output, I/O)口、定时器/计数器、外部中断、串口通信等片内资源,以及 STM32 单片机接口技术的初步应用。

第 1 章
MDK 软件入门

本章介绍 MDK5 软件的使用,通过本章的学习,将建立一个新的 MDK5 工程。此外,还介绍了 MDK5 软件的使用技巧,让读者能够对 MDK5 软件有更加全面的了解。

1.1 STM32 官方固件库简介

意法半导体(STMicroelectronics, ST)为方便用户开发程序,提供了一套丰富的 STM32 官方固件库。对于初学用户来说,可能不理解什么是固件库,也不明白它与直接操作寄存器开发有什么区别和联系。本节将讲解 STM32 官方固件库的基础知识,希望能够让读者对 STM32

官方固件库有一个初步的了解。本章部分图片来源于权威手册(《STM32 固件库使用手册中文翻译版》),这一节的知识可以参考手册 P32,该手册对固件库有更加详细的讲解。

提示:固件库 V3.5 光盘路径(压缩包形式):【ARM 嵌入式教学演示开源资源包\4_STM32 参考资料\STM32 固件库使用参考资料】。

1.1.1 库开发与寄存器开发的关系

很多用户都是从学习 51 单片机的开发或者 Arduino 单片机的开发转而想进一步学习 STM32 单片机的开发。他们习惯了 51 单片机的寄存器开发方式,当突然面对 ST 提供的 STM32 官方固件库时,却无从下手。下面将通过一个简单的例子对 STM32 官方固件库,以及它与寄存器开发之间的关系进行讲解。可以概括为:固件库就是一系列函数的集合,固件库函数的作用是在底层负责与寄存器直接交互,在上层向用户提供函数调用接口(Application Programming Interface,API)。

在 51 单片机的开发中,常用的作法是直接操作寄存器。例如,要控制某些 I/O 口的状态,可直接操作寄存器:

```
P0 = 0x11;
```

而在 STM32 的开发中,同样可以直接操作寄存器:

```
GPIOx->BRR = 0x0011;
```

但这种方法的劣势在于需要掌握每个寄存器的用法,才能正确使用 STM32。对于 STM32 这种级别的微控制单元(Microcontroller Unit,MCU),数百个寄存器记忆起来相当困难。于是 ST 推出了官方固件库,固件库将寄存器底层操作进行封装,提供一整套接口供开发者调用。大多数场合下,开发者无须直接操作寄存器,只需调用该函数即可。

例如,对于通过控制位重置寄存器(Bit Reset Register,BRR)实现电平控制,官方库封装了一个函数:

```
void GPIO_ResetBits(GPIO_TypeDef* GPIOx, uint16_t GPIO_Pin)
{


GPIOx->BRR = GPIO_Pin;
}
```

这时无须直接操作 BRR 寄存器,只需掌握 GPIO_ResetBits() 函数的使用方法即可。在对外设工作原理有一定的了解之后,再去查看固件库函数,可以发现函数名基本上能反映这个函数的功能以及应用,这样开发过程更简便。

无论处理器的复杂性和先进性达到何种程度,其底层操作都是对处理器的寄存器进行直接控制。但固件库并不是万能的,若想要精通 STM32,仅凭学习 STM32 固件库是远远不够的。还需了解 STM32 的内部工作原理,才可能在固件库开发过程中达到得心应手、游刃有余的境地。

1.1.2　STM32 官方固件库与 CMSIS 标准讲解

前一节讲到 STM32 官方固件库就是一系列函数的集合,那么对这些函数有什么要求呢? 这就涉及一个 CMSIS 标准(Cortex Microcontroller Software Interface Standard) 的基础知识,这部分知识可以在《Cortex-M3 权威指南》中了解,这里只对权威指南的讲解进行概括性的介绍。常有人探究 STM32、ARM 处理器/主控模板(Advanced RISC Machine,ARM) 以及 ARM7 之间的关联,实际上 ARM[Arm Limited(or its affiliates)]是一个做芯片标准的公司,它负责的是芯片内核的架构设计,德州仪器(Texas Instruments,TI)、ST 公司不制定标准,而是根据 ARM 公司提供的芯片内核标准设计自己芯片的公司。在 ARM 的标准下,任何一款采用 Cortex-M3 内核的芯片结构都是一样的,这些芯片仅在存储器容量、片上外设、I/O 口以及其他功能模块上存在差异。不同公司设计的 Cortex-M3 芯片的端口数量、串口数量及控制方法等方面都是有区别的,这些资源可以根据各自的需求和设计理念来定制。即使是同一家公司基于 Cortex-M3 内核设计的芯片,在片上外设也会有很大的区别。例如,STM32F103RBT 和 STM32F103ZET 这两款芯片在片上外设就有很大的区别。

通过《Cortex-M3 权威指南》可以了解到,芯片虽然是由芯片公司设计的,但内核必须服从 ARM 公司提出的 Cortex-M3 内核标准,芯片公司每卖出一片芯片,就需要向 ARM 公司交一定的专利费,Cortex-M3 芯片结构如图 1.1 所示。

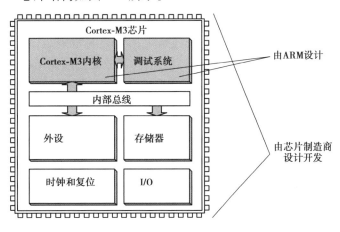

图 1.1　Cortex-M3 芯片结构

采用 Cortex-M3 内核的芯片,其核心架构具有一定的共性。为确保不同的芯片公司生产的 Cortex-M3 芯片能在软件上实现基本兼容,ARM 公司和芯片生产商共同制订了一套标准,即 CMSIS 标准,译为“ARM Cortex™ 微控制器软件接口标准”。ST 官方固件库就是根据这套标准设计的。CMSIS 应用程序的基本结构如图 1.2 所示。

CMSIS 分为 3 个基本功能层:

①核内外设访问层:ARM 公司提供的访问层,定义处理器内部寄存器地址以及功能函数。

②中间件访问层:定义访问中间件的通用 API,也是由 ARM 公司提供的。

③外设访问层:定义硬件寄存器的地址以及外设的访问函数。

如图 1.2 所示,CMSIS 层在整个系统中处于中间层,向下负责与内核和各个外设直接交互,

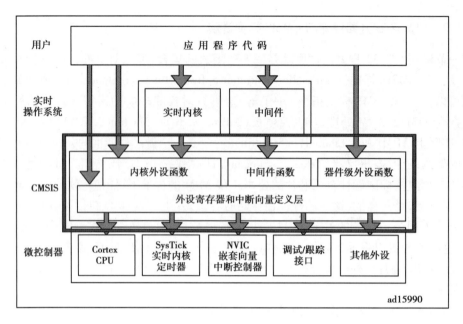

图 1.2　基于 CMSIS 应用程序的基本结构

向上提供实时操作系统用户程序调用的函数接口。如果没有 CMSIS 标准,各个芯片公司就会设计自己喜欢的库函数,而 CMSIS 标准旨在确保芯片生产公司设计的库函数遵循统一的规范。

　　在使用 STM32 芯片时,首先要进行系统初始化,CMSIS 标准规定,系统初始化函数的名字必须为 SystemInit,因此各个芯片公司在编写自己的库函数时必须用 SystemInit 对系统进行初始化。

　　CMSIS 标准还对各个外设驱动文件的文件名和函数名等进行了一系列规定。例如,上一节提到的 GPIO_ResetBits( )函数名也是不能随便定义的,必须遵循 CMSIS 标准。

1.1.3　STM32 官方库包介绍

　　ST 官方提供的固件库完整包可以在官方网站下载,或在光盘中查看。固件库是不断完善升级的,所以有不同的版本,本书使用的是 V3.5.0 版本的固件库,可在【ARM 嵌入式教学演示开源资源包\4_STM32 参考资料\STM32 固件库使用参考资料\STM32F10x_StdPeriph_Lib _V3.5.0】下查看,官方库目录列表如图 1.3 和图 1.4 所示。

图 1.3　官方库包目录

图 1.4　官方库目录列表

1) 文件夹介绍

Libraries 文件夹中的文件在建立工程时都会使用到。Libraries 文件夹下有 CMSIS 和 STM32F10x_StdPeriph_Driver 两个目录,这两个目录包含固件库核心的所有子文件夹和文件。其中,CMSIS 目录下是启动文件,STM32F10x_StdPeriph_Driver 是 STM32 固件库源码文件。源码文件目录下面的 inc 目录存放的是 stm32f10x_xxx. h 头文件,无须改动;src 目录下存放的是 stm32f10x_xxx. c 格式的固件库源码文件。每一个“. c”文件都和一个相应的“. h”文件对应。这里的文件也是固件库的核心文件,每个外设对应一组文件。

Project 文件夹下有两个文件夹。STM32F10x_StdPeriph_Examples 文件夹下存放的是 ST 官方提供的固件实例源码,可在开发过程中,参考修改这个官方提供的包。如通过使用实例来快速驱动自己的外设,很多开发板的实例都参考了官方提供的例程源码,这些源码对于后续学习至关重要。STM32F10x_StdPeriph_Template 文件夹下存放的是工程模板。

Utilities 文件夹下存放的是官方评估板的部分对应源码,根目录中还有一个 stm32f10x_stdperiph_lib_um. chm 文件,该文件在开发过程中是一个非常常用且实用的固件库的帮助文档。

2) 关键文件介绍

Libraries 目录下的几个重要文件如下:

core_cm3. c 和 core_cm3. h 文件位于 \ Libraries \ CMSIS \ CM3 \ CoreSupport 目录下,是 CMSIS 的核心文件,提供进入 Cortex-M3 内核的接口,这些文件由 ARM 公司提供,对所有采用 Cortex-M3 内核的芯片都是通用的。因此,这些文件不需要被修改。

在 CoreSupport 同一级目录下,还有一个 DeviceSupport 文件夹。DeviceSupport \ ST \ STM32F10x 文件夹下,主要存放一些启动文件,以及基础的寄存器定义和中断向量定义的文件,如图 1.5 所示。这个目录下有 3 个文件:system_stm32f10x. c,system_stm32f10x. h 以及 stm32f10x. h 文件。其中,system_stm32f10x. c 和对应的头文件 system_stm32f10x. h 的功能是设置系统以及总线时钟。这两个文件中有一个非常重要的 SystemInit( )函数,该函数在系统启动时会被调用,用来设置系统的整个时钟系统。

> CMSIS > CM3 > DeviceSupport > ST > STM32F10x >

共享 ▼   刻录   新建文件夹

名称	修改日期	类型	大小
startup	2012/11/2 13:40	文件夹	
stm32f10x.h	2011/3/10 10:51	C/C++ Header	620 KB
system_stm32f10x.c	2011/3/10 10:51	C Source	36 KB
system_stm32f10x.h	2011/3/10 10:51	C/C++ Header	3 KB

图 1.5　DeviceSupport\ST\STM32F10x 目录结构

stm32f10x.h 这个文件相当重要,只要涉及 STM32 开发,几乎要时刻查看这个文件中的相关定义。这个文件包含了大量的结构体以及宏定义,主要用于系统寄存器的定义声明以及内存操作的封装。关于这些定义声明的内存操作封装的具体实现方式,将在后续章节中进行讲解。

图 1.6　startup 文件

DeviceSupport \ ST \ STM32F10x 目录下,还有一个 startup 文件夹,这个文件夹存放的是启动文件。在 \startup\arm 目录下,可以看到 8 个 startup 开头的".s"文件,如图 1.6 所示。

这 8 个启动文件适用于不同容量的芯片。对于 STM32F103 系列,主要使用以下 3 个启动文件:

startup_stm32f10x_ld.s:适用于小容量产品;
startup_stm32f10x_md.s:适用于中等容量产品;
startup_stm32f10x_hd.s:适用于大容量产品。

这里的容量是指 Flash 的大小,判断方法如下:

小容量:Flash≤32 kB;

中容量:64 kB≤Flash≤128 kB;

大容量:256 kB≤Flash≤512 kB。

嵌入式单片机实验台采用的是 STM32F103RCT6,属于大容量产品,所以启动文件选择 startup_stm32f10x_hd.s。打开启动文件可以得知其作用主要是进行堆栈等系统资源的初始化,设置中断向量表并定义中断函数。启动文件要引导程序进入 main 函数。Reset_Handler 中断函数是唯一实现了中断处理的函数,其他的中断函数基本上进入无限循环。Reset_handler 在系统启动时会被调用,Reset_handler 代码如下:

```
;Reset handler
Reset_HandlerPROC
            EXPORT      Reset_Handler           [WEAK]
            IMPORT      __main
            IMPORT      SystemInit
```

```
LDR       R0 , = SystemInit
BLX       R0
LDR       R0 , = __main
BX        R0
ENDP
```

这段代码无须看懂,这里面要引导进入 main 函数。在进入 main 函数前,首先要调用 SystemInit( )系统初始化函数。

stm32f10x_it. c, stm32f10x_it. h 以及 stm32f10x_conf. h 等文件,这里就不一一介绍。Stm32f10x_it. c 文件是用来编写中断服务函数的,中断服务函数也可以随意编写在工程的任意一个文件中。打开 Stm32f10x_conf. h 文件可以看到一堆#include。这里建立工程时,可以注释掉一些不用的外设头文件。

1.2　MDK5 简介

MDK 源自德国的 KEIL 公司,是 RealView MDK 的简称。MDK 被全球超过 10 万名嵌入式开发工程师使用。本书使用的版本为 MDK5.10,该版本使用 μVision5 IDE 集成开发环境,是目前针对 ARM 处理器,尤其是 Cortex-M3 内核处理器的最佳开发工具。

MDK5 向后兼容 MDK4 和 MDK3 等,以前的项目同样可以在 MDK5 上进行开发(但是头文件方面用户需自己全部添加),MDK5 加强了针对 Cortex-M3 微控制器开发的支持,并且对传统的开发模式和界面进行升级,MDK5 由两个部分组成:MDK Core(MDK 核心)和 Software Packs(包安装器),如图 1.7 所示。其中,Software Packs 可以独立于工具链进行新芯片支持和中间库的升级。

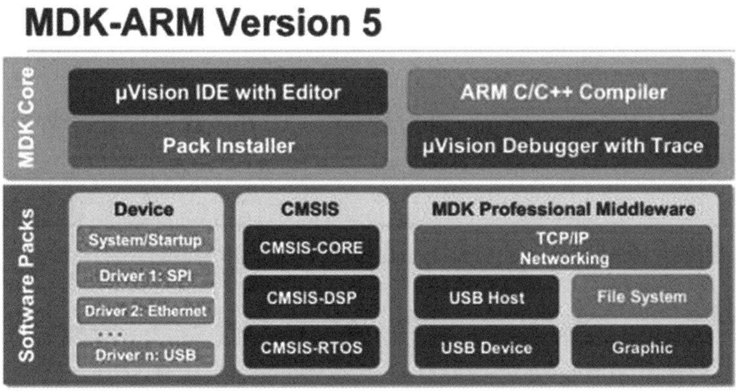

图 1.7　MDK5 组成

从上图可以看出,MDK Core 分成 4 个部分:μVision IDE with Editor(编辑器),ARM C/C++ Compiler(编译器), Pack Installer(包安装器), μVision Debugger with Trace(调试跟踪器)。μVision IDE 从 MDK4.7 版本开始就加入代码提示功能和语法动态检测等实用功能,相较于以往的集成开发环境(Integrated Development Environment, IDE)有很大改进。

Software Packs 又分为 Device(芯片支持)、CMSIS(ARM Cortex 微控制器软件接口标准)和 MDK Professional Middleware(中间库)3 个部分,通过包安装器,可以安装最新的组件,从而支持新的器件、提供新的设备驱动库以及最新例程等,加速产品开发进度。

以往的 MDK 把所有组件整合在一个安装包中,显得十分"笨重";MDK5 则不一样,MDK Core 部分是一个独立的安装包,它不包含器件支持、设备驱动、CMSIS 等组件,大小不到 300 MB,相较于 MDK4.70,体积缩减明显。MDK5 安装包可以在官方网站下载。器件支持、设备驱动、CMSIS 等组件,则可以单击 MDK5 的 Build Toolbar 的最后一个图标调出 Pack Installer,来进行各种组件的安装。也可以在官方网站下载,再进行安装。

在学习 STM32F103 的过程中,还需要安装两个软件包:ARM. CMSIS. 3. 20. 4. pack(用于支持 ST 标准库,即 STM32 的库函数)和 Keil. STM32F1xx_DFP. 1. 0. 4. pack(STM32F1 系列的器件库)。这两个包以及 MDK5.10 的安装程序,均已在实验台配套资料中提供,自行安装即可。

1.3　新建基于 V3.5.0 固件库的 MDK5 工程模板

前面的章节介绍了 STM32 官方库包的一些知识,本小节将着重讲解建立基于固件库的工程模板的详细步骤。在此之前,需要准备如下资料:

(1)V3.5.0 固件库包。从 ST 官网下载的 STM32F10x_StdPeriph_Lib_V3.5.0 固件库完整版,配套资料目录(压缩包):ARM 嵌入式教学演示开源资源包\4_STM32 参考资料\STM32 固件库使用参考资料。

(2)MDK5 开发环境(目前实验台开发环境使用该版本)。安装包在配套资料的软件目录下,路径为:软件资料\软件\MDK5。

(3)MDK 注册机。该注册机在配套资料的 MDK 同一目录下,光盘目录为:软件资料\软件\MDK5\keygen. exe。

1.3.1　MDK5 安装步骤

MDK5 的安装请参考实验台配套资料:ARM 嵌入式教学演示开源资源包\MDK5.10。安装手册的". pdf"文件详细介绍了 MDK5 的安装方法,按照手册的安装步骤安装即可。需要特别说明的是,若使用过其他版本的 MDK 或者 Keil,请确保新的 MDK5.10 的安装路径与以往版本的 MDK 或者 Keil 的安装路径不同,否则,可能会出现一些奇怪的错误。

1.3.2　添加 License Key

MDK 针对每台计算机都会生成一个客户识别码(Customer ID,CID),将这个 CID 复制到注册机中生成 License Key(许可证密钥),然后再将这个 License Key 添加到 MDK 中注册。详细步骤如下。

(1)打开运行 MDK。这里要注意,在有些版本的 Windows 系统(如 Windows Vista)中,需要右键单击 MDK 的快捷方式选择"以管理员身份运行",因为注册 license(许可证)需要管理员权限。打开 MDK 后有一个名为"LPC2129 simulator"的默认项目,暂时可以不用理会。

(2)单击"File",选择"License Management",会弹出一个 License Management 界面,复制

界面中的 CID,如图 1.8 和图 1.9 所示。

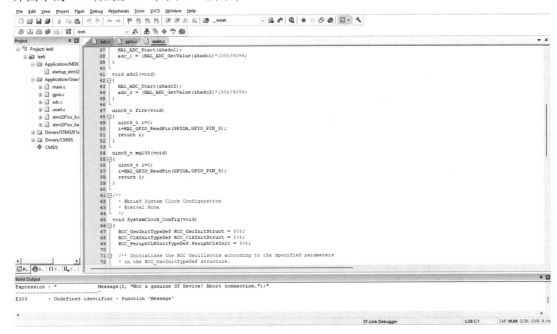

图 1.8　License Management 选择

图 1.9　获取 CID

（3）打开光盘（软件资料\软件\MDK5\keygen.exe）下的注册机，注册机通常与 MDK 安装包放在同一目录下。

（4）接着会出现注册界面，将刚才复制的 CID 粘贴到 CID 输入框，然后在 Target 选项中选择"ARM"后，单击"Generate"，在如图 1.10 所示的圈中部分会生成一串 30 位的 License Key。License Key 的格式：CZL2Z-J4K4V-01LP1-CEKPL-CXLRQ-C7U0D。

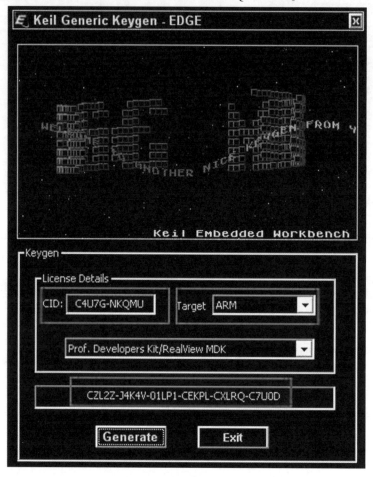

图 1.10　生成 License Key

（5）如图 1.11 所示，将这个 License Key 粘贴到 Keil 的 License Management 界面的 New License ID Code(LIC)一栏，然后单击"Add LIC"，添加成功后会出现成功提示。单击"Close"关闭这个界面即可。到此 License Key 便添加完成。添加成功后界面会显示"LIC Added Successfully"，如图中圈中部分所示。

1.3.3　新建工程模板

在新建工程之前，建议将这一小节新建的工程放在光盘目录"ARM 嵌入式教学演示开源资源包\1_STM32 程序源码（标准库 V3.5 版本）\1_基础实验部分\00_Template 工程模板"下。如果在学习新建工程的过程中遇到问题，可以直接打开这个工程模板文件夹进行对比和配置。

（1）在建立工程之前，建议用户在电脑的某个目录下新建一个文件夹，用于存放后面所建立的工程，如新建一个名为 Template 的文件夹。

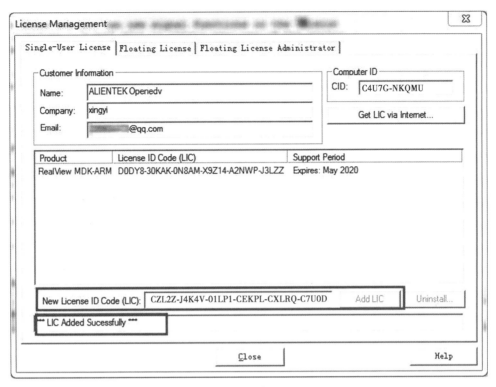

图 1.11　添加 License Key 成功

（2）单击 Keil 的菜单：Project ->New μVision Project，然后将目录定位到刚才建立的"Template"文件夹。在这个目录下再建立一个子文件夹 USER（用于存放代码工程文件，可在 USER 目录下再新建一个"Project"子目录）。然后将项目定位到 USER 目录下，这样工程文件就都被保存到 USER 文件夹中。工程命名为 Template，单击"保存"，如图 1.12 和图 1.13 所示。

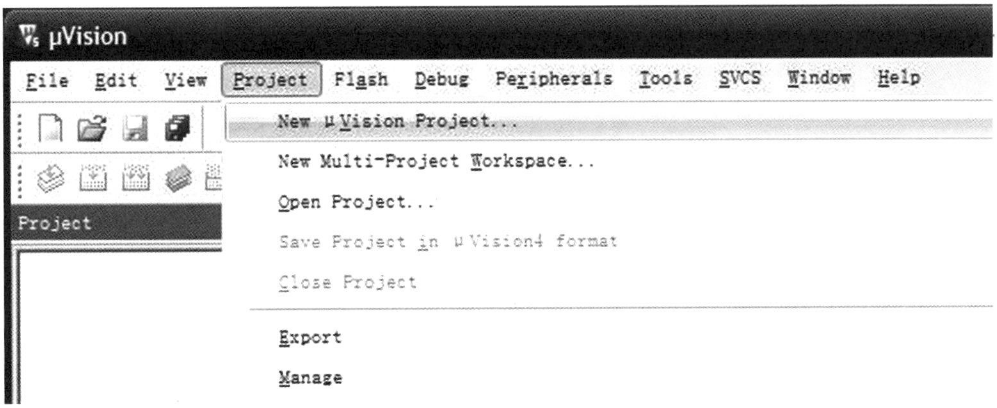

图 1.12　新建工程

（3）接下来会出现一个选择 Device 的界面，该界面用于选择芯片型号，定位到 STMicro-electronics 下的 STM32F103RC（该型号针对实验台中的 STM32 芯片）。这里选择路径为：ST-Microelectronics -> STM32F103RC -> ARM -> STM32F103 -> STM32F103RC，如图 1.14 所示。（如果使用的是其他系列的芯片，选择相应的型号即可。特别注意：一定要安装对应的器件 pack 才会显示这些内容！）

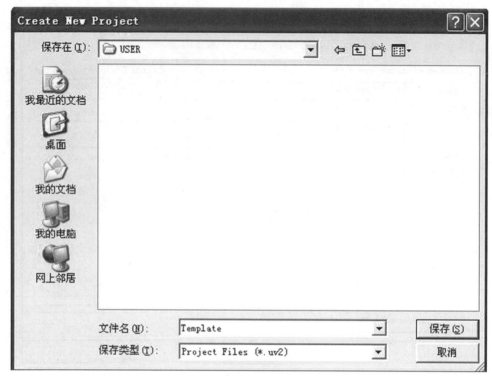

图 1.13　定义工程名称

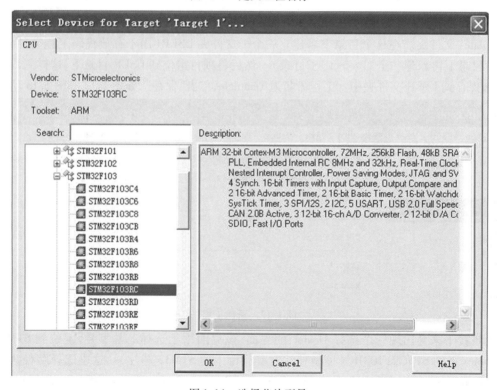

图 1.14　选择芯片型号

　　单击"OK"，会弹出 Manage Run-Time Environment 对话框，如图 1.15 所示。

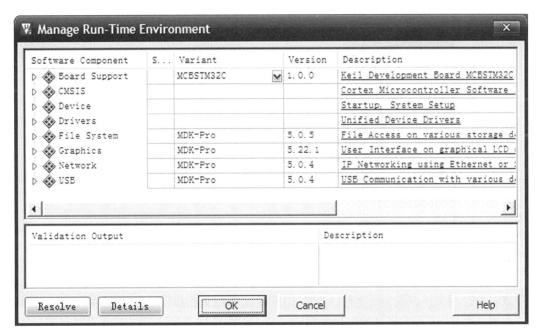

图 1.15　Manage Run-Time Environment 对话框界面

　　该界面是 MDK5 新增的一个功能,可以添加自己需要的组件,方便构建开发环境。在 Manage Run-Time Environment 对话框界面,直接单击"Cancel",即可得到如图 1.16 所示界面。

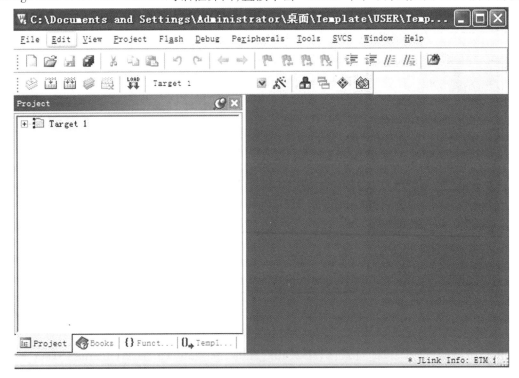

图 1.16　工程初步建成界面

　　(4)USER 目录下包含 2 个文件,如图 1.17 所示。

　　(5)在 Template 工程目录下,新建 OBJ,CORE 和 STM32F10x_FWLib 3 个文件夹。OBJ 用

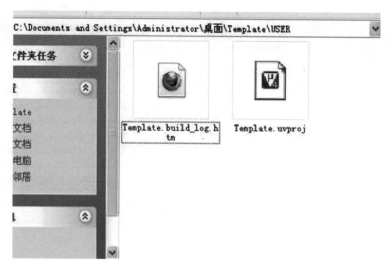

图 1.17　工程 USER 目录文件

来存放编译过程文件以及 hex 文件;CORE 用来存放核心文件和启动文件;STM32F10x_FWLib
文件夹用来存放 ST 官方提供的库函数源码文件,如图 1.18 所示。已有的 USER 目录除用来
存放工程文件外,还用来存放主函数文件 main.c 以及其他系统文件,如 system_stm32f10x.c 等。

图 1.18　工程目录预览

（6）将官方固件库包中的源码文件复制到工程目录文件夹下。打开官方固件库包,定位
到之前准备好的固件库包的目录:STM32F10x_StdPeriph_Lib_V3.5.0\Libraries\STM32F10x_
StdPeriph_Driver 下,将目录下的 inc 和 src 文件夹复制到刚才建立的 STM32F10x_FWLib 文件
夹下。src 存放的是固件库的".c"文件,inc 存放的是对应的".h"文件,再打开这两个文件目
录浏览一下里面的文件,每个外设都对应一个".c"文件和一个".h"头文件,如图 1.19 所示。

图 1.19　官方库源码文件夹

（7）将固件库包中相关的启动文件复制到工程目录 CORE 文件夹下。打开官方固件库包，定位到目录：STM32F10x_StdPeriph_Lib_V3.5.0\Libraries\CMSIS\CM3\CoreSupport。在这个目录下，将 core_cm3.c 和 core_cm3.h 文件复制到 CORE 文件夹下。然后定位到目录：STM32F10x_StdPeriph_Lib_V3.5.0\Libraries\CMSIS\CM3\DeviceSupport\ST\STM32F10x\startup\arm，将 startup_stm32f10x_hd.s 文件也复制到 CORE 文件夹下。之前解释过不同容量的芯片需要使用不同的启动文件，由于 STM32F103RCT6 是大容量芯片，所以选择 startup_stm32f10x_hd.s 这个启动文件。

CORE 文件夹如图 1.20 所示。

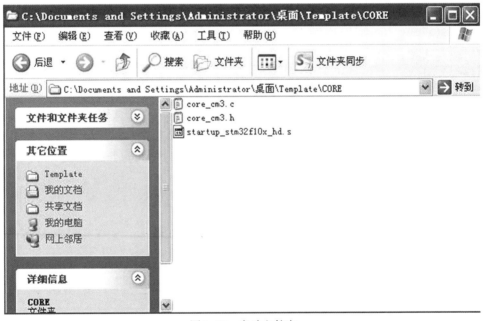

图 1.20　启动文件夹

（8）再次打开官方固件库包，定位到目录：STM32F10x_StdPeriph_Lib_V3.5.0\Libraries\CMSIS\CM3\Device Support\ST\STM32F10x 下，将目录下的 stm32f10x.h，system_stm32f10x.c，system_stm32f10x.h 这 3 个文件，复制到 USER 目录下。然后将 STM32F10x_StdPeriph_Lib_V3.5.0\Project\STM32F10x_StdPeriph_Template 下的 main.c，stm32f10x_conf.h，stm32f10x_it.c，stm32f10x_it.h 这 4 个文件复制到 USER 目录下，如图 1.21 所示。

图 1.21　USER 目录文件浏览

（9）以上 8 个步骤已将所需的固件库相关文件复制到了工程目录下。接下来将这些文件添加到工程中。右键单击"Target1"，选择 Manage Project Items…，如图 1.22 所示。

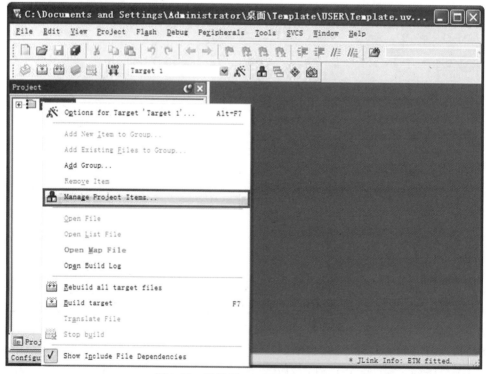

图 1.22　选择 Manage Project Items

（10）在 Project Targets 一栏，将 Target 名字修改为 Template，然后在 Groups 一栏删掉一个 SourceGroup1，再建立 3 个 Groups：USER，CORE，FWLIB。然后单击"OK"，可以看到 Target 名

字以及 Groups 情况,如图 1.23 和图 1.24 所示。

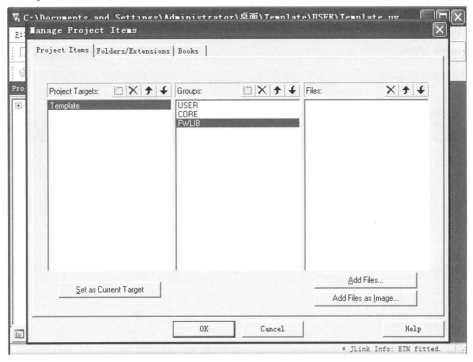

图 1.23　Manage Project Items 界面

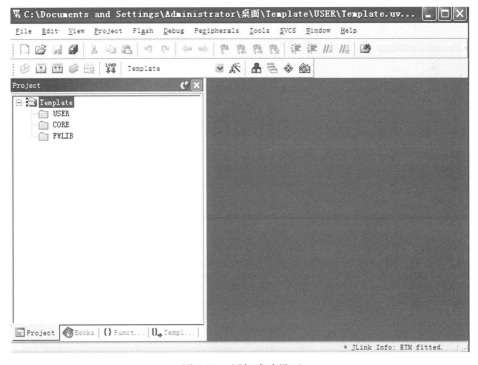

图 1.24　添加成功界面

(11)然后往 Group 中添加需要的文件,右键单击"Template",先选择 Manage Components,再选择需要添加文件的 Group,这里第一步选择 FWLIB,然后点击"Add Files",定位到刚才建立的目录 STM32F10x_FWLib/src 下。将里面所有的文件选中(Ctrl+A),然后单击"Add",再点击"Close",可以看到 Files 列表下已包含刚添加的文件,如图 1.25 所示。

写代码时,如果只用到了其中的某个外设,就不用添加无须使用的外设的库文件。例如,只用通用输入/输出接口(General Purpose Input/Output,GPIO),可以只添加 stm32f10x_gpio.c 文件,而不用添加其他文件。这里全部添加进来是为了方便后续操作,不用每次添加。这样的坏处是工程太大,编译速度慢,用户可以自行选择。

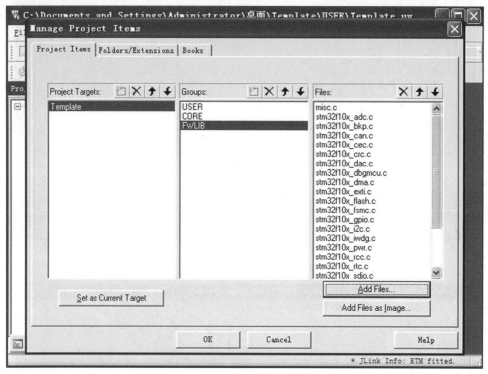

图 1.25　项目管理".c"文件选项

(12)用同样的方法,将 Groups 定位到 CORE 和 USER 文件夹下,并添加需要的文件。这里 CORE 文件夹下需要添加的文件为 core_cm3.c 和 startup_stm32f10x_hd.s(注意,默认添加的时候文件类型为".c",添加 startup_stm32f10x_hd.s 启动文件时,需要选择文件类型 All files 才能看得到这个文件),USER 目录下面需要添加的文件为 main.c,stm32f10x_it.c 和 system_stm32f10x.c。

这样需要添加的文件就添加到工程中了,单击"OK",回到工程主界面,操作过程如图 1.26—图 1.29 所示。

(13)接下来进行工程编译,在编译之前首先要选择编译后中间文件的存放目录。具体操作是:单击魔术棒图标,然后选择 Output 选项下的 Select Folder for Objects…,然后选择目录为上面新建的 OBJ 目录。

(14)Output 选项的选择如图 1.30 所示。

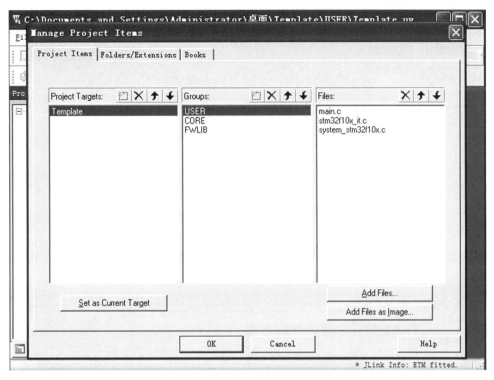

图 1.26　项目文件 USER 选择

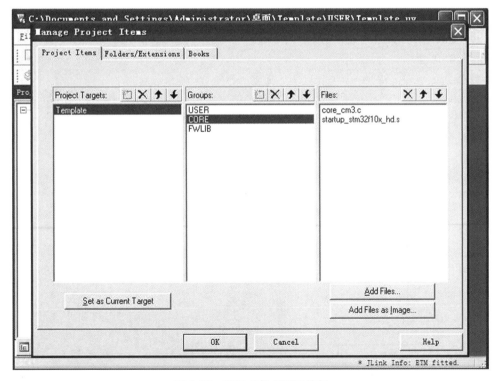

图 1.27　项目文件 CORE 选择

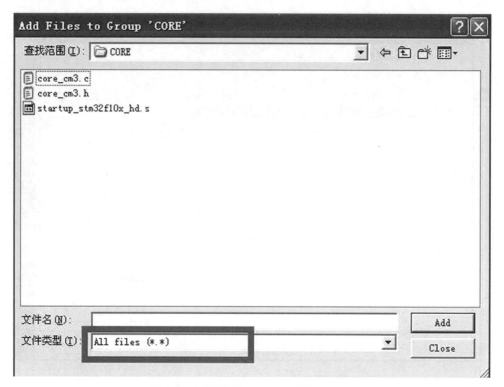

图 1.28　项目文件 CORE 文件类型选择

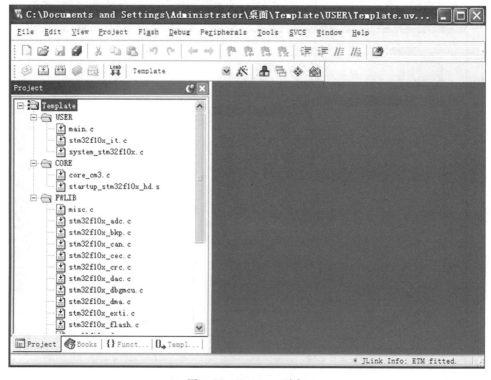

图 1.29　Template 列表

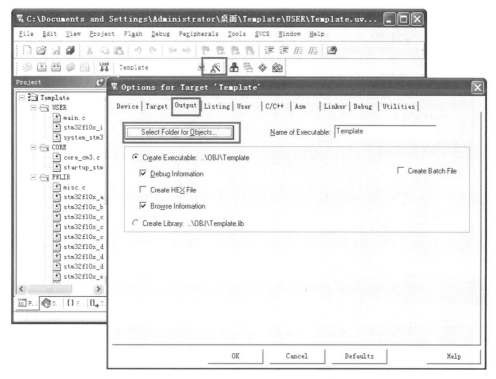

图 1.30　Output 选项选择

（15）在编译之前，先把 main. c 文件中的内容替换为如下内容：

```
int main( void) {

while(1) ;

}
```

（16）单击编译按钮" "，编译工程，由于找不到头文件，可以看到很多报错，如图 1.31 所示。

（17）要告诉 MDK，在哪些路径下搜索需要的头文件，也就是头文件路径。如图 1.32 所示，回到工程主菜单，单击" "，会弹出一个菜单，然后单击"C/C++"选项，再单击 Include Paths 右侧的"…"按钮，如图 1.33 所示。然后会弹出一个添加 PATH 的对话框，在这个对话框中将如图 1.34 所示的 3 个目录添加进去（\USER\CORE\STM32F10x_FWLib\inc）。需要注意的是，Keil 只会在一级目录中查找头文件，如果目录下面还有子目录，那么路径一定要定位到包含头文件的最后一级子目录，完成后单击"OK"。

（18）接下来是编译工程，可以看到报了很多错误。因为 V3.5.0 版本的库函数在配置和选择外设时是通过宏定义来选择的，所以需要配置一个全局的宏定义变量。按照步骤（16）定位到 C/C++配置界面，然后在 Define 输入框中输入"STM32F10X_HD,USE_STDPERIPH_DRIVER"（请注意，两个标识符中间是逗号分隔的，而不是句号，如果不能确定输入的否正确，可以直接打开配套资料中的任何一个库函数实例，然后复制过来这串文字即可）。如果用的是中容量的芯片那么 STM32F10X_HD 修改为 STM32F10X_MD,小容量的芯片则修改为 STM32F10X_LD。完成宏定义的设置后,单击"OK"按钮。因为嵌入式单片机实验台使用的 STM32 芯片是大容量的,所以要选择"STM32F10X_HD",如图 1.35 所示。

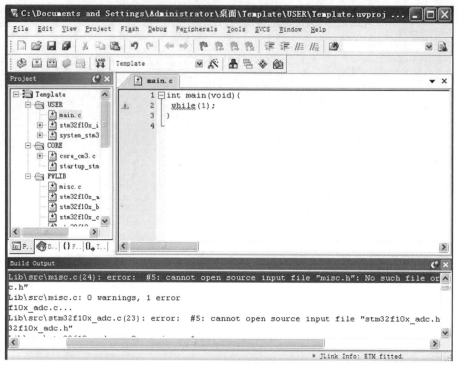

图 1.31　编译报错示例

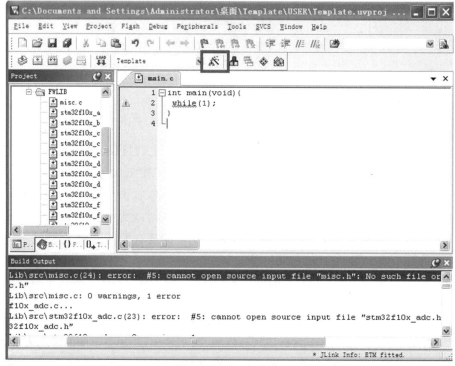

图 1.32　魔术棒示例

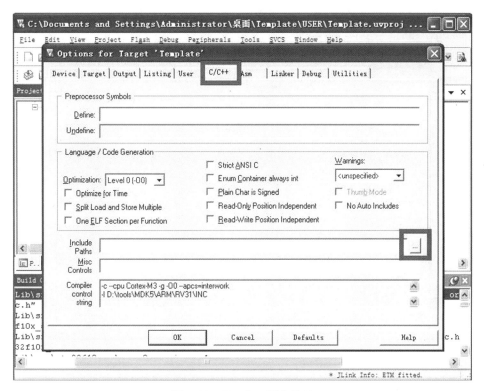

图 1.33　Template 语言选择

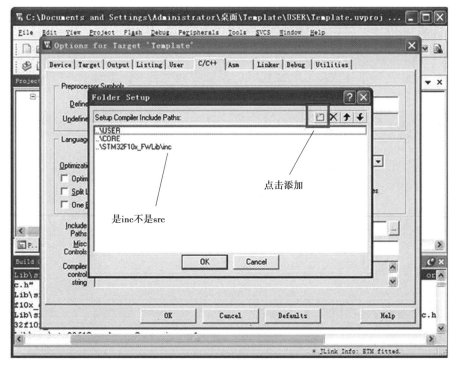

图 1.34　设置菜单

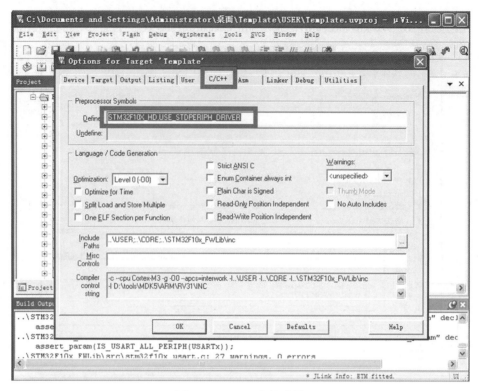

图 1.35　Define 文件选择

（19）在编译之前，请确保打开了工程 USER 下的 main.c 文件，复制下面提供的代码到 main.c 文件中，并覆盖原有代码，然后进行编译（这段代码同样可以打开光盘新建好的工程模板的 main.c，将里面的内容复制过来即可。光盘路径为：ARM 嵌入式教学演示开源资源包\ 1_STM32 程序源码（标准库 V3.5.0 版本）\1_基础实验部分\00_Template 工程模板\USER\ main.c）。可以看到，这次编译已经成功了，如图 1.36 所示。

```c
#include "stm32f10x.h"
void Delay(u32 count)
{
    u32 i=0;
    for(;i<count;i++);

}

int main(void)
{
    GPIO_InitTypeDef GPIO_InitStructure;

    RCC_APB2PeriphClockCmd(RCC_APB2Periph_GPIOA | RCC_APB2Periph_GPIOD,
ENABLE);//使能 PA,PD 端口时钟
```

```
GPIO_InitStructure. GPIO_Pin = GPIO_Pin_8;            //LED0-->PA8 端口配置
GPIO_InitStructure. GPIO_Mode = GPIO_Mode_Out_PP;     //推挽输出
GPIO_InitStructure. GPIO_Speed = GPIO_Speed_50MHz;    //I/O 口速度为 50 MHz
GPIO_Init(GPIOA,&GPIO_InitStructure);                 //根据设定参数初始化 GPIOA. 8
GPIO_SetBits(GPIOA,GPIO_Pin_8);                       //PA8 输出高

GPIO_InitStructure. GPIO_Pin = GPIO_Pin_2;   //LED1-->PD2 端口配置,推挽输出
GPIO_Init(GPIOD,&GPIO_InitStructure);        //推挽输出,I/O 口速度为 50 MHz
GPIO_SetBits(GPIOD,GPIO_Pin_2);                       //PD2 输出高
while(1)
{
    GPIO_ResetBits(GPIOA,GPIO_Pin_8);
    GPIO_SetBits(GPIOD,GPIO_Pin_2);
Delay(3000000);
GPIO_SetBits(GPIOA,GPIO_Pin_8);
GPIO_ResetBits(GPIOD,GPIO_Pin_2);
Delay(3000000);
}
}
```

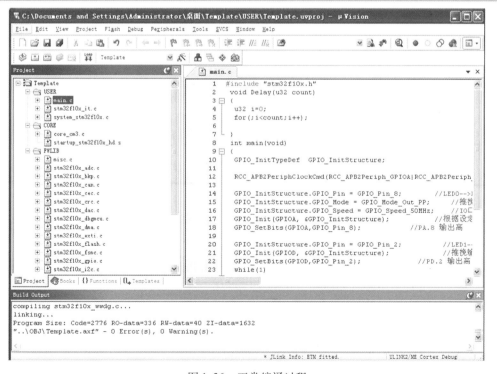

图 1.36　正常编译过程

（20）工程模板建立完毕后，还需要进行配置，确保编译后能够生成 hex 文件。首先，单击"魔术棒"，进入配置菜单，选择"Output"。然后勾上 3 个选项。Create HEX File 选项用于在编译过程中生成 hex 文件，Browse Information 选项允许在编译后查看变量和函数定义信息。此外，还要选择生成的 hex 文件和项目中间文件的存放目录。单击"Select Folder for Objects…"按钮定位目录，选择定位到之前建立的 OBJ 目录作为存放位置，如图 1.37 所示。

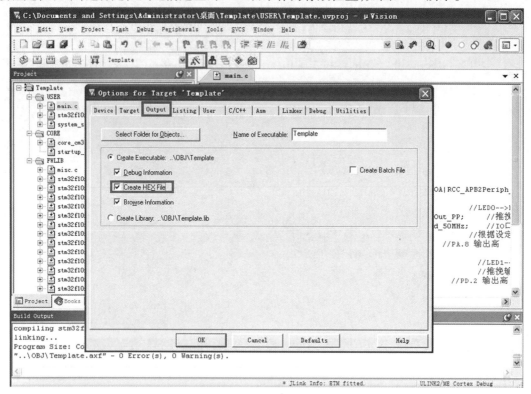

图 1.37　输出文件设置

（21）重新编译代码后，可以在 OBJ 目录下看到生成的 hex 文件，将这个文件用 mcuisp 下载到 mcu 即可。到这里，一个基于固件库 V3.5.0 的工程模板就建立了。

（22）实际上，经过前面步骤，工程模板已经建立完成。但在提供的实验台配套实验中，每个实验都有一个 SYSTEM 文件夹，该文件下有 delay，sys 和 usart 3 个子目录，用于存放每个实验都会使用到的共用代码，这些共用代码的原理在后续章节会有详细的讲解，这里只是引入到工程中，方便为后面的实验建立工程。

首先，找到配套的实验源码案例，打开任何一个实验的工程目录，都可以看到下面有一个 SYSTEM 文件夹，比如打开实验 00_Template 工程模板的工程目录，如图 1.38 所示。

可以看到有一个 SYSTEM 文件夹，进入 SYSTEM 文件夹，里面有 delay，sys 和 usart 3 个子文件夹，每个子文件夹下都有相应的". c"文件和". h"文件。接下来要将这 3 个目录下的代码加入到工程中去。

用步骤（12）的方法，在工程中新建一个组，命名为 SYSTEM，然后加入这 3 个文件夹下的". c"文件（分别为 delay. c，sys. c 和 usart. c），如图 1.39 所示。

图 1.38　系统文件示例

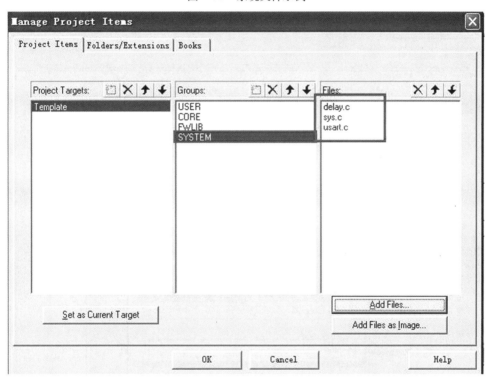

图 1.39　系统文件".c"列表

单击"OK"后可以看到工程中多了一个 SYSTEM 组,下面有 3 个".c"文件,如图 1.40
所示。

将对应的 3 个目录(delay,sys,usart)加到路径中,因为每个目录下都有相应的".h"头文
件,参考步骤(16)单击编译按钮编译工程即可,如图 1.41 所示。

最后单击"OK",工程模板就完成了。建立好的工程模板已经包含在配套资料的实验目
录中,其路径为"ARM 嵌入式教学演示开源资源包\1_STM32 程序源码(标准库 V3.5.0 版本)
\1_基础实验部分\00_Template 工程模板",可以打开该模板与自建过程进行对照。

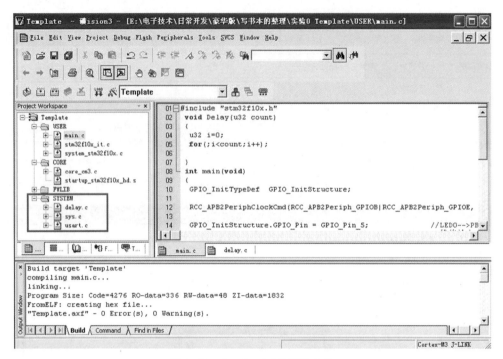

图 1.40　Template 下的系统文件

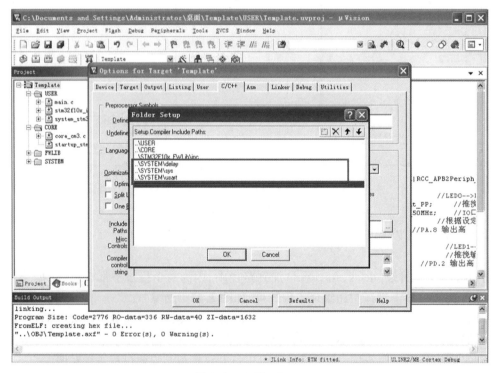

图 1.41　Folder Setup

1.4　程序下载与调试

在 1.3 节中学习了如何在 MDK 下创建 STM32 工程。本节将向读者介绍 STM32 的代码下载,包括 STM32 程序下载以及利用 ST-LINK 对 STM32 进行下载与在线调试两个方面的内容。

1.4.1　STM32 程序下载

STM32 的程序下载有多种方法,包括通用串行总线(Universal Serial Bus,USB)、串口、联合测试工作组(Joint Test Action Group,JTAG)、串行线调试(Serial Wire Debug,SWD)等方式。其中最常用、最经济的是通过串口为 STM32 下载代码。本节将介绍,如何利用串口为 STM32 下载代码。

STM32 的串口下载一般是通过串口 1 下载的,本书涉及的实验平台是嵌入式单片机实验台,不是通过 RS232 串口下载的,而是通过“主控模块”上自带的 CH340 模块来下载。虽然这个过程看起来像是通过 USB 下载(只需一根 USB 线,并不需要串口线),但实际上,是将 USB 信号转成串口信号,然后再下载。

下面将逐步说明如何在实验平台上利用 USB 串口来下载代码。

首先要在主控模块板上进行一些设置,将板上“特殊接口模块”中的 PA9 引脚(STM32 的 TXD)和“CH340 模块”的“URX”引脚用杜邦线连接起来;同时将 PA10(STM32 的 RXD)和“CH340 模块”的“URX”用杜邦线连接起来,这样就把 CH340 和 MCU 的串口 1 连接上了,如图 1.42 和图 1.43 所示。

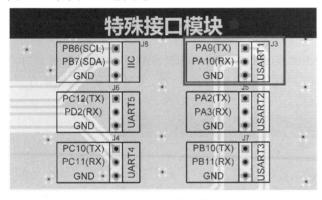

图 1.42　特殊接口模块

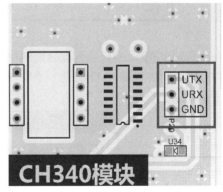

图 1.43　CH340 模块引脚示例

同时还需要将板上的“B0”选择按键拨动至“3V3”端,如图 1.44 所示。这里的“B0”实际上就是 STM32 的 BOOT0 引脚,将其设置为高电平,即可让芯片等待外部程序的下载,这部分的具体知识在后续章节会详细讲解。

接着在“CH340 模块”处插入 USB 线,并接上电脑,如果之前没有安装 CH340G 的驱动(如果已经安装过了驱动,应该能在设备管理器里面看到 USB 串口,如果不能,则要先卸载之前的驱动,卸载完后重启电脑,再重新安装提供的驱动),电脑则会提示找到新硬件,如图 1.45 所示。

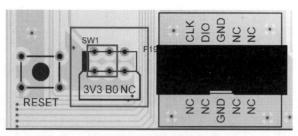

图 1.44　引脚接线示例

图 1.45　找到新硬件提示

　　忽略此提示,直接找到配套资料中"ARM 嵌入式教学演示开源资源包\2_软件资料\软件\CH340 驱动(USB 串口驱动)_XP_WIN7 共用"下的 CH340 驱动,安装该驱动,如图 1.46 所示。

图 1.46　CH340 驱动安装

驱动安装成功后,拔掉 USB 线,然后重新插入电脑,此时电脑会自动给其安装驱动。安装完成后,可以在电脑的设备管理器中找到 USB 串口(如果找不到,则重启电脑)。

如图 1.47 所示,USB 串口被识别为 COM3,需要注意的是, 不同电脑可能会识别为不同的 COM 端口, 如 COM4、COM5 等,但是设备名称 USB-SERIAL CH340 一定是一样的。如果没找到 USB 串口,则有可能是驱动安装有误,或者系统不兼容。

图 1.47　USB 串口

安装 USB 串口驱动后,就可以开始通过串口下载代码,这里串口下载软件选择的是 mcuisp,该软件属于第三方软件,由单片机在线编程网提供,可以在 mcuisp 官方网站免费下载,本指南的光盘也附带了这个软件,版本为 V0.993。该软件启动界面如图 1.48 所示。

图 1.48　mcuisp 启动界面

然后选择要下载的 hex 文件,以前面新建的工程为例,由于在工程建立时,就已经设置了生成 hex 文件,所以编译的时候已经生成了 hex 文件,只需要找到这个 hex 文件下载即可。

使用 mcuisp 软件打开 OBJ 文件夹,找到 TEST.hex,然后进行相应的设置如图 1.49 所示,圈中部分是建议设置。编程后执行这个选项在无一键下载功能的条件下非常有用,当选中该选项后,可以在下载完程序后自动运行代码。否则,用户还需要按复位键,才能开始运行刚刚下载的代码。

编程前重装文件,这一选项也比较有用,当选中该选项之后,mcuisp 会在每次编程之前,将 hex 文件重新装载一遍,这对于代码调试的时候是比较有用的。特别提醒:不要选择使用 RamIsp,否则可能导致正常下载异常。

图 1.49　mcuisp 设置

最后，选择的数据终端就绪（Data Terminal Ready,DTR）的低电平复位,请求发送线（Request to Send,RTS）高电平进 BootLoader（即选项第四项,这里需特别注意,很多用户都是在这一步没有选对）。在这个设置下,mcuisp 就会通过 DTR 和 RTS 信号来控制板载的一键下载功能电路,从而实现一键下载功能。如果不选择该选项,则无法实现一键下载功能。这一选项在 BOOT0 接 GND（电线接地端）的条件下是必要的选项。

装载了 hex 文件后,要下载代码还需选择串口。在这方面,mcuisp 提供了智能串口搜索功能。每次打开 mcuisp 软件,软件都会自动去搜索当前电脑上可用的串口,并默认选中一个串口（一般是上一次关闭时所选择的串口）。用户也可以通过单击菜单栏的搜索串口选项,来实现对当前可用串口自动搜索。串口波特率则可以通过比特率（bits per second,bps）设置项进行设置。对于 STM32,该波特率可以达到 230 400 bps,但这里一般选择更高的波特率,如460 800 bps,以便让 mcuisp 自动同步,找到 CH340 虚拟的串口,如图 1.50 所示。

从 USB 串口的安装可知,开发板的 USB 串口被识别为 COM3（如果电脑被识别为其他的串口,则选择相应的串口即可）,所以选择 COM3。选择了相应串口后,就可以通过点击“开始编程（P）”这个按钮,一键下载代码到 STM32 上,下载成功后的界面如图 1.51 所示。

如图 1.51 所示,圈注出了 mcuisp 对一键下载电路的控制过程,其实就是控制 DTR 和 RTS 电平的变化,进而控制 BOOT0 和 RESET 信号,从而实现自动下载。另外,界面提示已经下载完成（若持续提示:开始连接……,则需要检查一下开发板的设置是否正确,或者是否有其他因素干扰）,并且从 0X80000000 处开始运行,打开串口调试助手选择 COM3,会发现从嵌入式单片机实验台“主控模块”发回来的信息,如图 1.52 所示。

接收到的数据和仿真的是一样的,证明程序没有问题。至此,说明下载代码成功了,并且也从硬件上验证了代码的正确性。

图 1.50　CH340 虚拟串口

图 1.51　下载完成

1.4.2　利用 ST-LINK 下载与在线调试

上一节介绍了如何通过串口给 STM32 下载代码,并在嵌入式单片机实验台的"主控模块"上验证了程序的正确性。这个代码比较简单,无须硬件调试,因此一次就成功了。如果代码工程比较大,难免存在一些漏洞,这时就需要通过硬件调试来解决问题。

串口主要用于代码下载,无法提供实时的程序跟踪调试。然而利用调试工具,如 JLINK、ULINK、STLINK 等,就可以实时跟踪程序,从而快速定位程序中的漏洞,极大地提高开发效

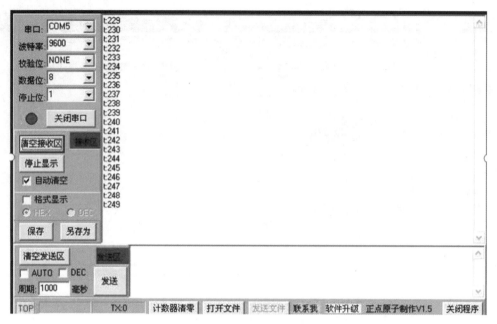

图 1.52　程序开始运行

率。这里以 STLINK V2 为例,介绍如何在线调试 STM32。STLINK V2 支持 SWD 调试接口,同时 STM32 也支持 SWD 调试功能。调试 SWD 时,占用的 I/O 线很少,只需两根即可。

STLINK V2 的驱动安装比较简单,因此不再赘述。在安装 STLINK V2 的驱动后,接上 STLINK V2,并把 SWD 口插到嵌入式单片机实验台的 SWD 仿真调试接口上,如图 1.53 所示。

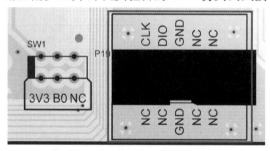

图 1.53　STLINK 仿真接口

然后打开之前章节新建的工程,单击"⚒",打开 Options for Target"Template"选项卡,在 Debug 栏选择仿真工具为 ST-Link Debugger,如图 1.54 所示。

图中还勾选了 Run to main( ),该选项选中后,只要单击仿真就会直接运行到 main 函数。如果没选择这个选项,则会先执行 startup_stm32f10x_hd. s 文件中的 Reset_Handler,再跳转到 main 函数。然后,单击"Settings",设置 ST-LINK 的参数,如图 1.55 所示。

设置 SWD 的调试速度为 1.8 MHz,可以避免因 USB 数据线质量差而导致的问题,也可以根据实际情况设置更高的速率。随后单击图中的"Flash Download"选项,进入如图 1.56 所示的页面。

这里要根据不同的微控制单元(Microcontroller Unit, MCU)选择 Flash 的大小,因为开发板使用的是 STM32F103RET6,Flash 大小为 512 k,所以单击"Add",并在 Programming Algorithm 中选择与 512 k 大小相匹配的 STM32 型号。然后选中 Reset and Run 选项,以实现在编程后自

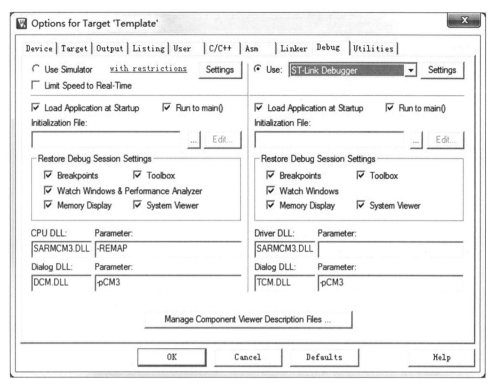

图 1.54　Debug 选项卡设置

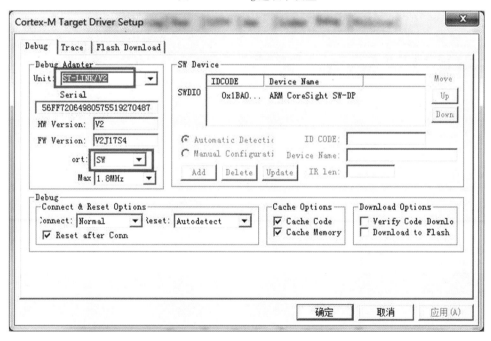

图 1.55　ST-LINK 模式设置

动启动,其他默认设置即可。设置完成之后,如图 1.56 所示。

　　在设置完之后,双击"确定"按钮,回到 IDE 界面,对工程进行编译。接下来,通过 ST-LINK 下载代码和调试代码。

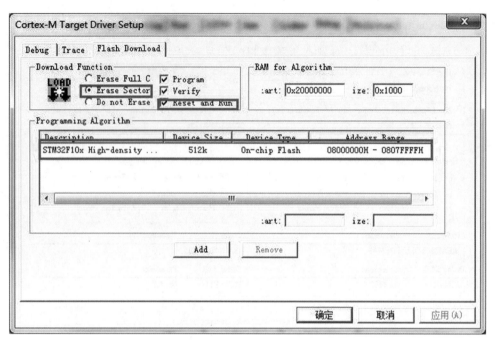

图 1.56 编程设置

配置好 ST-LINK 后,使用 ST-LINK 下载代码就非常简单,只需要单击"LOAD"按钮就可以进行程序下载。下载完成后程序可以直接在开发板上执行,如图 1.57 所示。

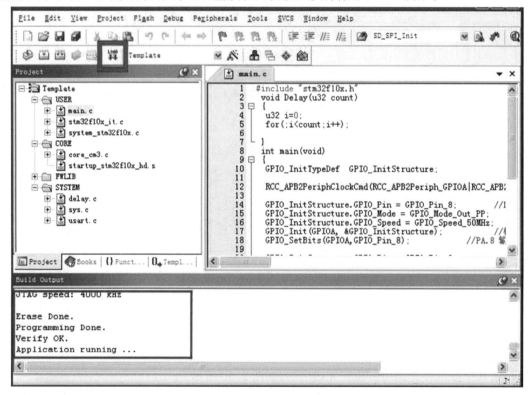

图 1.57 编译运行示例

接下来,用 JLINK 进行程序仿真。单击"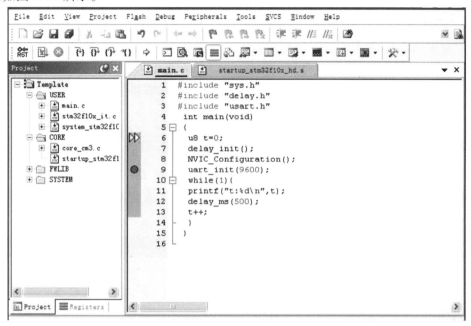",开始仿真(如果开发板的代码尚未更新,则会先更新代码,再进行仿真,也可以通过点击"",只下载代码,而不进入仿真模式。特别注意:开发板上的 B0 拨动开关要设置到电线接地端 GND,否则代码下载后不会自动运行!),如图 1.58 所示。

图 1.58　断点调试

因为之前勾选了 Run to main( )选项,所以程序直接就运行到了 main 函数的入口处,在 delay_init( )处设置了一个断点,单击"",程序将会快速执行到该处,如图 1.59 所示。

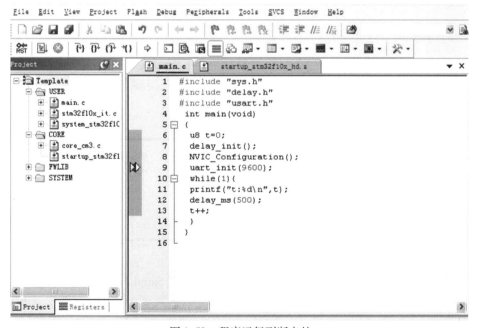

图 1.59　程序运行到断点处

接下来就可以进行一系列仿真操作,这是真正的在硬件上的运行,而不是软件仿真,其结果非常接近真实值。硬件调试就给介绍到这里。

1.5 MDK5 使用技巧

通过前面的学习,已经了解了如何在 MDK5 中建立属于自己的工程,下面将介绍 MDK5 软件的一些使用技巧,这些技巧在代码编辑和编写方面非常有用。若希望深入掌握并巩固所学知识与技能,最佳方式是通过实际操作并加以实践,以此加深理解与记忆。

1.5.1 文本美化

文本美化主要涉及对关键字、注释、数字等的颜色和字体样式的设置。前面在介绍 MDK5 新建工程时,看到界面是 MDK 默认的设置,其中,关键字和注释等字体的颜色可能不是很理想,而 MDK 提供了自定义字体颜色的功能。用户可以在工具条上单击"🔧"(配置对话框),会弹出如图1.60所示的界面。

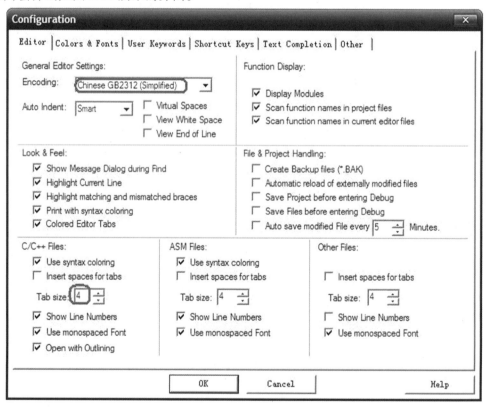

图 1.60 设置对话框

在该对话框中,首先设置 Encoding 为 Chinese GB2312(Simplified),然后设置 Tab size 为 4。以更好地支持简体中文(否则,复制到其他地方时,中文可能是一堆的问号),同时将跳格键 Tab 间隔设置为4个单位。然后,选择 Colors & Fonts 选项卡,在该选项卡内,就可以设置自已的代码的字体和颜色了。由于使用的是 C 语言,故在 Window 下选择 C/C++Editor files 后,在右边就可以看到相应的元素了,如图 1.61 所示。

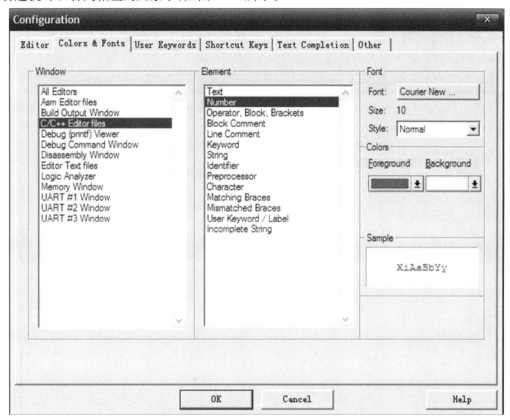

图 1.61　Colors & Fonts 选项卡

　　然后,可单击各个元素修改为喜欢的颜色(注意:由于 MDK 存在漏洞,有时需要双击才能设置生效)。也可以在 Font 栏设置字体的类型,以及字体的大小等。设置完成后,单击"OK",就可以在主界面看到所修改后的结果了。修改后的代码显示效果如图 1.62 所示。

```
1   #include "sys.h"
2   #include "usart.h"
3   #include "delay.h"
4   int main(void)
5   {
6       u8 t=0;
7       Stm32_Clock_Init(9);    //72M
8       delay_init(72);         //延时函数初始化
9       uart_init(72,9600);     //初始化串口1波特率
10      while(1)
11      {
12          printf("t:%d\n",t);
13          delay_ms(500);
14          t++;
15      }
16  }
17
```

图 1.62　设置完后的显示效果

　　设置完后的显示效果较初始效果更加美观。字体大小,则可以直接按住 Ctrl+鼠标滚轮,

进行放大或者缩小,也可以在配置界面设置字体的大小。

如图 1.62 所示的代码中有一个黑色的"u8",这是一个用户自定义的关键字,为什么不显示蓝色(假定已经设置了用户自定义关键字颜色为蓝色)? 这就需要再次回到之前的配置对话框中,但这次要选择 User Keywords 选项卡,同样选择 C/C++Editor files 后,在右边的 User Keywords 对话框下输入定义的关键字,如图 1.63 所示。

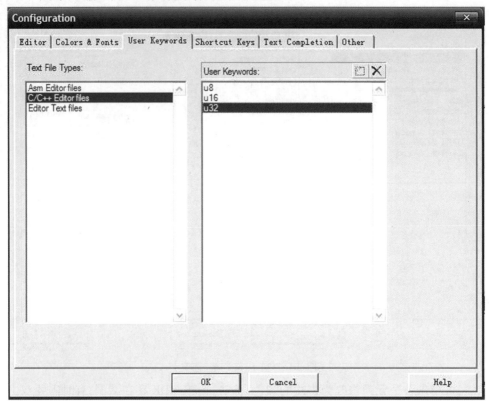

图 1.63　用户自定义关键字

如图 1.63 所示定义了"u8、u16、u32"3 个关键字,这样在以后的代码编辑中只要出现这 3 个关键字,代码就会变成蓝色。单击"OK",再回到主界面,可以看到"u8"变成蓝色了,如图 1.64 所示。

```
 1    #include "sys.h"
 2    #include "usart.h"
 3    #include "delay.h"
 4    int main(void)
 5    {
 6        u8 t=0;
 7        Stm32_Clock_Init(9);     //72M
 8        delay_init(72);          //延时函数初始化
 9        uart_init(72,9600);      //初始化串口1波特率
10        while(1)
11        {
12            printf("t:%d\n",t);
13            delay_ms(500);
14            t++;
15        }
16    }
```

图 1.64　设置完后的显示效果

在编辑配置对话框中,还可以对其他功能进行设置,如动态语法检测等,将在下一节介绍。

1.5.2　语法检测 & 代码提示

MDK4.70 及以上的版本新增了代码提示与动态语法检测功能,使得 MDK 的编辑器更加好用。这里简单说明如何设置这些功能,单击"🔧",打开配置对话框,选择 Text Completion 选项卡,如图 1.65 所示。

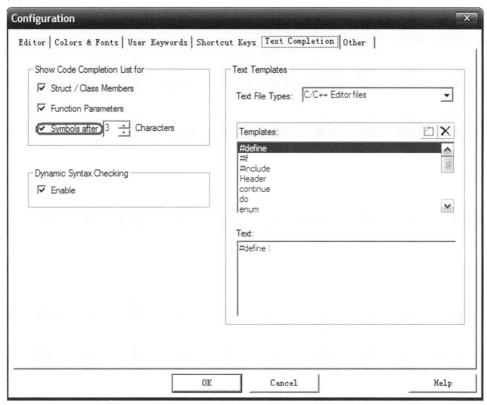

图 1.65　Text Completion 选项卡设置

其中,Strut/Class Members 用于开启结构体/类成员提示功能;Function Parameters 用于开启函数参数提示功能;Symbols after ×× Characters 用于开启代码提示功能,即在输入多少个字符以后,提示匹配的内容(如函数名、结构体名、变量名等),这里默认设置 3 个字符以后就开始提示,如图 1.66 所示。

Dynamic Syntax Checking 则用于开启动态语法检测,当编写的代码存在语法错误时,会在对应行前面出现"✖"图标,如出现警告,则会出现"⚠"图标,将鼠标光标放于图标上面,则会提示产生错误/警告的原因,如图 1.67 所示。

这几个功能,对编写代码很有帮助,可以加快代码编写速度,并能及时发现代码中的各种问题。不过这里要提醒的是,语法动态检测这个功能在某些情况下可能会出现误报(如在 sys.c 文件中就可能出现很多误报)。对于这种误报,如果能编译通过(即 0 错误,0 警告),一般可直接忽略。

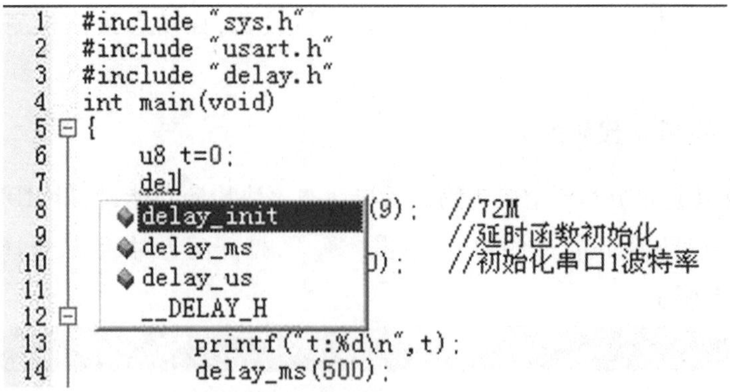

```
1    #include "sys.h"
2    #include "usart.h"
3    #include "delay.h"
4    int main(void)
5  □ {
6        u8 t=0;
7        del
8     ◆delay_init          (9);   //72M
9     ◆delay_ms                   //延时函数初始化
10    ◆delay_us            0);   //初始化串口1波特率
11       __DELAY_H
12 □
13              printf("t:%d\n",t);
14              delay_ms(500);
```

图 1.66　代码提示

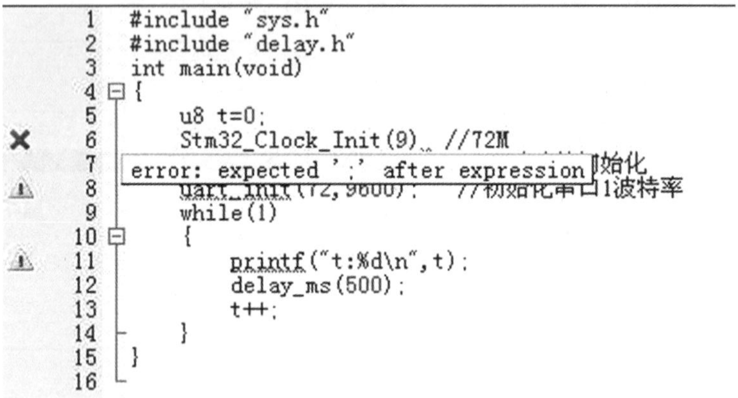

```
1    #include "sys.h"
2    #include "delay.h"
3    int main(void)
4  □ {
5        u8 t=0;
6        Stm32_Clock_Init(9)   //72M
7 ✗  error: expected ';' after expression 始化
8     uart_init(72,9600);    //初始化串口1波特率
9        while(1)
10 □     {
11          printf("t:%d\n",t);
12          delay_ms(500);
13          t++;
14        }
15  }
16
```

图 1.67　动态语法检测功能

1.5.3　代码编辑技巧

这里介绍几个常用的代码编辑技巧,这些小技巧能给代码编辑带来极大的便利,对代码编写一定会有所帮助。

1) Tab 键的妙用

首先要介绍的是 Tab 键的使用。这个键在很多编译器中都是用来空位的,每按一下会向右缩进几个字符位置。对于经常编写程序的人来说,这个键一定再熟悉不过了。但是 MDK 的 Tab 键和一般编译器的 Tab 键有所不同,和 C++编辑器的 Tab 键功能相似。MDK 的 Tab 键支持块操作,既可以让一片代码整体右移固定的几个字符位置,又可以通过 Shift+Tab 键整体左移固定的几个字符位置。

如图 1.68 所示,假设前面的串口 1 中断响应函数代码的样式观感不佳,这还只是 30 来行代码,若代码有几千行,其可读性将大幅下降。通过 Tab 键的合理使用,可以快速将代码调整为更加规范的格式。

具体操作:选中代码块,然后按 Tab 键,代码块将整体右移一定距离,如图 1.69 所示。通过多次选择代码块并按 Tab 键,可以迅速实现代码的规范化,如图 1.70 所示。经此整理,代码条理清晰,视觉效果显著提升。

```
74  void USART1_IRQHandler(void)
75  {
76  u8 res;
77  #ifdef OS_CRITICAL_METHOD  //如果OS_CRITICAL_METHOD定义了,说明使用ucosII了.
78  OSIntEnter();
79  #endif
80  if(USART1->SR&(1<<5))//接收到数据
81  {
82  res=USART1->DR;
83  if((USART_RX_STA&0x8000)==0)//接收未完成
84  {
85  if(USART_RX_STA&0x4000)//接收到了0x0d
86  {
87  if(res!=0x0a)USART_RX_STA=0;//接收错误,重新开始
88  else USART_RX_STA|=0x8000;  //接收完成了
89  }else //还没收到0X0D
90  {
91  if(res==0x0d)USART_RX_STA|=0x4000;
92  else
93  {
94  USART_RX_BUF[USART_RX_STA&0X3FFF]=res;
95  USART_RX_STA++;
96  if(USART_RX_STA>(USART_REC_LEN-1))USART_RX_STA=0;//接收数据错误,重新开始接收
97  }
98  }
99  }
100  }
101  #ifdef OS_CRITICAL_METHOD  //如果OS_CRITICAL_METHOD定义了,说明使用ucosII了.
102  OSIntExit();
103  #endif
104  }
```

图 1.68　中断响应函数代码示例

```
74  void USART1_IRQHandler(void)
75  {
76  u8 res;
77  #ifdef OS_CRITICAL_METHOD  //如果OS_CRITICAL_METHOD定义了,说明使用ucosII了.
78  OSIntEnter();
79  #endif
80  if(USART1->SR&(1<<5))//接收到数据
81  {
82  res=USART1->DR;
83  if((USART_RX_STA&0x8000)==0)//接收未完成
84  {
85  if(USART_RX_STA&0x4000)//接收到了0x0d
86  {
87  if(res!=0x0a)USART_RX_STA=0;//接收错误,重新开始
88  else USART_RX_STA|=0x8000;  //接收完成了
89  }else //还没收到0X0D
90  {
91  if(res==0x0d)USART_RX_STA|=0x4000;
92  else
93  {
94  USART_RX_BUF[USART_RX_STA&0X3FFF]=res;
95  USART_RX_STA++;
96  if(USART_RX_STA>(USART_REC_LEN-1))USART_RX_STA=0;//接收数据错误,重新开始接收
97  }
98  }
99  }
100  }
101  #ifdef OS_CRITICAL_METHOD  //如果OS_CRITICAL_METHOD定义了,说明使用ucosII了.
102  OSIntExit();
103  #endif
104  }
```

图 1.69　代码整体偏移

```
74  void USART1_IRQHandler(void)
75  {
76  u8 res;
77  #ifdef OS_CRITICAL_METHOD  //如果OS_CRITICAL_METHOD定义了,说明使用ucosII了.
78  OSIntEnter();
79  #endif
80  if(USART1->SR&(1<<5))//接收到数据
81  {
82  res=USART1->DR;
83  if((USART_RX_STA&0x8000)==0)//接收未完成
84  {
85  if(USART_RX_STA&0x4000)//接收到了0x0d
86  {
87  if(res!=0x0a)USART_RX_STA=0;//接收错误,重新开始
88  else USART_RX_STA|=0x8000;  //接收完成了
89  }else //还没收到0X0D
90  {
91  if(res==0x0d)USART_RX_STA|=0x4000;
92  else
93  {
94  USART_RX_BUF[USART_RX_STA&0X3FFF]=res;
95  USART_RX_STA++;
96  if(USART_RX_STA>(USART_REC_LEN-1))USART_RX_STA=0;//接收数据错误,重新开始接收
97  }
98  }
99  }
100  }
101  #ifdef OS_CRITICAL_METHOD  //如果OS_CRITICAL_METHOD定义了,说明使用ucosII了.
102  OSIntExit();
103  #endif
104  }
```

图 1.70　修改后的代码

2) 快速定位函数/变量被定义的地方

在调试代码或编写代码时,常需快速定位到某个函数、某个变量或数组的定义处,以了解其详细实现或来源。尤其在调试代码或面对他人代码时,如果编译器没有快速定位的功能,手动查找将极为耗时,而 MDK 提供了这样的快速定位的功能。用户只需把光标置于目标函数/变量(如×××,即想要查看的函数或变量的名字)上,然后点击右键,就会弹出如图 1.71 所示的菜单栏,实现快速定位。

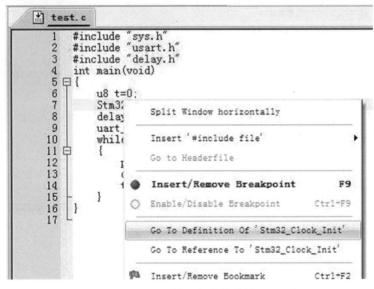

图 1.71　快速定位菜单栏

找到 Go To Definition Of ' Stm32_Clock_Init ',然后单击左键就可以快速跳转到 Stm32_Clock_Init 函数的定义处(注意:要先在 Options for Target 的 Output 选项卡中勾选 Browse Information 选项,再编译、定位,否则无法定位!),如图 1.72 所示。

```
175    //系统时钟初始化函数
176    //pll:选择的倍频数,从2开始,最大值为16
177    void Stm32_Clock_Init(u8 PLL)
178  ⊟ {
179        unsigned char temp=0;
180        MYRCC_DeInit();          //复位并配置向量表
181        RCC->CR|=0x00010000;     //外部高速时钟使能HSEON
182        while(!(RCC->CR>>17));   //等待外部时钟就绪
183        RCC->CFGR=0X00000400;    //APB1=DIV2;APB2=DIV1;AHB=DIV1;
184        PLL-=2;//抵消2个单位
185        RCC->CFGR|=PLL<<18;      //设置PLL值 2~16
186        RCC->CFGR|=1<<16;        //PLLSRC ON
187        FLASH->ACR|=0x32;        //FLASH 2个延时周期
188
189        RCC->CR|=0x01000000;     //PLLON
190        while(!(RCC->CR>>25));   //等待PLL锁定
191        RCC->CFGR|=0x00000002;   //PLL作为系统时钟
192        while(temp!=0x02)        //等待PLL作为系统时钟设置成功
193  ⊟     {
194            temp=RCC->CFGR>>2;
195            temp&=0x03;
196        }
197  }
```

图 1.72　定位效果

变量也可按上述操作实现快速定位,大大缩短了查找代码的时间。用户可能会注意到一个类似的选项,即 Go To Reference To ' Stm32_Clock_Init ',该功能用于快速跳转至该函数被声明的位置,其使用频率可能略低于定位定义的功能。

在利用 Go To Definition/Reference 查阅完函数/变量的定义/申明后,又想返回之前的代码,可以通过 IDE 上的"⬅"按钮(Back to previous position)快速返回之前的位置(这个按钮极为便捷!)。

3) 快速注释与快速取消注释

在调试代码时,为了观察执行效果,可能需要注释部分代码。MDK 提供了快速注释/取消注释块代码的功能,通过右键即可实现。这个操作比较简单,首先选中要注释的代码区,然后右键选择 Advanced 下的 Comment Selection 即可。

以 Stm32_Clock_Init 函数为例,想要注释掉如图 1.73 所示选中区域的代码。

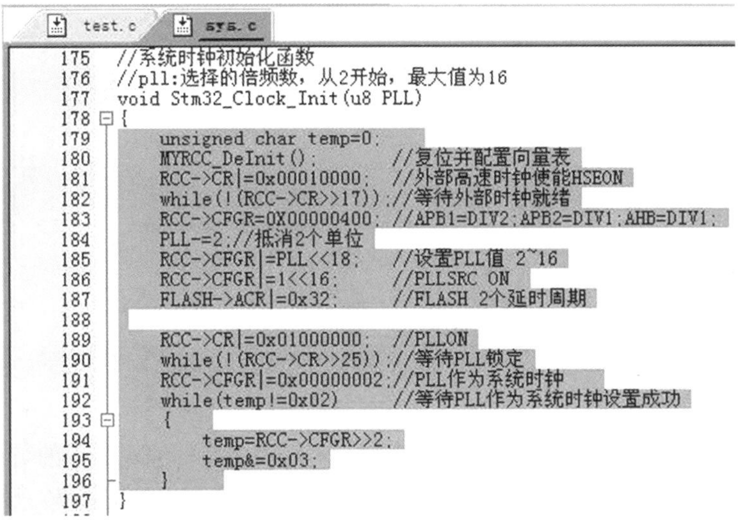

图 1.73　选中要注释的区域

选中之后,单击鼠标右键,再选择 Advanced -> Comment Selection 就可以把这段代码注释掉。执行该操作结果,如图 1.74 所示。

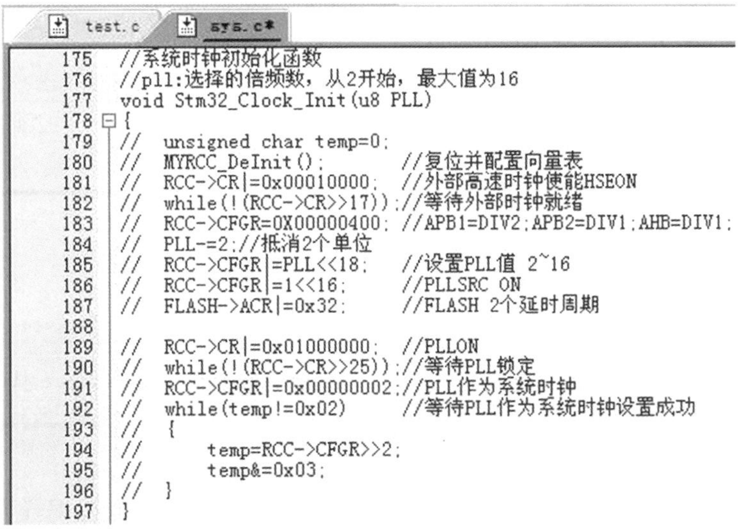

图 1.74　注释完毕

这样就可快速注释掉一片代码,若希望这段注释的代码能快速取消注释,先选中被注释掉的地方,然后通过右键-> Advanced,选择 Uncomment Selection 即可。

1.5.4 其他技巧

除了前面介绍的几个比较常用的技巧,这里再介绍几个其他的小技巧,希望能让代码编写更简便。

第一个小技巧是快速打开头文件。用户将光标放到要打开的引用头文件上,右键选择 Open document"×××"(×××为要打开的头文件名)即可,如图 1.75 所示。

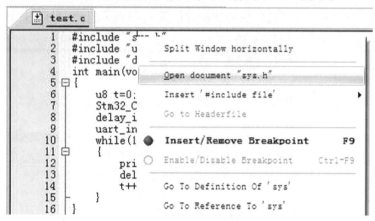

图 1.75　快速打开头文件

第二个小技巧是查找替换功能,该功能与 Word 等很多文档编辑器中的替换功能相似,在 MDK 中查找替换的快捷键是 Ctrl+F,只要按下该快捷键即可调出如图 1.76 所示的界面。

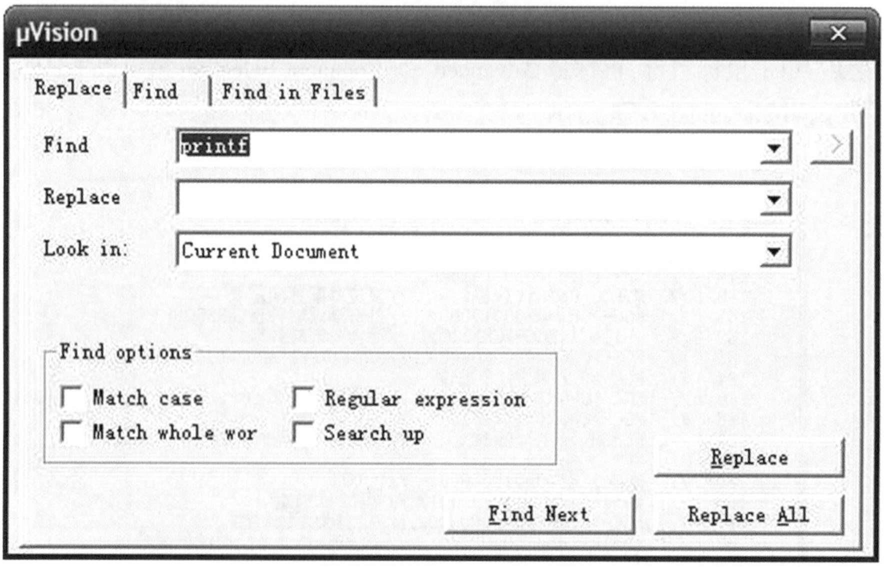

图 1.76　替换文本

此替换功能在多种场景下实用性很强,其用法与其他编辑工具或编译器类似,故不再赘述。

第三个小技巧是跨文件查找功能。首先双击要找的函数/变量名(以系统时钟初始化函数 Stm32_Clock_Init 为例),然后再单击 IDE 上的"",弹出如图 1.77 所示的对话框。

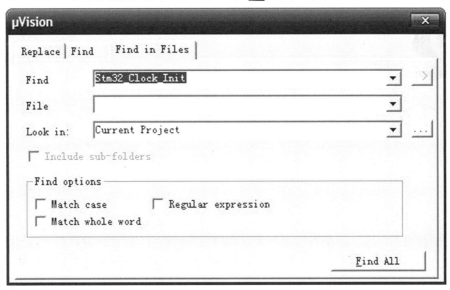

图 1.77　跨文件查找

单击"Find All",MDK 就会查找出所有含有 Stm32_Clock_Init 字段的文件并列出其所在位置,如图 1.78 所示。

```
Find In Files
Searching for 'Stm32_Clock_Init'...
C:\Documents and Settings\Administrator\桌面\TEST\USER\test.c(7) : Stm32_Clock_Init(9);  //72M
C:\Documents and Settings\Administrator\桌面\TEST\SYSTEM\sys\sys.h(104) : void Stm32_Clock_Init(u8 PLL);
C:\Documents and Settings\Administrator\桌面\TEST\SYSTEM\sys\sys.c(177) : void Stm32_Clock_Init(u8 PLL)
Lines matched: 3        Files matched: 3        Total files searched: 15
Build Output    Find In Files
```

图 1.78　查找结果

该技巧可高效地查找各种函数/变量,而且可以限定搜索范围(如只查找".c"文件和".h"文件),是非常实用的一个技巧。

经过第一章的学习,相信读者对 STM32 开发的软件平台已经有了较深入的了解,结合嵌入式单片机实验台的硬件介绍文档,相信已经对实验平台也有了一定的了解。接下来,将通过实例及实际项目案例,循序渐进地学习嵌入式及 STM32 开发。

第 **2** 章
跑马灯实验

不论哪一种类型的控制器件、芯片,最简单的外设莫过于I/O口的高低电平控制,STM32嵌入式控制器也不例外。本章将通过一个经典的跑马灯程序,引领读者开启嵌入式及STM32开发之旅,让大家了解STM32的I/O口作为输出使用的方法;还将通过代码控制嵌入式单片机实验台的主控模块板上的8颗LED灯,依次轮流闪烁,实现类似跑马灯的效果。

2.1 STM32 I/O 口简介

本章旨在控制嵌入式单片机实验台的主控模块板上的8颗LED灯循环闪烁,实现一个类似跑马灯的效果。该实验的关键在于控制STM32的I/O口输出。了解了STM32的I/O口是如何输出的,就可以实现跑马灯的效果了,最重要的是掌握STM32基本I/O口的使用。

图2.1 跑马灯实验目录结构

首先,打开配套资料中程序源码文件夹的第一个标准库版本实验工程(目录为"..\ARM嵌入式教学演示开源资源包\1_STM32程序源码(标准库V3.5.0版本)\1_基础实验部分\01_跑马灯实验\USER\LED.uvproj"),可以看到实验工程目录,如图2.1所示。

工程目录下的组件以及重要文件如下:

①组:FWLib下存放的是ST官方提供的固件库函数,里面的函数可以根据需要添加和删除,但是一定要注意在头文件(stm32f10x_conf.h)中注释掉删除的源文件对应的头文件,这里面的文件内容用户无须修改。

②组:CORE下存放的是固件库必需的核心文件和启动文件。这里面的文件用户无须修改。

③组:SYSTEM是共用代码,这些代码的作用和讲解在之前的章节有所提及,故不再赘述。

④组:HARDWARE 下存放的是每个实验的外设驱动代码,这些代码是通过调用 FWLib 下的固件库文件实现的。如 led.c 文件中调用 stm32f10x_gpio.c 中的函数来完成对 LED 的初始化。这些被调用的函数是讲解的重点。后续实验中会引入多个源文件进行协同工作。

⑤组:USER 下存放的主要是用户代码。system_stm32f10x.c 文件用户无须修改,同时 stm32f10x_it.c 中存放的是中断服务函数。main.c 函数主要存放的是主函数。

针对第①步中如何灵活添加和删除固件库文件,这里进行简要说明:

如图 2.1 所示,stm32f10x_gpio.c 源文件下包括了好几个头文件,其中 stm32f10x_conf.h 尤为关键,这个文件会被每个固件库源文件引用。打开此文件,其内容如图 2.2 所示。

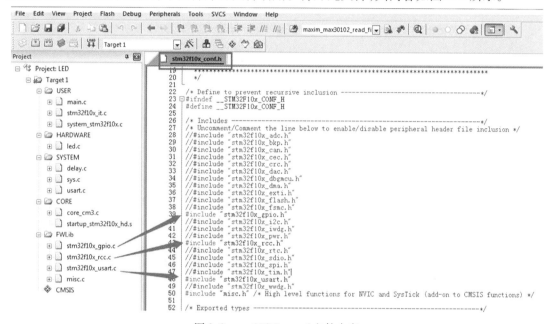

图 2.2　stm32f10x_conf 文件内容

在头文件 stm32f10x_conf.h 中,包含了 4 个".h"头文件,那是因为 FWLib 组下引入了相应的 4 个".c"源文件。同时记住,后面 3 个源文件 stm32f10x_rcc.c,stm32f10x_usart.c 以及 misc.c 在每个实验中几乎都需要添加。在这个实验中,因为 LED 是关系到 STM32 的 GPIO,所以额外增加了 stm32f10x_gpio.c 和头文件 stm32f10x_gpio.h。添加和删除固件库源文件的步骤如下:

①在 stm32f10x_conf.h 文件引入需要的".h"头文件。这些头文件在每个实验的目录\STM32F10x_FWLib\inc 下都有存放。

②在 FWLib 下加入步骤①中引入的".h"头文件对应的源文件。最好一一对应,否则有可能会报错。这些源文件在每个实验的\STM32F10x_FWLib\src 目录都有存放。

添加方法请参考之前的章节内容,如图 2.3 所示。

从层次图中可以看出,用户代码和 HARDWARE 下的外设驱动代码无须直接操作寄存器,而是直接或间接操作官方提供的固件库函数。但是为了更全面、方便地理解外设,后续会增加重要的外设寄存器的讲解,以加深对底层知识的了解,方便深入学习固件库。

接下来进入跑马灯实验的讲解。在此之前,为便于读者对外设功能有初步认识,将先介

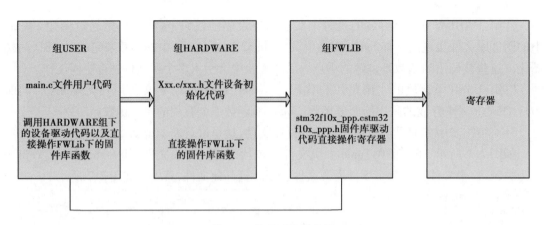

图 2.3　代码层次结构图

绍重要寄存器。学习固件库时,无须记住每个寄存器的作用,只需通过了解寄存器来大致了解外设的功能特性,为以后的学习奠定基础。

首先,在固件库中,GPIO 端口操作对应的库函数以及相关定义在文件 stm32f10x_gpio. h 和 stm32f10x_gpio. c 中。

STM32 的 I/O 口相比 51 单片机而言要复杂得多,所以使用起来也困难很多。STM32 的 I/O 口可以由软件配置成输入浮空、输入上拉、输入下拉、模拟输入、开漏输出、推挽输出、推挽式复用功能和开漏复用功能 8 种模式。

每个 I/O 口可以自由编程,但 I/O 口寄存器必须要遵循 32 位字长规范。STM32 的很多 I/O 口都具备 5 V 电平兼容性,这一特性在与 5 V 电平的外设连接时很有优势,具体兼容端口可以从该芯片的数据手册管脚描述章节查到(标记为 FT 的引脚即为 5 V 电平兼容)。

STM32 的每个 I/O 端口都由 7 个寄存器来控制。分别是:配置模式的 2 个 32 位的端口配置低寄存器(Control Register Low,CRL)和端口配置高寄存器(Control Register High,CRH); 2 个 32 位的输入数据寄存器(Input Data Register,IDR)和输出数据寄存器(Output Data Register,ODR);1 个 32 位的置位/复位寄存器(Bit Set/Reset Register,BSRR);一个 16 位的复位寄存器(Bit Reset Register,BRR);1 个 32 位的锁存寄存器(Lock Key Configuration,LCKR)。如果想要了解每个寄存器的详细使用方法,可以参考《STM32 中文参考手册 V10》P105-P129。 CRL 和 CRH 控制着每个 I/O 口的模式及输出速率。STM32 的 I/O 口位配置表如图 2.4 所示。

	配置模式		CNF1	CNF0	MODE1	MODE0	PxODR寄存器
通用输出	推挽式（Push-Pull）		0	0	01		0或1
	开漏（Open-Drain）			1	10		0或1
复用功能输出	推挽式（Push-Pull）		1	0	11		不使用
	开漏（Open-Drain）			1			不使用
输入	模拟输入		0	0			不使用
	浮空输入			1	00		不使用
	下拉输入		1	0			0
	上拉输入						1

图 2.4　STM32 的 I/O 口位配置表

STM32 输出模式配置如图 2.5 所示。

MODE[1:0]	意义
00	保留
01	最大输出速度为 10 MHz
10	最大输出速度为 2 MHz
11	最大输出速度为 50 MHz

图 2.5 STM32 输出模式配置表

端口低配置寄存器 CRL 的描述,如图 2.6 所示。

31	30	29	28	27	26	25	24	23	22	21	20	19	18	17	16
CNF7[1:10]		MODE7[1:0]		CNF6[1:0]		MODE6[1:0]		CNF5[1:0]		MODE5[1:0]		CNF4[1:0]		MODE4[1:0]	
rw	rw	rw	rw	rw	rw	rw	rw	rw	rw	rw	rw	rw	rw	rw	rw

15	14	13	12	11	10	9	8	7	6	5	4	3	2	1	0
CNF3[1:10]		MODE3[1:0]		CNF2[1:0]		MODE2[1:0]		CNF1[1:0]		MODE1[1:0]		CNF0[1:0]		MODE0[1:0]	
rw	rw	rw	rw	rw	rw	rw	rw	rw	rw	rw	rw	rw	rw	rw	rw

位31:30 27:26 23:22 19:18 15:14 11:10 7:6 3:2	CNFy[1:0]:端口 x 配置位(y=0...7) 软件通过 CNFy[1:0]位配置相应的 I/O 端口 在输入模式(MODE[1:0]=00): 00:模拟输入模式 01:浮空输入模式(复位后的状态) 10:上拉/下拉输入模式 11:保留 在输出模式(MODE[1:0]>00): 00:通用推挽输出模式 01:通用开漏输出模式 10:复用功能推挽输出模式 11:复用功能开漏输出模式
位29:28 25:24 21:20 17:16 13:12 9:8, 5:4 1:0	MODEy[1:0]:端口 x 的模式位(y=0...7) 软件通过 MODEy[1:0]位配置相应的 I/O 端口,请参考表15端口位配置表 00:输入模式(复位后的状态) 01:输出模式,最大速度10 MHz 10:输出模式,最大速度2 MHz 11:输出模式,最大速度50 MHz

图 2.6 端口低配置寄存器 CRL 各位描述

该寄存器的默认复位值为 0X44444444,如图 2.6 所示,复位值实际上是将配置端口设置为浮空输入模式。进一步分析图表可知,STM32 的 CRL 控制着每组 I/O 端口(A ~ G)的低 8 位的配置模式。每个 I/O 端口的配置占用 CRL 的 4 个位,高两位为配置(Configuration,CNF),低两位为模式(MODE)。这里可以记住几个常用的配置,如 0X0 表示模拟输入模式(Analog-to-Digital Converter,ADC)、0X3 表示推挽输出模式(做输出口用,50 MHz 速率)、0X8 表示上/下拉输入模式(做输入口用)、0XB 表示复用输出(使用 I/O 口的第二功能,50 MHz 速率)。

CRH 的作用和 CRL 完全一样,只是 CRL 控制的是低 8 位输出口,而 CRH 控制的是高 8 位输出口。这里对 CRH 不作详细介绍。下面讲解一下如何通过固件库设置 GPIO 的相关参数和输出。

GPIO 相关的函数和定义分布在固件库文件 stm32f10x_gpio.c 和头文件 stm32f10x_gpio.h 中。

在固件库开发中,操作寄存器 CRH 和 CRL 来配置 I/O 口的模式和速度是通过 GPIO 初始化函数完成的:

```
void GPIO_Init( GPIO_TypeDef *  GPIOx, GPIO_InitTypeDef * GPIO_InitStruct) ;
```

这个函数有两个参数,第一个参数是用来指定 GPIO 的,取值范围为 GPIOA ~ GPIOG。

第二个参数为初始化参数结构体指针,结构体类型为 GPIO_InitTypeDef。下面看看这个结构体的定义。首先打开配套资料的跑马灯实验,然后找到 FWLib 组下的 stm32f10x_gpio.c 文件,定位到 GPIO_Init 函数体处,双击入口参数类型 GPIO_InitTypeDef 后,右键选择"Go To Definition Of …"可查看结构体的定义:

```
typedef struct
    {uint16_t GPIO_Pin;
     GPIOSpeed_TypeDef GPIO_Speed;
     GPIOMode_TypeDef GPIO_Mode;
    } GPIO_InitTypeDef;
```

下面通过一个 GPIO 初始化实例来讲解这个结构体成员变量的含义。

通过初始化结构体初始化 GPIO 的常用格式是:

```
GPIO_InitTypeDefGPIO_InitStructure;
GPIO_InitStructure. GPIO_Pin = GPIO_Pin_8;          //LED0-->PA8 端口配置
GPIO_InitStructure. GPIO_Mode = GPIO_Mode_Out_PP;   //推挽输出
GPIO_InitStructure. GPIO_Speed = GPIO_Speed_50 MHz; //速度 50 MHz
GPIO_Init( GPIOA, &GPIO_InitStructure) ;            //根据设定参数配置 GPIO
```

上面代码的意思是设置 GPIOB 的第 5 个端口为推挽输出模式,同时速度为 50 MHz。

从上面初始化代码可以看出,结构体 GPIO_InitStructure 的第一个成员变量 GPIO_Pin 用来设置初始化一个或多个 I/O 口;第二个成员变量 GPIO_Mode 用来设置对应 I/O 端口的输出输入模式,这些模式即上面讲解的 8 种模式,在 MDK 中这些模式是通过一个枚举类型定义的:

```
typedef enum
    { GPIO_Mode_AIN=0x0,               //模拟输入
     GPIO_Mode_IN_FLOATING=0x04,       //浮空输入
     GPIO_Mode_IPD=0x28,               //下拉输入
     GPIO_Mode_IPU=0x48,               //上拉输入
     GPIO_Mode_Out_OD=0x14,            //开漏输出
     GPIO_Mode_Out_PP=0x10,            //通用推挽输出
     GPIO_Mode_AF_OD=0x1C,             //复用开漏输出
     GPIO_Mode_AF_PP=0x18              //利用推挽输出
    } GPIOMode_TypeDef;
```

第三个参数是 I/O 口速度设置,有 3 个可选值,在 MDK 中同样是通过枚举类型定义:

```
typedef enum
{
    GPIO_Speed_10 MHz=1,
    GPIO_Speed_2 MHz=1,
    GPIO_Speed_50 MHz
}GPIOSpeed_TypeDef;
```

入口参数的取值范围如何定位,以及如何快速定位到这些入口参数取值范围的枚举类型,在前文已有讲解,故不再赘述。在后续实验中,也再不赘述如何定位每个参数取值范围的方法。

IDR 是一个端口输入数据寄存器,采用低 16 位来反映端口的输入状态,该寄存器为只读寄存器,并且只能以 16 位的形式读出。该寄存器各位的描述如图 2.7 所示。

31	30	29	28	27	26	25	24	23	22	21	20	19	18	17	16
保留															

15	14	13	12	11	10	9	8	7	6	5	4	3	2	1	0
IDR15	IDR14	IDR13	IDR12	IDR11	IDR10	IDR9	IDR8	IDR7	IDR6	IDR5	IDR4	IDR3	IDR2	IDR1	IDR0
r	r	r	r	r	r	r	r	r	r	r	r	r	r	r	r

位31:16	保留,始终读为0
位15:0	IDRy[15:0]:端口输入数据(y=0…15) 这些位为只读并只能以字(16位)的形式读出。读出的值为对应I/O口的状态

图 2.7 端口输入数据寄存器 IDR 各位描述

要想知道某个 I/O 口的电平状态,只需要读这个寄存器,再看某个位的状态即可,使用起来比较简单。

在固件库中操作 IDR 寄存器读取 I/O 端口数据是通过 GPIO_ReadInputDataBit 函数实现的:

```
uint8_tGPIO_ReadInputDataBit( GPIO_TypeDef * GPIOx,uint16_t GPIO_Pin)
```

如果要读 GPIOA.5 的电平状态,那么方法是:

```
GPIO_ReadInputDataBit( GPIOA,GPIO_Pin_5);
```

返回值是 1(Bit_SET)或者 0(Bit_RESET);

ODR 是一个端口输出数据寄存器,也只用了低 16 位,该寄存器为可读写,从该寄存器读出的数据可以用于判断当前 I/O 口的输出状态。而向该寄存器写数据,则可以控制某个 I/O 口的输出电平。该寄存器的各位描述如图 2.8 所示。

在固件库中设置 ODR 寄存器的值来控制 I/O 口的输出状态是通过函数 GPIO_Write 来实现的:

```
void GPIO_Write( GPIO_TypeDef * GPIOx,uint16_t PortVal);
```

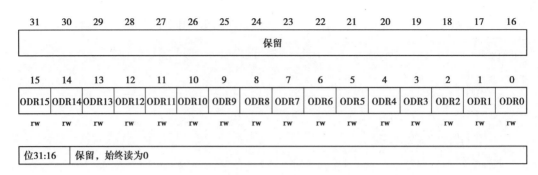

31	30	29	28	27	26	25	24	23	22	21	20	19	18	17	16
保留															

15	14	13	12	11	10	9	8	7	6	5	4	3	2	1	0
ODR15	ODR14	ODR13	ODR12	ODR11	ODR10	ODR9	ODR8	ODR7	ODR6	ODR5	ODR4	ODR3	ODR2	ODR1	ODR0
rw	rw	rw	rw	rw	rw	rw	rw	rw	rw	rw	rw	rw	rw	rw	rw

位31:16	保留，始终读为0

图 2.8　端口输出数据寄存器 ODR 各位描述

该函数通常用于同时设置 GPIO 端口的多个输出位。

BSRR 寄存器是端口位设置/清除寄存器。该寄存器和 ODR 寄存器具有类似的作用，都可以用来设置 GPIO 端口的输出位是 1 还是 0。该寄存器的描述如图 2.9 所示。

31	30	29	28	27	26	25	24	23	22	21	20	19	18	17	16
BR15	BR14	BR13	BR12	BR11	BR10	BR9	BR8	BR7	BR6	BR5	BR4	BR3	BR2	BR1	BR0
W	W	W	W	W	W	W	W	W	W	W	W	W	W	W	W

15	14	13	12	11	10	9	8	7	6	5	4	3	2	1	0
BR15	BR14	BR13	BR12	BR11	BR10	BR9	BR8	BR7	BR6	BR5	BR4	BR3	BR2	BR1	BR0
W	W	W	W	W	W	W	W	W	W	W	W	W	W	W	W

位31:16	BRy: 清除端口x的位y（y=0...15）（Port x Reset bit y） 这些位只能写入并只能以字（16位）的形式操作 0：对对应的ODRy位不产生影响 1：清除对应的ODRy位为0 注：如果同时设置了BSy和BRy的对应位，BSy位起作用
位15:0	BSy: 设置端口x的位y（y=0...15）（Port x Set bit y） 这些位只能写入并只能以字（16位）的形式操作 0：对对应的ODRy位不产生影响 1：设置对应的ODRy位为1

图 2.9　端口位设置/清除寄存器 BSRR 各位描述

通过举例可以清楚地了解 BSRR 寄存器的使用方法，如要设置 GPIOA 的第 1 个端口值为 1，那么只需要往寄存器 BSRR 的低 16 位对应位写 1 即可：

```
GPIOA->BSRR = 1<<1;
```

如果要设置 GPIOA 的第 1 个端口值为 0，只需要往寄存器高 16 位的对应位写 1 即可：

```
GPIOA->BSRR = 1<<(16+1)
```

往 BSRR 寄存器的某一位写入 0 是没有影响的，所以要设置某些位时无须管其他位的值。

BRR 寄存器是一种端口位清除寄存器。该寄存器的作用与 BSRR 的高 16 位相同，这里就不做详细讲解。在 STM32 固件库中，通过 BSRR 和 BRR 寄存器设置 GPIO 端口输出是通过函数 GPIO_SetBits( ) 和函数 GPIO_ResetBits( ) 完成的。

```
void GPIO_SetBits(GPIO_TypeDef * GPIOx,uint16_t
GPIO_Pin);void GPIO_ResetBits(GPIO_TypeDef * GPIOx,
uint16_t GPIO_Pin);
```

通常情况下,都采用这两个函数来设置 GPIO 端口的输入和输出状态。若要设 GPIOB.5 输出为 1,那么方法为:

```
GPIO_SetBits(GPIOB,GPIO_Pin_5);
```

反之,若要设 GPIOB.5 输出为 0,那么方法为:

```
GPIO_ResetBits(GPIOB,GPIO_Pin_5);
```

GPIO 相关的函数先讲解到这里。I/O 操作步骤很简单,操作步骤如下:
①使能 I/O 口时钟。调用函数 RCC_APB2PeriphClockCmd()。
②初始化 I/O 参数。调用函数 GPIO_Init();
③操作 I/O。操作 I/O 的方法就是上面讲解的方法。
上面讲解了 STM32 I/O 口的基本知识以及固件库操作 GPIO 的一些函数方法,下面来讲解跑马灯实验的硬件设计和软件设计。

2.2　硬件设计

本章用到的硬件是 LED 灯,其具体电路是主控模块板上的 LED 灯组模块,由 8 个贴片 LED 灯组成,这些灯采用共阳极连接方式,即低电平驱动,默认是独立存在的,即没有和 STM32 管脚连接,实验时需用 8 根杜邦线做跳线操作。STM32 I/O 口和 LED 灯的管脚对应见表 2.1。

表 2.1　STM32 I/O 口和 LED 灯的管脚对应

STM32 I/O 口	LED 灯引脚
PB8	LED0
PB9	LED1
PC12	LED2
PD2	LED3
PB3	LED4
PB4	LED5
PB5	LED6
PB6	LED7

LED 灯组模块的硬件连接原理图如图 2.10 所示。

55

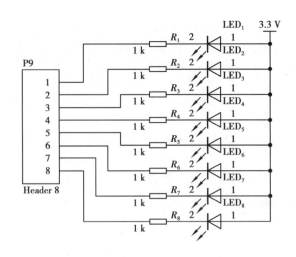

图 2.10　LED 灯组模块的硬件连接原理图

如图 2.10 所示,LED 灯采用共阳极接法,所有 LED 灯的阴极均通过直插排针"P9"引出,当需要控制指定的 LED 灯点亮时,只需将对应位置的引脚拉低即可。需要通过 STM32 的 I/O 口去控制 LED 灯组模块,按照上述的管脚关系对应表,用排线装接好,如图 2.11 所示。

图 2.11　LED 灯组与 STM32 引脚连接实物图

2.3　软件设计

下面将指导如何在前面讲解的 Template 工程中逐步加入固件库以及 LED 相关的驱动函数,使之与光盘的跑马灯实验工程相同。首先,打开 1.3.3 小节新建的 V3.5.0 版本的工程模板。若尚未新建,也可以直接打开配套资料中新建好的工程模板,路径为:"\ARM 嵌入式教学演示开源资源包\1_STM32 程序源码(标准库 V3.5.0 版本)\1_基础实验部分\00_Template 工程模板"。注意,是直接单击工程下面的 USER 目录下的 Template. uvproj。

在模板中的 FWLIB 下,引入了所有的固件库源文件和对应的头文件,如图 2.12 所示。

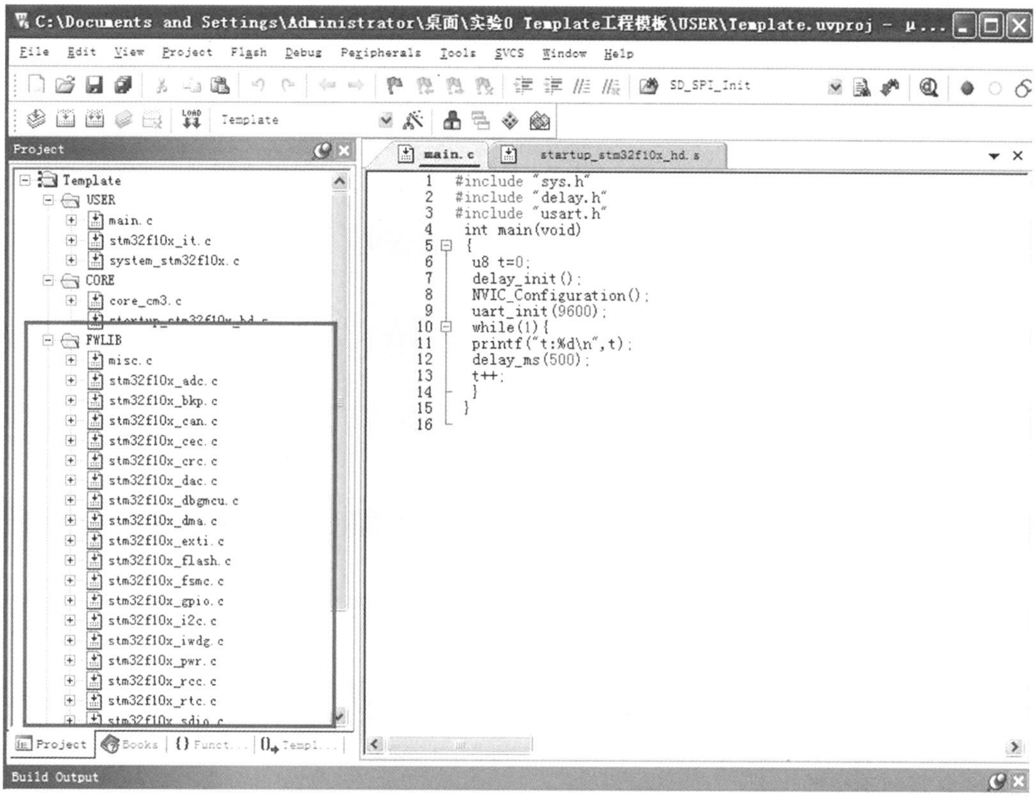

图 2.12　FWLIB 下模版图

固件库文件可根据实际工程的需要添加,如跑马灯实验,并没有用到 ADC,则可以去掉 stm32f10x_adc.c,这样可以减少工程编译时间。

跑马灯实验主要用到的固件库文件:

> stm32f10x_gpio.c /stm32f10x_gpio.h
>
> stm32f10x_rcc.c/stm32f10x_rcc.h
>
> misc.c/ misc.h
>
> stm32f10x_usart /stm32f10x_usart.h

其中,stm32f10x_rcc.h 头文件在每个实验中都要引入,因为系统时钟配置函数以及相关的外设时钟使能函数都在其源文件 stm32f10x_rcc.c 中。stm32f10x_usart.h 和 misc.h 头文件在 SYSTEM 文件夹中都需要使用到,所以每个实验都会引用。

stm32f10x_conf.h 文件中,注释掉其他不用的头文件,只引入以下头文件:

> #include " stm32f10x_gpio.h "
>
> #include " stm32f10x_rcc.h "
>
> #include " stm32f10x_usart.h "
>
> #include " misc.h "

首先打开 stm32f10x_conf.h 文件,注释掉无须使用的头文件,只引入这 4 个头文件,如图

2.13 圈中部分所示。

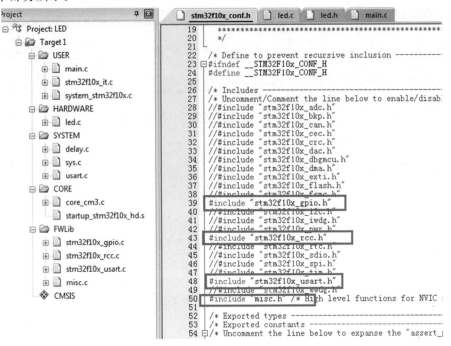

图 2.13　头文件导入

接下来,去掉多余的其他源文件,右击"Template",选择"Manage Project Items…",进入选项卡,如图 2.14 所示。

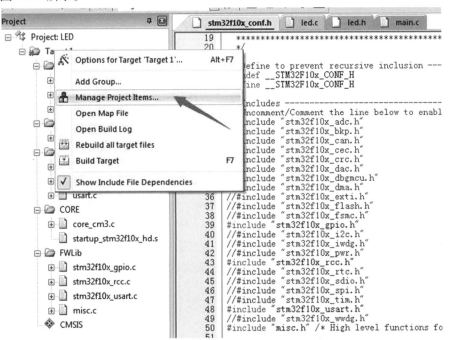

图 2.14　项目管理栏选项

选中"FWLIB"分组,然后选中不需要的源文件单击删除按钮删掉,留下如图 2.15 所示需要使用到的 4 个源文件,然后单击"OK"。

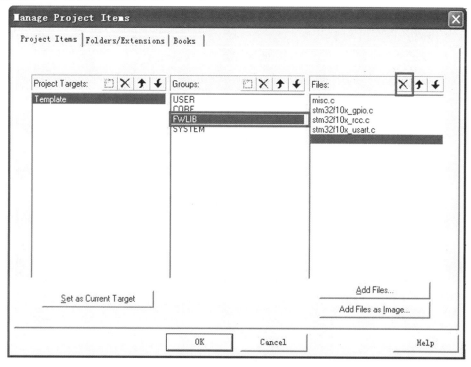

图 2.15　FWLIB 选项

工程 FWLIB 下只剩下 4 个源文件,如图 2.16 所示。

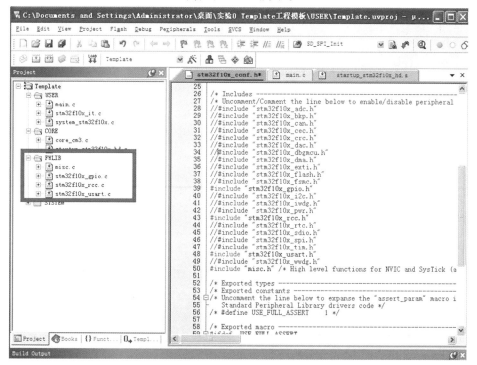

图 2.16　FWLIB 下的. c 文件

然后进入工程的目录,在工程根目录文件夹下新建一个 HARDWARE 文件夹,用来存储以后与硬件相关的代码。然后在 HARDWARE 文件夹下新建一个 LED 文件夹,用来存放与LED 相关的代码,如图 2.17 所示。

名称	修改日期	类型	大小
CORE	2019/7/8 14:35	文件夹	
HARDWARE	2019/7/8 14:35	文件夹	
OBJ	2019/8/22 13:02	文件夹	
STM32F10x_FWLib	2019/7/8 14:35	文件夹	
SYSTEM	2019/7/8 14:35	文件夹	
USER	2019/8/22 11:34	文件夹	
keilkilll.bat	2011/4/23 10:24	Windows 批处理...	1 KB

图 2.17 新建 HARDWARE 文件夹

接下来回到工程(如果使用的是上面新建的工程模板,即为 Template. uvproj,可以将其重命名为 LED. uvproj),按"▯"按钮新建一个文件,然后保存在 HARDWARE->LED 文件夹下,保存为 led. c。在该文件中输入如下代码(可以直接打开配套资料的跑马灯实验,从相应的文件中将代码复制过来),如图 2.18 所示。

```c
#include " led. h "
//LED 驱动代码
//初始化 I/O 口,并使能对应的时钟
//LED I/O 初始化
void LED_Init( void)
{
    GPIO_InitTypeDef GPIO_InitStructure;
    RCC_APB2PeriphClockCmd( RCC_APB2Periph_GPIOB|RCC_APB2Periph_GPIOC|
RCC_APB2Periph_GPIOD| RCC_APB2Periph_AFIO,ENABLE);
    //使能 PB,PC 和 PD 端口时钟
    GPIO_PinRemapConfig(GPIO_Remap_SWJ_JTAGDisable,ENABLE);

    //PB.3、PB.4、PB.5、PB.6、PB.8、PB.9 端口配置
    GPIO_InitStructure. GPIO_Pin = GPIO_Pin_3 | GPIO_Pin_4 | GPIO_Pin_5 | GPIO
_Pin_6 |GPIO_Pin_8 | GPIO_Pin_9;
    GPIO_InitStructure. GPIO_Mode = GPIO_Mode_Out_PP;     //推挽输出
    GPIO_InitStructure. GPIO_Speed = GPIO_Speed_50MHz;    //I/O 口速度为 50 MHz
    GPIO_Init( GPIOB,&GPIO_InitStructure);                //根据设定参数初始化 GPIOB
    GPIO_SetBits( GPIOB,GPIO_Pin_3);                      //PB.3 输出高
    GPIO_SetBits( GPIOB,GPIO_Pin_4);                      //PB.4 输出高
    GPIO_SetBits( GPIOB,GPIO_Pin_5);                      //PB.5 输出高
    GPIO_SetBits( GPIOB,GPIO_Pin_6);                      //PB.6 输出高
    GPIO_SetBits( GPIOB,GPIO_Pin_8);                      //PB.8 输出高
```

```
GPIO_SetBits(GPIOB,GPIO_Pin_9);                    //PB.9 输出高
GPIO_InitStructure.GPIO_Pin = GPIO_Pin_12;         //PC 端口配置,推挽输出
GPIO_Init(GPIOC,&GPIO_InitStructure);              //推挽输出,I/O 口速度为 50 MHz
GPIO_SetBits(GPIOC,GPIO_Pin_12);                   //PC.12 输出高
GPIO_InitStructure.GPIO_Pin = GPIO_Pin_2;          //PD 端口配置,推挽输出
GPIO_Init(GPIOD,&GPIO_InitStructure);              //推挽输出,I/O 口速度为 50 MHz
GPIO_SetBits(GPIOD,GPIO_Pin_2);                    //PD.2 输出高
}
```

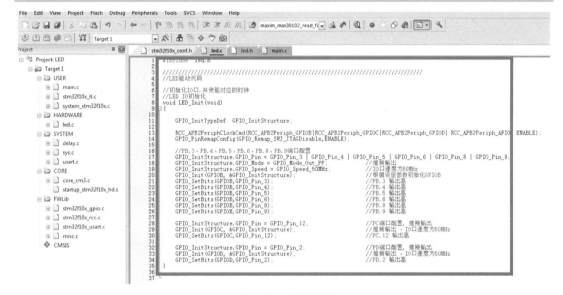

图 2.18　代码示例

该代码中包含了一个名为 void LED_Init(void) 的函数,其功能是用于实现配置对应 I/O 口为推挽输出。这里需要注意的是:在配置 STM32 外设时,必须首先使能该外设的时钟。GPIO 是挂载在高级外设总线(Advanced Peripheral Bus,APB)2 上的外设,在固件库中对挂载在 APB2 上的外设时钟使能是通过函数 RCC_APB2PeriphClockCmd( ) 来实现的。对该函数的入口参数的设置,在前文已有详细讲解。以下是相关代码:

RCC_APB2PeriphClockCmd(RCC_APB2Periph_GPIOB|RCC_APB2Periph_GPIOC|RCC
_APB2Periph_GPIOD| RCC_APB2Periph_AFIO,ENABLE);　//使能 PB,PC 和 PD 端口时钟

这段代码的作用是使能 APB2 上 GPIOB、GPIOC 和 GPIOD 的时钟。由于使用了 PB3 和 PB4 两个特殊引脚(这两个引脚与 JTAG/SWD 下载功能有关),所以需要外加 RCC_APB2Periph _AFIO,ENABLE 和语句,否则这两个引脚将无法正常使用(具体原因和设置方法将在后续章节详细阐述)。此外,为了仅使用 SWD 接口而禁用 JTAG 功能,须加入以下语句:

GPIO_PinRemapConfig(GPIO_Remap_SWJ_JTAGDisable,ENABLE);

在配置完时钟之后,LED_Init 函数配置了 GPIOB.3、GPIOB.4、GPIOB.5、GPIOB.6、GPIOB.8、GPIOB.9、GPIOC.12 和 GPIOD.2 为推挽输出模式,并且默认输出 1。这样就完成了对这 8 个 I/O 口的初始化。函数代码如下:

```
GPIO_InitTypeDef GPIO_InitStructure;
//PB.3、PB.4、PB.5、PB.6、PB.8、PB.9 端口配置
GPIO_InitStructure. GPIO_Pin = GPIO_Pin_3 | GPIO_Pin_4 | GPIO_Pin_5 | GPIO_Pin_
6 | GPIO_Pin_8 | GPIO_Pin_9;
GPIO_InitStructure. GPIO_Mode = GPIO_Mode_Out_PP;          //推挽输出

GPIO_InitStructure. GPIO_Speed = GPIO_Speed_50MHz;         //I/O 口速度为 50 MHz
GPIO_Init( GPIOB, &GPIO_InitStructure );                   //根据设定参数初始化 GPIOB
GPIO_SetBits( GPIOB, GPIO_Pin_3 );                         //PB.3 输出高
GPIO_SetBits( GPIOB, GPIO_Pin_4 );                         //PB.4 输出高
GPIO_SetBits( GPIOB, GPIO_Pin_5 );                         //PB.5 输出高
GPIO_SetBits( GPIOB, GPIO_Pin_6 );                         //PB.6 输出高
GPIO_SetBits( GPIOB, GPIO_Pin_8 );                         //PB.8 输出高
GPIO_SetBits( GPIOB, GPIO_Pin_9 );                         //PB.9 输出高

GPIO_InitStructure. GPIO_Pin = GPIO_Pin_12;               //PC 端口配置,推挽输出
GPIO_Init( GPIOC, &GPIO_InitStructure );                  //推挽输出,I/O 口速度为 50 MHz
GPIO_SetBits( GPIOC, GPIO_Pin_12 );                       //PC.12 输出高

GPIO_InitStructure. GPIO_Pin = GPIO_Pin_2;               //PD 端口配置,推挽输出
GPIO_Init( GPIOD, &GPIO_InitStructure );                 //推挽输出,I/O 口速度为 50 MHz
GPIO_SetBits( GPIOD, GPIO_Pin_2 );                       //PD.2 输出高
```

需要说明的是,因为 GPIOB、GPIOC 和 GPIOD 的 I/O 口的初始化参数都设置在结构体变量 GPIO_InitStructure 中,且 8 个 I/O 口的模式和速度都是一样的,所以只需初始化一次,在 GPIOC.12 和 GPIOD.2 初始化时就无须再重复初始化速度和模式。

保存 led.c 代码,然后按同样的方法,新建一个 led.h 文件,也保存在 LED 文件夹下。在 led.h 中输入如下代码:

```
#ifndef __LED_H
#define __LED_H
#include " sys. h"
//////////////////////////////////////////////////////////
//LED 驱动代码
//////////////////////////////////////////////////////////
#define LED0 PBout(8)//
```

```
#define LED1 PBout(9)   //
#define LED2 PCout(12)  //
#define LED3 PDout(2)   //
#define LED4 PBout(3)   //
#define LED5 PBout(4)   //
#define LED6 PBout(5)   //
#define LED7 PBout(6)   //

void LED_Init(void);       //初始化
#endif
```

这段代码中最关键的是 8 个宏定义,这里使用位带操作来实现操作某个 I/O 口的 1 个位,关于位带操作前面章节已经有介绍,这里不再赘述。需要注意的是,这里也可以使用固件库操作来实现 I/O 口操作。代码如下:

```
GPIO_SetBits(GPIOB,GPIO_Pin_8);      //PB8 输出高
GPIO_ResetBits(GPIOB,GPIO_Pin_8);    //PB8 输出低
```

可修改位带操作为库函数直接操作,这样也有利于学习。

将 led.h 保存。然后,在 Manage Components 中新建一个 HARDWARE 组,并把 led.c 加入到这个组中,如图 2.19 所示。

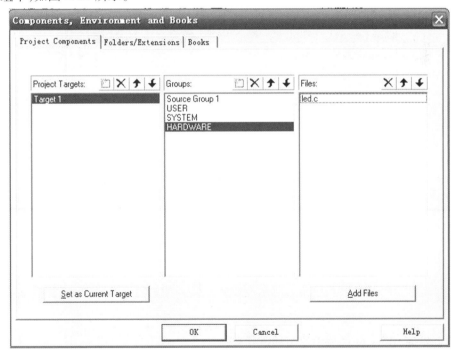

图 2.19　在 Manage Components 中新建 HARDWARE 组

单击"OK",回到工程,会发现在 Project 工作区中多了一个 HARDWARE 组,该组下有一个 led.c 文件,如图 2.20 所示。

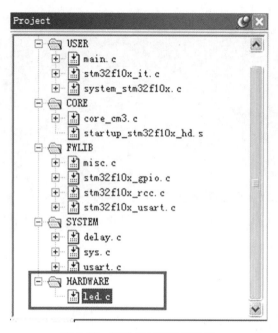

图 2.20　新增 HARDWARE 组

用之前介绍的方法将 led. h 头文件的路径加入工程中,如图 2.21 所示。

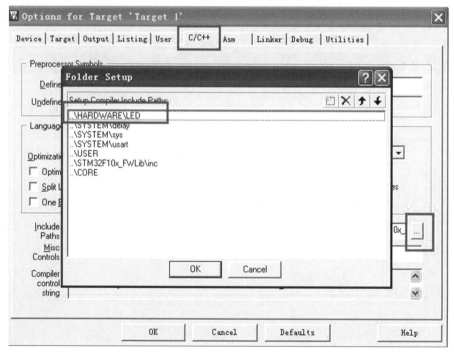

图 2.21　导入 led. h 头文件

回到主界面,在 main 函数中编写如下代码:

```
#include "led. h"
#include "delay. h"
```

```
#include "sys.h"
//跑马灯实验
int main(void)
{
    delay_init();            //延时函数初始化
    LED_Init();              //初始化与 LED 连接的硬件接口
    while(1)
    {
        LED0 = 0;
        delay_ms(300);
        LED1 = 0;
        delay_ms(300);
        LED2 = 0;
        delay_ms(300);
        LED3 = 0;
        delay_ms(300);
        LED4 = 0;
        delay_ms(300);
        LED5 = 0;
        delay_ms(300);
        LED6 = 0;

        delay_ms(300);
        LED7 = 0;
        delay_ms(300);
        LED0 = 1;
        delay_ms(300);
        LED1 = 1;
        delay_ms(300);
        LED2 = 1;
        delay_ms(300);
        LED3 = 1;
        delay_ms(300);
        LED4 = 1;
        delay_ms(300);
        LED5 = 1;
        delay_ms(300);
        LED6 = 1;
```

```
            delay_ms(300);
            LED7 = 1;
            delay_ms(300);
        }
    }
```

代码包含了#include " led. h ",使得 LED0、LED1、LED2、LED3、LED4、LED5、LED6、LED7、LED_Init 等能在 main( )函数中被调用。

这里需要重申的是,在固件库 V3.5.0 中,系统在启动时会调用 system_stm32f10x. c 中的 SystemInit( )函数对系统时钟进行初始化,在时钟初始化完毕后会调用 main( )函数。所以无须再在 main( )函数中调用 SystemInit( )函数。若需重新设置时钟系统,可自定义时钟设置代码,SystemInit( )只是将时钟系统初始化为默认状态。

main( )函数非常简单。首先,通过调用 delay_init( )初始化延时;其次,调用 LED_Init( )来初始化对应 I/O 口为输出状态;最后,在无限循环中实现 LED0 ~ LED7 的交替闪烁,间隔为 300 ms。

上述功能可通过位带操作实现 I/O 操作,也可通过修改 main( )函数,直接利用库函数操作 I/O 达到同样的效果。

```
#include " led. h "
#include " delay. h "
#include " sys. h "
//跑马灯实验
int main( void)
{
    delay_init();              //延时函数初始化
    LED_Init();                //初始化与 LED 连接的硬件接口
    while(1)
    {
        GPIO_ResetBits(GPIOB,GPIO_Pin_8);    //LED0 输出低
        delay_ms(300);
        GPIO_ResetBits(GPIOB,GPIO_Pin_9);    //LED1 输出低
        delay_ms(300);
        GPIO_ResetBits(GPIOC,GPIO_Pin_12);   //LED2 输出低
        delay_ms(300);
        GPIO_ResetBits(GPIOD,GPIO_Pin_2);    //LED3 输出低
        delay_ms(300);
        GPIO_ResetBits(GPIOB,GPIO_Pin_3);    //LED4 输出低
        delay_ms(300);
        GPIO_ResetBits(GPIOB,GPIO_Pin_4);    //LED5 输出低
```

```
    delay_ms(300);
    GPIO_ResetBits(GPIOB,GPIO_Pin_5);        //LED6 输出低
    delay_ms(300);
    GPIO_ResetBits(GPIOB,GPIO_Pin_6);        //LED7 输出低
    delay_ms(300);
    GPIO_SetBits(GPIOB,GPIO_Pin_8);          //LED0 输出高
    delay_ms(300);
    GPIO_SetBits(GPIOB,GPIO_Pin_9);          //LED1 输出高
    delay_ms(300);
    GPIO_SetBits(GPIOC,GPIO_Pin_12);         //LED2 输出高
    delay_ms(300);
    GPIO_SetBits(GPIOD,GPIO_Pin_2);          //LED3 输出高
    delay_ms(300);
    GPIO_SetBits(GPIOB,GPIO_Pin_3);          //LED4 输出高
    delay_ms(300);
    GPIO_SetBits(GPIOB,GPIO_Pin_4);          //LED5 输出高
    delay_ms(300);
    GPIO_SetBits(GPIOB,GPIO_Pin_5);          //LED6 输出高
    delay_ms(300);
    GPIO_SetBits(GPIOB,GPIO_Pin_6);          //LED7 输出高
    delay_ms(300);
    }
}
```

将主函数替换为上述代码,然后重新执行,可以看到,结果与用位带操作相同。该代码在配套的资料文件的实验代码"1_STM32 程序源码(标准库 V3.5 版本)\1_基础实验部分\01_跑马灯实验"中。

然后单击"",编译工程,得到的结果如图 2.22 所示。

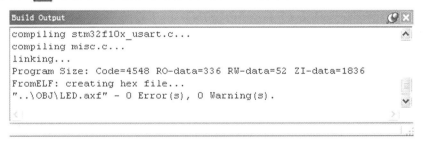

图 2.22　编译结果

编译结果无错误、无警告,结果显示代码占用的 Flash 大小为 4 884 字节(4 548+336),静态随机存取内存(Static Random Access Memory,SRAM)大小为 1 888 个字节(1 836+52)。

编译结果中的关键数据的意义:

Code：表示程序所占用 Flash 的大小（Flash）。RO-data：即 Read Only-data，表示程序定义的常量（Flash）。RW-data：即 Read Write-data，表示已被初始化的变量（SRAM）。ZI-data：即 Zero Init-data，表示未被初始化的变量（SRAM）。

用户可通过上述数据得知当前使用的 Flash 和 SRAM 的大小。程序的大小并非".hex"文件的大小，而是编译后的 Code 和 RO-data 之和。另外，尽管 SRAM 总占用达到了 1 888 字节，但在 startup_stm32f10x_hd.s 中定义了堆栈（Heap+Stack）的大小为 0X600，也就是 1 536 字节，usart.c 中定义了 200 字节大小的接收缓冲，这样就占用了 1 736 字节，跑马灯实验例程实际 SRAM 使用量并不大。接下来，将程序下载到主控模块，以验证实际运行效果。

2.4　下载验证

跑马灯实验很简单，因此跳过软件仿真环节，直接下载到实际板卡查看具体现象。下载后，可以看到结果和预期一样，如图 2.23 所示。

图 2.23　执行结果

至此，第二章的学习内容结束，本章作为 STM32 的入门第一个实例，详细介绍了 STM32 的 I/O 口操作，并巩固了之前的学习内容。

第 **3** 章
按键实验

上一章介绍了 STM32 的 I/O 口作为输出的使用,本章将介绍如何使用 STM32 的 I/O 口作为输入。本章将利用板载的 4 个按键来控制板载的 8 个 LED 灯的亮灭。

3.1 STM

STM32 的 I/O 口作输入使用时,是通ReadInputDataBit( )来读取 I/O 口的状态。基于这一点,开始编写代码。

本节将通过主控模块板上的 4 个按钮KEY2、KEY3)来控制板上的 8 个 LED 灯。其中,KEY0 控制 LED0 ~ LED3 这 4 个灯,实现按一次亮灯再按一次灭灯的效果。KEY1 控制 LED4 ~ LED7 这 4 个灯,效果同 KEY0。KEY2 按键则同时控制 8 个 LED 灯,按一次即实现状态翻转一次。KEY3 也是同时控制 8 个 LED 灯,按一次所有的灯均熄灭。

3.2 硬件设计

本实验用到的硬件资源有:
①指示灯(LED 灯组模块)LED0 ~ LED7。
②4 个按键:KEY0、KEY1、KEY2 和 KEY3。

8 个 LED 灯和 STM32 引脚之间的连接已经详细介绍,现重点讲解 4 个按键的硬件连接,其引脚对应关系见表 3.1。

表 3.1 STM32 I/O 口和按键的管脚对应

STM32 I/O 口	KEY 按键引脚
PC4	KEY0
PC51	KEY1

续表

STM32 I/O 口	KEY 按键引脚
PB0	KEY2
PB1	KEY3

需要说明的是,设计板上的按键划分在"输入按键模块"中,是独立存在的硬件,即默认不与任何外围部件相连。因此,需要按照上述的关系对应表,用杜邦线将 STM32 引脚与按键引脚相接才能使用。实际的接线情况如图 3.1、图 3.2 和图 3.3 所示,同时实验还需"LED 灯组模块"的配合。

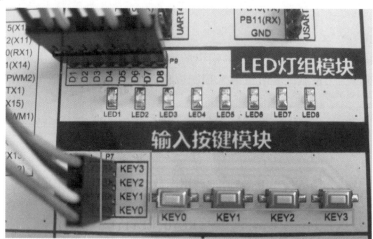

图 3.1 LED 灯组模块连线一

图 3.2 LED 灯组模块连线二

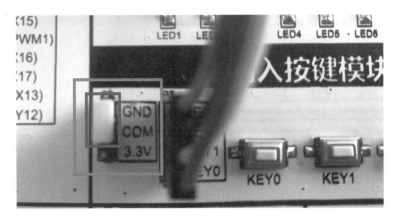

图 3.3 LED 灯组模块连线三

如图 3.2 和图 3.3 所示,将二者按键模块和 STM32 引出的排针一一接好(注意线序)即可。如图 3.3 所示的方框区域为按键触发电平选择端子,这里需要说明的是,设计板上"输入按键模块"的按键触发电平可自由选择,即可选择高电平"3.3V"触发或者低电平"GND"触发,原理如图 3.4 所示。

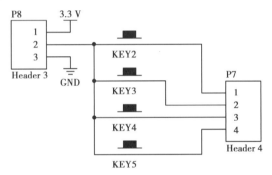

图 3.4 按键原理图

本实验使用的是低电平触发,即程序检测的是低电平。因此,需要用短路帽将如图 3.4 所示的 Header 3 中的"2"与"3"短接和"GND"短接。

3.3 软件设计

打开按键实验过程中,引入了 key.c 文件以及头文件 key.h。首先打开 key.c 文件,代码如下:

```
#include " key. h "
#include " delay. h "
//////////////////////////////////////////////////////////////////
//按键输入驱动代码

//按键初始化函数
```

```
//设置成输入
void KEY_Init( void)
{

    GPIO_InitTypeDef GPIO_InitStructure;
    RCC_APB2PeriphClockCmd( RCC_APB2Periph_GPIOB | RCC_APB2Periph_GPIOC,
ENABLE);
    //使能 PORTB,PORTC 时钟
    GPIO_InitStructure. GPIO_Pin    = GPIO_Pin_0 | GPIO_Pin_1;//PB0 PB1
    GPIO_InitStructure. GPIO_Mode = GPIO_Mode_IPU;//设置成上拉输入
    GPIO_Init( GPIOB,&GPIO_InitStructure);//初始化 GPIOB0 和 GPIOB1
    GPIO_InitStructure. GPIO_Pin    = GPIO_Pin_4 | GPIO_Pin_5;//PC4 PC5
    GPIO_InitStructure. GPIO_Mode = GPIO_Mode_IPU;//设置成上拉输入
    GPIO_Init( GPIOC,&GPIO_InitStructure);//初始化 GPIOC4 GPIOC5
}
//按键处理函数
//返回按键值
//mode:0,不支持连续按;1,支持连续按;
//返回值:
//0,没有任何按键按下
//KEY0_PRES,KEY0 按下
//KEY1_PRES,KEY1 按下
//KEY2_PRES,KEY2 按下
//KEY3_PRES,KEY3 按下
//注意此函数有响应优先级,KEY0>KEY1>KEY2>KEY3!!
u8 KEY_Scan( u8 mode)
{

    static u8 key_up=1;//按键按松开标志
    if( mode) key_up=1;//支持连按
    if( KEY0 = =0 | | KEY1 = =0 | | KEY2 = =0 | | KEY3 = =0)
    {
    key_up=0;
    if( KEY0 = =0)
    {

        while( KEY0 = =0);
        return KEY0_PRES;
    }
    else if( KEY1 = =0)
    {
```

```
            while(KEY1==0);
            return KEY1_PRES;
        }
    else if(KEY2==0)
        {

            while(KEY2==0);
            return KEY2_PRES;

        }
    else if(KEY3==0)
        {

            while(KEY3==0);
            return KEY3_PRES;

        }
}else if(KEY0==1&&KEY1==1&&KEY2==1&&KEY3==1)key_up=1;
return 0;//无按键按下
}
```

这段代码包含 void KEY_Init(void) 和 u8 KEY_Scan(u8 mode) 两个函数。KEY_Init 是用于初始化按键输入的 I/O 口。实现 PC4、PC5、PB0 和 PB1 的输入设置。KEY_Scan 函数则是用来扫描这 4 个 I/O 口是否有按键被按下。KEY_Scan 函数支持两种扫描方式,并通过 mode 参数进行设置。

当 mode 为 0 时,KEY_Scan 函数将不支持连续按键。扫描某个按键,该按键按下之后必须松开,才能第二次触发,否则不会再响应这个按键。这种模式的优点是可以防止单次按键被多次触发,但不适用于需长按的场景。

mode 为 1 时,KEY_Scan 函数将支持连续按键。若某个按键支持连续按键,则会一直返回这个按键的键值,便于实现长按检测的场景。

mode 参数可以根据用户的不同需求选择不同的方式。但需注意的是,因为该函数中有 static 变量,所以该函数不是一个可重入的函数。在操作系统环境下使用时,需特别注意。此外,该函数的按键扫描具有优先级,依次为 KEY0、KEY1、KEY2 和 KEY3。该函数有返回值,如果有按键被按下,则返回非 0 值,如果没有被按下或者按键不正确,则返回 0。

接下来,查看头文件 key.h 中的代码。

```
#ifndef __KEY_H
#define __KEY_H
#include "sys.h"


#define KEY0    GPIO_ReadInputDataBit(GPIOC,GPIO_Pin_4)//读取按键 0
#define KEY1    GPIO_ReadInputDataBit(GPIOC,GPIO_Pin_5)//读取按键 1
#define KEY2    GPIO_ReadInputDataBit(GPIOB,GPIO_Pin_0)//读取按键 2
```

```
#define KEY3    GPIO_ReadInputDataBit(GPIOB,GPIO_Pin_1)//读取按键3

#define KEY0_PRES1 //KEY0
#define KEY1_PRES2 //KEY1
#define KEY2_PRES3 //KEY2
#define KEY3_PRES4 //KEY3

void KEY_Init(void);//I/O 初始化
u8 KEY_Scan(u8 mode);//按键扫描函数
#endif
```

这段代码中最关键的是 4 个宏定义,即:

```
#define KEY0    GPIO_ReadInputDataBit(GPIOC,GPIO_Pin_4)//读取按键0
#define KEY1    GPIO_ReadInputDataBit(GPIOC,GPIO_Pin_5)//读取按键1
#define KEY2    GPIO_ReadInputDataBit(GPIOB,GPIO_Pin_0)//读取按键2
#define KEY3    GPIO_ReadInputDataBit(GPIOB,GPIO_Pin_1)//读取按键3
```

前面的跑马灯实验用位带操作实现设定某个 I/O 口的位。这里采用库函数读 I/O 口的值。当然,上面的功能同样可以通过位带操作来简单实现。

```
#define KEY0 PCin(4)
#define KEY1 PCin(5)
#define KEY2 PBin(0)
#define KEY3 PBin(1)
```

用库函数实现的好处是在各个 STM32 芯片上的移植性都非常好,无须修改任何代码。用位带操作的好处是简捷,至于使用哪种方法,则因人而异。需注意,在实例比较多的地方用位带操作。

在 key.h 中,还定义了 KEY0_PRES、KEY1_PRES、KEY2_PRES 和 KEY3_PRES 4 个宏定义,分别对应开发板的 KEY0、KEY1、KEY2 和 KEY3 按键按下时 KEY_Scan 的返回值。通过这些宏定义,可以方便记忆和使用。

最后,main.c 中编写的主函数代码如下:

```
#include "led.h"
#include "delay.h"
#include "sys.h"
#include "key.h"
//按键输入实验

int main(void)
{
```

```
u8 t=0;
delay_init();//延时函数初始化
LED_Init();//初始化与 LED 连接的硬件接口
KEY_Init();//初始化与按键连接的硬件接口
while(1)
{
    t=KEY_Scan(0);//得到键值
    switch(t)
    {
        case KEY0_PRES：
            LED0=! LED0;
            LED1=! LED1;
            LED2=! LED2;
            LED3=! LED3;
            break;
        case KEY1_PRES：
            LED4=! LED4;
            LED5=! LED5;
            LED6=! LED6;
            LED7=! LED7;
            break;


        case KEY2_PRES：
            LED0=! LED0;
            LED1=! LED1;
            LED2=! LED2;
            LED3=! LED3;
            LED4=! LED4;
            LED5=! LED5;
            LED6=! LED6;
            LED7=! LED7;
            break;
        case KEY3_PRES：
            LED0=1;
            LED1=1;
            LED2=1;
            LED3=1;
```

```
            LED4 = 1;
            LED5 = 1;
            LED6 = 1;
            LED7 = 1;
            break;
        default:
            delay_ms(10);
            break;
        }
    }
}
```

3.4　下载验证

软件设计完成后,接着按"![图标]",编译工程,无错误、无警告。然后下载到主控模块板上查看实际运行的效果,如图 3.5 所示。

图 3.5　运行结果

图中实际的运行结果和预期的结果一致。

第 **4** 章

串口实验

本章将学习 STM32 的串口,学习如何使用 STM32 的串口来发送和接收数据。本章将实现的功能为 STM32 通过串口和上位机的对话,STM32 在收到上位机发过来的字符串后,直接返回给上位机。

4.1　STM32 串口简介

串口是 MCU 的重要外部接口,也是软件开发中重要的调试手段。现在几乎所有的 MCU 都带有串口,STM32 也不例外。

STM32 的串口资源丰富且功能强大。如 ALIENTEK MiniSTM32 开发板所用的 STM32F103RET6 型号 MCU 最多可提供 5 路串口,包括分数波特率发生器、支持同步/半双工单线通讯、支持 LIN、支持调制解调器操作、智能卡协议和 IrDA SIR ENDEC 规范等,并具有直接存储器访问(Direct Memory Access,DMA)功能。

在实现串口通信时,主要从库函数操作层面结合寄存器配置入手,概述如何设置串口,以达到最基本的通信功能。本章将实现利用串口 1 不停地上传信息到电脑上,同时接收从串口发过来的数据,并将发送过来的数据直接送回给电脑。嵌入式单片机实验台的主控模块板上搭载了 1 个 CH340 模块和 1 个 RS232 模块,本章介绍如何通过 CH340 模块实现串口和电脑通信。

端口复用功能已经讲解过,对于复用功能的 I/O,首先要使能 GPIO 时钟以及复用功能时钟,同时要把 GPIO 模式设置为复用功能对应的模式(可查看《STM32 中文参考手册 V10》P110 的表格"8.1.11 外设的 GPIO 配置")。准备工作完成后,需进一步初始化串口参数,包括设定波特率、停止位等参数。参数设置完毕后,需使能串口。若开启了串口的中断,还要初始化嵌套向量中断控制器(Nested Vectored Interrupt Controller,NVIC)以设置中断优先级别。最后,需要编写中断服务函数。

串口设置的一般步骤总结如下:

①串口时钟使能,GPIO 时钟使能;

②串口复位;

③GPIO 端口模式设置；

④串口参数初始化；

⑤开启中断并且初始化 NVIC（如果需要开启中断才需要这个步骤）；

⑥使能串口；

⑦编写中断处理函数。

下面，简单介绍与串口基本配置直接相关的固件库函数。这些函数和定义主要分布在 stm32f10x_usart. h 和 stm32f10x_usart. c 文件中。

①串口时钟使能：串口是挂载在 APB2 下的外设，其使能函数为：

RCC_APB2PeriphClockCmd（RCC_APB2Periph_USART1）；

②串口复位：当外设出现异常时可以通过复位设置，实现该外设的复位，并重新进行配置以达到让其重新工作的目的。在系统刚开始配置外设时，通常会先执行复位操作。通常是在函数 USART_DeInit( )中完成。

void USART_DeInit(USART_TypeDef ∗ USARTx)；//串口复位

如要复位串口 1，方法为：

USART_DeInit(USART1)；//复位串口 1

③串口参数初始化：串口初始化是通过 USART_Init( )函数实现的。

void USART_Init(USART_TypeDef ∗ USARTx, USART_InitTypeDef ∗ USART_InitStruct)；

该函数的第一个入口参数是指定初始化的串口标号，这里选择 USART1。

第二个入口参数是一个 USART_InitTypeDef 类型的结构体指针，这个结构体指针的成员变量用来设置串口的一些参数。一般的实现格式为：

USART_InitStructure. USART_BaudRate = bound；//一般设置为 9 600；
USART_InitStructure. USART_WordLength = USART_WordLength_8b；//字长为 8 位数
　　　　　　　　　　　　　　　　　　　　　　　　　　　　　据格式

USART_InitStructure. USART_StopBits = USART_StopBits_1；//一个停止位

USART_InitStructure. USART_Parity = USART_Parity_No；//无奇偶校验位
USART_InitStructure. USART_HardwareFlowControl
= USART_HardwareFlowControl_None；//无硬件数据流控制
USART_InitStructure. USART_Mode = USART_Mode_Rx | USART_Mode_Tx；//收发模式
USART_Init(USART1 ,&USART_InitStructure)；//初始化串口

从上面的初始化格式可以看出，初始化需要设置的参数包括波特率、字长、停止位、奇偶校验位、硬件数据流控制，以及模式（接收、发送）。这些参数可以根据需要进行设置。

④数据发送与接收：STM32 的发送与接收是通过数据寄存器 USART_DR 来实现的，这是一个双缓冲结构寄存器，包含了数据寄存器（Time domain reflectometry, TDR）和接收数据寄存器（Receive Data Registe, RDR）。当向该寄存器写入数据时，串口会自动发送数据，当接收到

数据时,数据会被储存在该寄存器内。

STM32 库函数操作 USART_DR 寄存器发送数据的函数是:

> void USART_SendData(USART_TypeDef * USARTx,uint16_t Data);

通过该函数向串口寄存器 USART_DR 写入一个数据。

STM32 库函数操作 USART_DR 寄存器读取串口接收到的数据的函数是:

> uint16_t USART_ReceiveData(USART_TypeDef * USARTx);

通过该函数可以读取串口接收到的数据。

⑤串口状态:串口的状态可以通过状态寄存器 USART_SR 读取。USART_SR 的各位描述如图 4.1 所示。

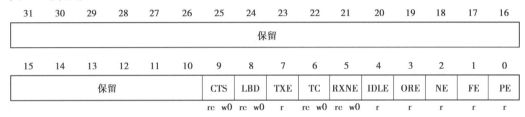

图 4.1　USART_SR 寄存器各位描述

读数据寄存器非空(Read data register not empty,RXNE),当该位被置 1 时,表示已经有数据被接收,并且可以读出。此时应该尽快读取 USART_DR,通过读取 USART_DR 可以将该位清零;也可以向该位写 0,直接清除。

发送完成(Transmit Complete,TC),当该位被置位时,表示 USART_DR 内的数据已经被发送完成了。如果设置了这个位的中断,则会产生中断。该位也有两种清零方式:一是读USART_SR,写 USART_DR。二是直接向该位写 0。

状态寄存器的其他位不过多讲解,可按需查看《STM32 中文参考手册 V10》。

在固件库函数中,读取串口状态的函数是:

> FlagStatus USART_GetFlagStatus(USART_TypeDef * USARTx,uint16_t USART_FLAG);

该函数的第二个入口参数非常关键,它用于指定需要查看串口的状态类型,如 RXNE 和TC。若要判断读寄存器是否非空,操作库函数的方法是:

> USART_GetFlagStatus(USART1,USART_FLAG_RXNE);

若要判断发送是否 TC,操作库函数的方法:

> USART_GetFlagStatus(USART1,USART_FLAG_TC);

这些标识号在 MDK 中是通过宏定义来定义的:

```
#define USART_IT_PE                    ( ( uint16_t)0x0028 )
#define USART_IT_TXE                   ( ( uint16_t)0x0727 )
```

```
#define USART_IT_TC                          ((uint16_t)0x0626)
#define USART_IT_RXNE                        ((uint16_t)0x0525)
#define USART_IT_IDLE                        ((uint16_t)0x0424)
#define USART_IT_LBD                         ((uint16_t)0x0846)
#define USART_IT_CTS                         ((uint16_t)0x096A)
#define USART_IT_ERR                         ((uint16_t)0x0060)
#define USART_IT_ORE                         ((uint16_t)0x0360)
#define USART_IT_NE                          ((uint16_t)0x0260)
#define USART_IT_FE                          ((uint16_t)0x0160)
```

⑥串口使能:串口使能通过函数 USART_Cmd() 来实现。

```
USART_Cmd(USART1,ENABLE);                    //使能串口
```

⑦开启串口响应中断:有时需开启串口中断,就还要使能串口中断,使能串口中断的函数是:

```
void USART_ITConfig(USART_TypeDef * USARTx,uint16_t USART_IT,FunctionalState
NewState)
```

这个函数的第二个入口参数用于指定使能串口的类型,即确定使能在何种情况下产生中断。如在接收到数据时(RXNE),若要产生中断,开启中断的方法是:

```
USART_ITConfig(USART1,USART_IT_RXNE,ENABLE); //开启中断
```

接收到数据中断在发送数据结束时要产生中断,代码如下:

```
USART_ITConfig(USART1,USART_IT_TC,ENABLE);
```

⑧获取相应中断状态:当某个中断被使能后,一旦发生中断,相应的状态寄存器中的某个标志位就会被设置。在中断处理函数中,要判断触发是哪种中断,使用的函数为:

```
ITStatusUSART_GetITStatus(USART_TypeDef * USARTx,uint16_t USART_IT)
```

如使能了串口 TC 中断,那么当中断发生时,便可以在中断处理函数中调用这个函数来判断是否是串口 TC 中断,方法是:

```
USART_GetITStatus(USART1,USART_IT_TC)
```

返回值是 SET,说明是串口 TC 中断发生。

4.2　硬件设计

本实验需要用到的硬件资源有指示灯 DS0 和串口 1,用到的串口 1 与 USB 串口并没有在印制电路板(Printed Circuit Board,PCB)上连接在一起,需要通过杜邦线来连接,如图 4.2 所示。

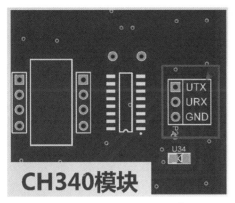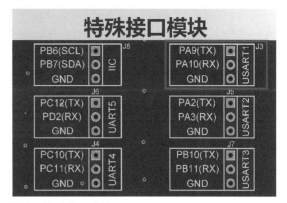

图 4.2　CH340 模块和特殊接口连线

需要将如图 4.2 所示的 CH340 模块的"UTX"引脚与特殊接口模块的"PA10"引脚相连；同时将 CH340 模块的"URX"引脚与特殊接口模块的"PA9"引脚相连即可（这里的"GND"信号不用理会，由于是同一块 PCB 板，彼此的 GND 是连接在一起的，因此无须进行共地操作。若与外界系统进行相应的串口通信，则必须连接"GND"信号）。

上述硬件连接后，硬件部分及相应设置就完成了，可开始软件设计。需要特别说明的是，用于指示状态的 DS0 灯实际上是核心模块板上直插的"ARM 核心板模块"左上角的一颗 LED 灯。在硬件上，该指示灯已经与 STM32 的引脚连接好了，因此无须再关注这部分的硬件设置。

4.3　软件设计

本章的代码设计较前两章简单很多，因为串口初始化代码和接收代码直接采用之前介绍的 SYSTEM 文件夹下的串口部分的内容。接下来，将对代码部分稍作讲解。

首先，打开串口实验工程，然后在 SYSTEM 组下双击"usart.c"，就可以看到该文件中的代码了，接下来介绍 uart_init 函数，该函数代码如下：

```
//初始化 I/O 串口 1
//bound:波特率
void uart_init(u32 bound){
    //GPIO 端口设置
    GPIO_InitTypeDef GPIO_InitStructure;
USART_InitTypeDef USART_InitStructure;
NVIC_InitTypeDef NVIC_InitStructure;
```

①串口时钟使能，GPIO 时钟使能。

```
RCC_APB2PeriphClockCmd(RCC_APB2Periph_USART1|RCC_APB2Periph_GPIOA,EN-
ABLE);//使能 USART1,GPIOA 时钟
```

②串口复位。

```
USART_DeInit(USART1);//复位串口1
```

③GPIO 端口模式设置。

```
//USART1_TX PA.9
GPIO_InitStructure. GPIO_Pin = GPIO_Pin_9;//PA9
GPIO_InitStructure. GPIO_Speed = GPIO_Speed_50 MHz;
GPIO_InitStructure. GPIO_Mode = GPIO_Mode_AF_PP;//复用推挽输出
GPIO_Init(GPIOA,&GPIO_InitStructure);//初始化 PA9

//USART1_RX PA.10
GPIO_InitStructure. GPIO_Pin = GPIO_Pin_10;
GPIO_InitStructure. GPIO_Mode = GPIO_Mode_IN_FLOATING;//浮空输入
GPIO_Init(GPIOA,&GPIO_InitStructure);//初始化 PA10
```

④串口参数初始化。

```
//USART 初始化设置
USART_InitStructure. USART_BaudRate = bound;//一般设置为9 600;
USART_InitStructure. USART_WordLength = USART_WordLength_8b;//字长为8 位数
据格式
USART_InitStructure. USART_StopBits = USART_StopBits_1;//一个停止位
USART_InitStructure. USART_Parity = USART_Parity_No;//无奇偶校验位
USART_InitStructure. USART_HardwareFlowControl = USART_HardwareFlowControl_
None;
//无硬件数据流控制
USART_InitStructure. USART_Mode = USART_Mode_Rx | USART_Mode_Tx;//收发
模式

USART_Init(USART1,&USART_InitStructure);//初始化串口
```

⑤初始化 NVIC 并且开启中断。

```
//Usart1 NVIC 配置
NVIC_InitStructure. NVIC_IRQChannel = USART1_IRQn;
NVIC_InitStructure. NVIC_IRQChannelPreemptionPriority=3;//抢占优先级3
NVIC_InitStructure. NVIC_IRQChannelSubPriority = 3;//子优先级3
NVIC_InitStructure. NVIC_IRQChannelCmd = ENABLE;//IRQ 通道使能
NVIC_Init(&NVIC_InitStructure);//根据指定的参数初始化 NVIC 寄存器

USART_ITConfig(USART1,USART_IT_RXNE,ENABLE);//开启中断
```

⑥使能串口。

```
USART_Cmd(USART1,ENABLE);//使能串口

}
```

从该代码可以看出,其初始化串口的过程与前面介绍的一致。用标号①～⑥标示了顺序:

①串口时钟使能,GPIO 时钟使能;

②串口复位;

③GPIO 端口模式设置;

④串口参数初始化;

⑤初始化 NVIC 并且开启中断;

⑥使能串口。

这里需要重申的是,判定复用功能下的 GPIO 模式,需要查看《STM32 中文参考手册 V10》P110 的表格"8.1.11 外设的 GPIO 配置"。这个表格在前文有提到,考虑其重要性,这里再次进行讲解。查看手册得知,若要配置全双工的串口 1,那么 TX(PA9)管脚需要配置为推挽复用输出,RX(PA10)管脚配置为浮空输入或者带上拉输入。模式配置参考下面表格,见表4.1。

表4.1　串口 GPIO 模式配置表

USART 引脚	配置	GPIO 配置
USARTx_TX	全双工模式	推挽复用输出
	半双工同步模式	推挽复用输出
USARTx_RX	全双工模式	浮空输入或带上拉输入
	半双工同步模式	未用,可作为通用 I/O

对于 NVIC 中断优先级管理,在前面的章节中已有讲解,这里不做重复讲解。

需要注意的是,由于使用了串口的中断接收,因此必须在 usart.h 中设置 EN_USART1_RX 为1(默认设置就是1)。该函数才会配置中断使能,并开启串口 1 的 NVIC 中断。这里把串口 1 中断放在组 2,优先级设置为组 2 里面的最低。

接下来,根据之前讲解的步骤 7,还要编写中断服务函数。串口 1 的中断服务函数 USART1_IRQHandler 在之前章节已有详细介绍,这里不再赘述,可翻阅前文进行回顾。

从该代码可以看出,其初始化串口的过程与前面介绍的一致。先计算得到 USART1->BRR 的内容。然后开始初始化串口引脚,接着将 USART1 复位,并设置波特率和奇偶校验等参数。

介绍完这两个函数后,回到 main.c,在 main.c 中编写如下代码:

```
#include "led.h"
#include "delay.h"
#include "sys.h"
#include "usart.h"


//串口实验
```

```
int main( void)
{
    u8 t;
    u8 len;
    u16 times=0;
    delay_init( );                   //延时函数初始化
    NVIC_Configuration( );           //设置中断优先级分组
    uart_init(9600);                 //串口初始化为9 600
    LED_Init( );                     //初始化与 LED 连接的硬件接口
    while(1)
    {
        if( USART_RX_STA&0x8000)
        {
            len=USART_RX_STA&0x3fff;//得到此次接收到的数据长度
            printf("\r\n 您发送的消息为:\r\n");
            for( t=0;t<len;t++)
            {
                USART1->DR=USART_RX_BUF[t];
                while( ( USART1->SR&0X40)= =0);//等待发送结束
            }
            printf("\r\n\r\n");//插入换行
            USART_RX_STA=0;
        } else
        {
            times++;
            if( times%5000= =0)
            {
                printf("\r\nFrun STM32 开发板串口实验\r\n");
                printf("丰润科技@ Frun\r\n\r\n\r\n");
            }
            if( times%200= =0)printf("请输入数据,以回车键结束\r\n");
            if( times%30= =0)LED0=! LED0;//闪烁 LED,提示系统正在运行
            delay_ms(10);
        }
    }
}
```

这段代码较简单,首先关注 NVIC_Configuration( )函数,该函数负责设置中断分组号为2,即设定2位抢占优先级和2位子优先级。

现在重点看下以下代码：

```
USART_SendData(USART1,USART_RX_BUF[t]);//向串口 1 发送数据
while(USART_GetFlagStatus(USART1,USART_FLAG_TC)!=SET);
```

第一句代码是发送一个字节到串口。第二句代码则是在发送一个数据到串口后，用于检测这个数据是否已经发送完毕。其中，USART_FLAG_TC 为宏定义的数据发送完成的标志。

其他的代码相对简单，执行编译之后若无误，即可开始下载验证。

4.4　下载验证

将程序下载到主控模块板后，可以看到"ARM 核心板模块"左上角的 LED 灯 DS0 开始闪烁，说明程序已经成功运行。使用串口调试助手 XCOM V2.2（该软件无须安装，可直接运行，但需要确保电脑安装有 .NET Framework 4.0 或更高版本，Win7 系统通常自带）时，需设置串口为开发板的 USB 转串口（如 CH340 虚拟串口，具体端口需要根据电脑配置选择，本例中为COM52）。设置完成后，可以看到如图 4.3 所示的信息。

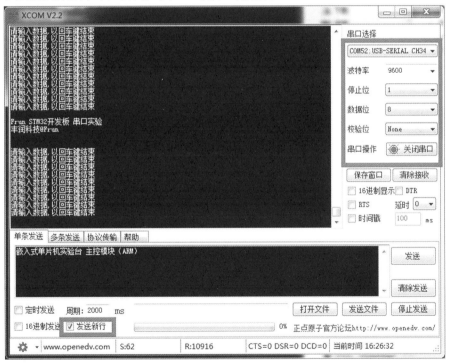

图 4.3　串口调试助手情况

如图 4.3 所示，可以确认 STM32 的串口数据发送无误。但因为程序中设置了必须输入回车符，串口才认可接收到的数据，所以必须在发送数据后再发送一个回车符。在 XCOM 中，可以通过勾选发送新行实现，如图 4.3 所示，勾选该选项后，每次发送数据，XCOM 都会自动附加一个回车符（即 0X0D+0X0A）。设置好发送新行选项后，再在发送区输入想要发送的文字，然后单击"发送"，即可得到如图 4.4 所示的结果。

图 4.4　发送数据后收到的数据回复

　　如图 4.4 所示,发送的消息被成功回传(图中画框处)。为验证回车符的作用,可尝试取消发送回车(取消发送新行),在输入内容后,直接点击"发送",观察其结果。

第 **5** 章

外部中断实验

本章介绍如何使用 STM32 的外部中断输入。在前面几章的学习中,掌握了 STM32 的 I/O 口的基础操作。本章将进一步深化,介绍如何将 STM32 的 I/O 口作为外部中断输入,并完全以中断的方式实现所有功能。

5.1 STM32 外部中断简介

STM32 的 I/O 口在前文已有详细介绍,中断管理、分组管理在前文也有详细的阐述。本章将介绍 STM32 外部 I/O 口的中断功能,通过中断功能,达到后续的实验效果,即通过板载的 4 个按键来控制板载的两个 LED 灯的亮灭和蜂鸣器的发声。

本章的代码主要分布在固件库 stm32f10x_exti. h 和 stm32f10x_exti. c 文件中。

首先阐述 STM32 I/O 口中断的一些基础概念。STM32 的每个 I/O 口都可以作为外部中断的中断输入口,这也是 STM32 的强大之处。STM32F103 系列微控制器的中断控制器支持 19 个外部中断/事件请求。每个中断设有状态位和独立的触发和屏蔽设置。STM32F103 的各外部中断为:

0~15:对应外部 I/O 口的输入中断。

16:连接到电源电压检测(Programmable Voltage Detector,PVD)输出。

17:连接到实时时钟(Real_Time Clock,RTC)闹钟事件。

18:连接到 USB 唤醒事件。

由上述内容可知,虽然 STM32 的 I/O 口远超 16 个,但供 I/O 口使用的中断线只有 16 条。那么 STM32 是怎么把 16 个中断线和 I/O 口一一对应的呢? STM32 采用了如下设计:GPIO 的管脚 GPIOx. 0 ~ GPIOx. 15(x = A,B,C,D,E,F,G 等端口)分别对应中断线 0 ~ 15。这样每个中断线可对应 7 个 I/O 口,以中断线 0 为例:它对应了 GPIOA. 0、GPIOB. 0、GPIOC. 0、GPIOD. 0、GPIOE. 0、GPIOF. 0、GPIOG. 0。而在实际应用中,中断线每次只能连接到 1 个 I/O 口上,需要通过配置来决定对应的中断线配置到哪个 GPIO 上。GPIO 与中断线的映射关系图,如图 5.1 所示。

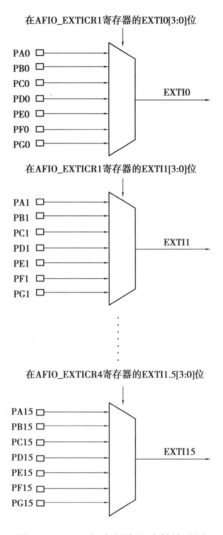

图 5.1　GPIO 与中断线的映射关系图

在库函数中,配置 GPIO 与中断线的映射关系是通过函数 GPIO_EXTILineConfig( )来实现的:

> void GPIO_EXTILineConfig(uint8_t GPIO_PortSource,uint8_t GPIO_PinSource)

该函数将 GPIO 端口与中断线映射起来,使用范例是:

> GPIO_EXTILineConfig(GPIO_PortSourceGPIOE,GPIO_PinSource2);

将中断线 2 与 GPIOE 映射起来,那么很显然是 GPIOE.2 与 EXTI2 中断线连接了。设置好中断线映射后,需要确定这个 I/O 口的中断是通过什么方式触发的。接下来,设置该中断线上中断的初始化参数。

中断线上中断的初始化是通过函数 EXTI_Init( )实现的。EXTI_Init( )函数的定义如下:

> void EXTI_Init(EXTI_InitTypeDef * EXTI_InitStruct);

下面用一个使用范例来说明这个函数的使用:

```
EXTI_InitTypeDefEXTI_InitStructure;
EXTI_InitStructure. EXTI_Line=EXTI_Line 4;
EXTI_InitStructure. EXTI_Mode = EXTI_Mode_Interrupt;
EXTI_InitStructure. EXTI_Trigger = EXTI_Trigger_Falling;
EXTI_InitStructure. EXTI_LineCmd = ENABLE;
EXTI_Init(&EXTI_InitStructure);//根据 EXTI_InitStruct 中指定的
//参数初始化外设 EXTI 寄存器
```

上例设置中断线 4 上的中断为下降沿触发。STM32 的外设初始化是通过结构体来设置初始值的,这里不再赘述结构体初始化的过程。结构体 EXTI_InitTypeDef 的成员变量如下:

```
typedef struct
{
    uint32_t EXTI_Line;
    EXTIMode_TypeDef EXTI_Mode;
    EXTITrigger_TypeDef EXTI_Trigger;
    FunctionalState EXTI_LineCmd;
} EXTI_InitTypeDef;
```

从定义来看,需要设置 4 个参数。第一个参数是中断线的标号,取值范围为 EXTI_Line 0 ~ EXTI_Line15。这已经在前文中断线的概念中提及。也就是说,这个函数配置的是某个中断线上的中断参数。第二个参数是中断模式,可选值为中断 EXTI_Mode_Interrupt 和事件 EXTI_Mode_Event。第三个参数是触发方式,包括下降沿触发 EXTI_Trigger_Falling、上升沿触发 EXTI_Trigger_Rising,以及任意电平(上升沿和下降沿)触发 EXTI_Trigger_Rising_Falling,对于有 51 单片机学习经历的读者来说这个不难理解。最后一个参数就是使能中断线。设置好中断线和 GPIO 映射关系,并设置好中断的触发模式等初始化参数。由于是外部中断,涉及的中断还需设置 NVIC 中断优先级。此部分在前文已有讲解,故此处基于上例,继续设置中断线 2 的中断优先级。

```
NVIC_InitTypeDef NVIC_InitStructure;
NVIC_InitStructure. NVIC_IRQChannel = EXTI2_IRQn;//使能按键外部中断通道
NVIC_InitStructure. NVIC_IRQChannelPreemptionPriority = 0x02;//抢占优先级 2,
NVIC_InitStructure. NVIC_IRQChannelSubPriority = 0x02;//子优先级 2
NVIC_InitStructure. NVIC_IRQChannelCmd = ENABLE;//使能外部中断通道
NVIC_Init(&NVIC_InitStructure);//中断优先级分组初始化
```

上述代码在前面串口实验的讲解中有所提及,这里不再讲解。

配置完中断优先级后,接着编写中断服务函数。中断服务函数的名字在 MDK 中事先有定义。这里需要说明一下,STM32 的 I/O 口外部中断函数只有 6 个,分别为:

```
EXPORTEXTI0_IRQHandler
EXPORTEXTI1_IRQHandler
```

```
EXPORTEXTI2_IRQHandler
EXPORTEXTI3_IRQHandler
EXPORTEXTI4_IRQHandler
EXPORTEXTI9_5_IRQHandler
EXPORTEXTI15_10_IRQHandler
```

中断线 0~4 的每个中断线对应一个中断函数,中断线 5~9 共用中断函数 EXTI9_5_ IRQHandler,中断线 10~15 共用中断函数 EXTI15_10_IRQHandler。在编写中断服务函数时常用到两个函数,第一个函数是判断某个中断线上的中断是否发生(标志位是否置位):

```
ITStatus EXTI_GetITStatus(uint32_t EXTI_Line);
```

这个函数一般使用在中断服务函数的开头,以判断中断是否发生。另一个函数是清除某个中断线上的中断标志位。

```
void EXTI_ClearITPendingBit(uint32_t EXTI_Line);
```

这个函数一般用在中断服务函数结束之前,清除中断标志位。

常用的中断服务函数格式为:

```
void EXTI2_IRQHandler(void)
{
    if(EXTI_GetITStatus(EXTI_Line3)! =RESET)//判断某个线上的中断是否发生
    {
        中断逻辑……
        EXTI_ClearITPendingBit(EXTI_Line3);//清除 Line 上的中断标志位
    }
}
```

需要说明的是,固件库还提供了 EXTI_GetFlagStatus 和 EXTI_ClearFlag 两个函数,用来判断外部中断状态以及清除外部状态标志位,其作用与前面两个函数的作用类似。不过,EXTI_GetITStatus 函数在判断中断标志位之前,会先判断这种中断是否使能,而 EXTI_GetFlagStatus 可直接用来判断状态标志位。

讲到这里,相信读者对于 STM32 的 I/O 口外部中断已经有了一定的了解。下面再总结一下使用 I/O 口外部中断的一般步骤,具体步骤如下:

①初始化 I/O 口为输入。

②开启 I/O 口复用时钟,设置 I/O 口与中断线的映射关系。

③初始化线上中断,设置触发条件等。

④配置中断分组(NVIC),并使能中断。

⑤编写中断服务函数。

通过以上几个步骤的设置,就可以正常使用外部中断。

在本章中,要实现的功能与按键检测实验相似,但是这里使用中断来检测按键,是通过 KEY0 控制 LED0~LED3 4 个灯的亮灭,当按键第一次按下则灯亮,再一次按下则灯灭。KEY1

控制 LED4～LED7 4 个灯的亮灭,效果同 KEY0。KEY2 按键可同时控制 8 个 LED 灯,每按一次,灯的状态就翻转一次。KEY3 也可同时控制 8 个 LED 灯,按一次,所有的灯均熄灭。

5.2 硬件设计

本实验用到的硬件资源同第 3 章实验,因此这里不再赘述。

5.3 软件设计

首先,打开光盘中的实验 4。相比上一个工程,可以看到 HARDWARE 目录下增加了 exti. c 文件,固件库目录增加了 stm32f10x_exti. c 文件。exit. c 文件总共包含 4 个函数。一个是外部中断初始化函数 void EXTIX_Init(void),另外 3 个均为中断服务函数。

void EXTI0_IRQHandler(void)是外部中断 0 的服务函数,负责 WK_UP 按键的中断检测;void EXTI9_5_IRQHandler(void)是外部中断线 5～9 的服务函数,负责 KEY0 按键的中断检测;void EXTI15_10_IRQHandler(void)是外部中断线 10～15 的服务函数,负责 KEY1 按键的中断检测;

exti. c 的代码如下:

```
#include " exti. h "
#include " led. h "
#include " key. h "
#include " delay. h "
#include " usart. h "
//////////////////////////////////////////////////////////////
//外部中断驱动代码
//外部中断初始化函数
void EXTIX_Init( void)
{
    EXTI_InitTypeDef EXTI_InitStructure;
    NVIC_InitTypeDef NVIC_InitStructure;
    RCC_APB2PeriphClockCmd( RCC_APB2Periph_AFIO, ENABLE);
    //外部中断,需使能 AFIO 时钟
    KEY_Init( );//初始化按键对应 I/O 模式
    //GPIOC. 4 中断线以及中断初始化配置
    GPIO_EXTILineConfig( GPIO_PortSourceGPIOC, GPIO_PinSource4);
    EXTI_InitStructure. EXTI_Line = EXTI_Line4;
    EXTI_InitStructure. EXTI_Mode = EXTI_Mode_Interrupt;
```

```
EXTI_InitStructure. EXTI_Trigger = EXTI_Trigger_Falling;//下降沿触发
EXTI_InitStructure. EXTI_LineCmd = ENABLE;
EXTI_Init(&EXTI_InitStructure);
//根据 EXTI_InitStructure 中指定的参数初始化外设 EXTI 寄存器
//GPIOC.5 中断线以及中断初始化配置
GPIO_EXTILineConfig(GPIO_PortSourceGPIOC,GPIO_PinSource5);
EXTI_InitStructure. EXTI_Line=EXTI_Line5;
EXTI_InitStructure. EXTI_Mode = EXTI_Mode_Interrupt;
EXTI_InitStructure. EXTI_Trigger = EXTI_Trigger_Falling;//下降沿触发
EXTI_InitStructure. EXTI_LineCmd = ENABLE;
EXTI_Init(&EXTI_InitStructure);
//根据 EXTI_InitStructure 中指定的参数初始化外设 EXTI 寄存器
//GPIOB.0 中断线以及中断初始化配置
GPIO_EXTILineConfig(GPIO_PortSourceGPIOB,GPIO_PinSource0);
EXTI_InitStructure. EXTI_Line=EXTI_Line0;
EXTI_InitStructure. EXTI_Mode = EXTI_Mode_Interrupt;
EXTI_InitStructure. EXTI_Trigger = EXTI_Trigger_Falling;
EXTI_InitStructure. EXTI_LineCmd = ENABLE;
EXTI_Init(&EXTI_InitStructure);
//根据 EXTI_InitStructure 中指定的参数初始化外设 EXTI 寄存器
//GPIOB.1 中断线以及中断初始化配置
GPIO_EXTILineConfig(GPIO_PortSourceGPIOB,GPIO_PinSource1);
EXTI_InitStructure. EXTI_Line=EXTI_Line1;
EXTI_InitStructure. EXTI_Mode = EXTI_Mode_Interrupt;
EXTI_InitStructure. EXTI_Trigger = EXTI_Trigger_Falling;
EXTI_InitStructure. EXTI_LineCmd = ENABLE;
EXTI_Init(&EXTI_InitStructure);
//根据 EXTI_InitStructure 中指定的参数初始化外设 EXTI 寄存器
NVIC_InitStructure. NVIC_IRQChannel = EXTI4_IRQn;
//使能按键所在的外部中断通道
NVIC_InitStructure. NVIC_IRQChannelPreemptionPriority = 0x02;//抢占优先级 2
NVIC_InitStructure. NVIC_IRQChannelSubPriority = 0x03;//子优先级 3
NVIC_InitStructure. NVIC_IRQChannelCmd = ENABLE;//使能外部中断通道
NVIC_Init(&NVIC_InitStructure);
//根据 NVIC_InitStructure 中指定的参数初始化外设 NVIC 寄存器
NVIC_InitStructure. NVIC_IRQChannel = EXTI9_5_IRQn;
//使能按键所在的外部中断通道
```

```
    NVIC_InitStructure. NVIC_IRQChannelPreemptionPriority = 0x02;//抢占优先级 2
    NVIC_InitStructure. NVIC_IRQChannelSubPriority = 0x02;//子优先级 2
    NVIC_InitStructure. NVIC_IRQChannelCmd = ENABLE;//使能外部中断通道
    NVIC_Init(&NVIC_InitStructure);
    NVIC_InitStructure. NVIC_IRQChannel = EXTI0_IRQn;//使能按键所在的外部中
断通道
    NVIC_InitStructure. NVIC_IRQChannelPreemptionPriority = 0x02;//抢占优先级 2
    NVIC_InitStructure. NVIC_IRQChannelSubPriority = 0x01;//子优先级 1
    NVIC_InitStructure. NVIC_IRQChannelCmd = ENABLE;//使能外部中断通道
    NVIC_Init(&NVIC_InitStructure);
    NVIC_InitStructure. NVIC_IRQChannel = EXTI1_IRQn;//使能按键所在的外部中
断通道
    NVIC_InitStructure. NVIC_IRQChannelPreemptionPriority = 0x02;//抢占优先级 2
    NVIC_InitStructure. NVIC_IRQChannelSubPriority = 0x00;//子优先级 0
    NVIC_InitStructure. NVIC_IRQChannelCmd = ENABLE;//使能外部中断通道
    NVIC_Init(&NVIC_InitStructure);
}
void EXTI4_IRQHandler(void)
{
    delay_ms(10);//消抖
    if(KEY0 == 0)
    {
        LED0 = ! LED0;
        LED1 = ! LED1;
        LED2 = ! LED2;
        LED3 = ! LED3;
    }
    EXTI_ClearITPendingBit(EXTI_Line4);//清除 EXTI0 线路挂起位
}
void EXTI9_5_IRQHandler(void)
{
    delay_ms(10);    //消抖
    if(KEY1 == 0){
        LED4 = ! LED4;
        LED5 = ! LED5;
        LED6 = ! LED6;
        LED7 = ! LED7;
    }
```

```
        EXTI_ClearITPendingBit(EXTI_Line5);//清除 Line5 上的中断标志位
    }
    void EXTI0_IRQHandler(void)
    {
        delay_ms(10);//消抖
        if(KEY2 = =0)
        {
            LED0 = ! LED0;
            LED1 = ! LED1;
            LED2 = ! LED2;
            LED3 = ! LED3;
            LED4 = ! LED4;
            LED5 = ! LED5;
            LED6 = ! LED6;
            LED7 = ! LED7;
        }
        EXTI_ClearITPendingBit(EXTI_Line0);//清除 EXTI0 线路挂起位
    }
    void EXTI1_IRQHandler(void)
    {
        delay_ms(10);//消抖
        if(KEY3 = =0){
            LED0 = 1;
            LED1 = 1;
            LED2 = 1;
            LED3 = 1;
            LED4 = 1;
            LED5 = 1;
            LED6 = 1;
            LED7 = 1;
        }
        EXTI_ClearITPendingBit(EXTI_Line1);//清除 Line15 线路挂起位
    }
```

    exti. c 文件总共包含 5 个函数。一个是外部中断初始化函数 void EXTI_Init(void),另外 4 个都是中断服务函数。void EXTI4_IRQHandler(void)是外部中断 4 的服务函数,负责 KEY0 按键的中断检测;void EXTI9_5_IRQHandler(void)是外部中断线 5 ~9 的服务函数,负责 KEY1 按键的中断检测;void EXTI0_IRQHandler(void)是外部中断 0 的服务函数,负责 KEY2 按键的中断检测;void EXTI1_IRQHandler(void)是外部中断 1 的服务函数,负责 KEY3 按键的中断检测。下面分别介绍这几个函数。

首先是外部中断初始化函数 void EXTI_Init(void),该函数严格按照之前的步骤来初始化外部中断：先调用 KEY_Init 函数来初始化外部中断输入的 I/O 口,接着调用 RCC_APB2PeriphClockCmd() 函数来使能复用功能时钟;接着配置中断线和 GPIO 的映射关系,最后初始化中断线。实验用到的按键 KEY0、KEY1、KEY2 和 KEY3 均是低电平有效,所以设置的模式均为下降沿触发。若按键是高电平有效,则需要设置对的按键为上升沿触发。这里把所有的中断都分配到第二组,把按键的抢占优先级设置成相同,而子优先级不同,这 4 个按键中,KEY3 的优先级最高。

接下来介绍各个按键的中断服务函数,一共 4 个。其中,KEY0 的中断服务函数 void EXTI4_IRQHandler(void)代码比较简单,先延时 10 ms 消抖,再检测 KEY0 是否还是低电平,如果是,则执行此次操作(LED0～LED3 取反),如果不是,则直接跳过。在函数的最后,通过 EXTI_ClearITPendingBit(EXTI_Line4) 清除已经发生的中断请求。可以发现 KEY1、KEY2 和 KEY3 的中断服务函数和 KEY0 按键十分相似。

需要说明的是,STM32 的外部中断 0～4 都有单独的中断服务函数,但是从 5 开始,就没有单独的服务函数了,而是多个中断共用一个服务函数,如外部中断 5～9 的中断服务函数为 void EXTI9_5_IRQHandler(void),同样地,void EXTI15_10_IRQHandler(void)即为外部中断 10～15 的中断服务函数。

文件 exti.h 的内容很简单,只有一个 EXTIX_Init 函数初始化各个外部中断。

main.c 内容如下：

```c
#include "led.h"
#include "delay.h"
#include "sys.h"
#include "key.h"
#include "usart.h"
#include "exti.h"
//外部中断实验
int main(void)
{
    delay_init();                   //延时函数初始化
    NVIC_Configuration();           //设置中断优先级分组
    uart_init(9600);                //串口初始化为 9 600
    LED_Init();                     //初始化与 LED 连接的硬件接口
    EXTIX_Init();                   //外部中断初始化
    while(1)
    {
        printf("OK\n");
        delay_ms(1000);
    }
}
```

该部分代码很简单,在初始化中断后,点亮 LED0,就进入无限循环等待中断发生。在这个无限循环中,程序通过调动一个 printf 函数来指示系统正在运行,在中断发生后,就会执行相应的处理,从而实现所需功能。

5.4 下载验证

编译成功后,可下载代码到 ARM 板上进行验证,以确认程序是否正确。下载代码后,在串口调试助手中可以看到如图 5.2 所示的信息。

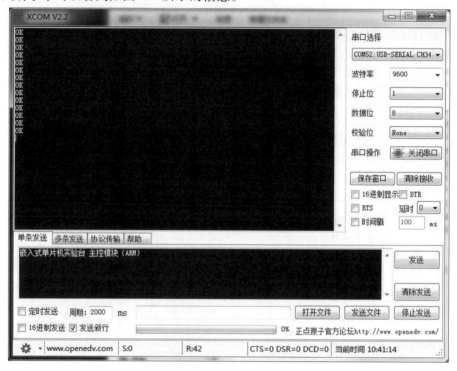

图 5.2 GPIO 和中断线的映射关系图

如图 5.2 所示,程序已经开始运行,此时可以通过按下 KEY0、KEY1、KEY2 和 KEY3 来观察 LED0~LED7 是否随按键的变化而变化。本实验的实验现象和按键实验的现象基本一致(只是外加了串口输出功能)。

第 **6** 章

定时器中断实验

本章介绍如何使用 STM32 的通用定时器,STM32 的通用定时器功能十分强大,包括 TIM1 和 TIM8 等高级定时器、TIM2 ~ TIM5 等通用定时器,以及 TIM6 和 TIM7 等基本定时器。在《STM32 中文参考手册 V10》中,定时器的介绍约占 1/5 的篇幅,足见其重要性。本章将使用 TIM3 的定时器中断来控制 DS1 的翻转,并在主函数中使用 DS0 的翻转来提示程序正在运行。本章选择难度适中的通用定时器进行介绍。

6.1 STM32 通用定时器简介

STM32 的通用定时器由可编程预分频器(Programmable Prescaler,PSC)驱动的 16 位自动装载计数器[Counter register(TIMx_CNT),CNT]构成。这些定时器可用于测量输入信号的脉冲长度(输入捕获)或产生输出波形[输出比较和脉冲宽度调制(Pulse Width Modulation, PWM)]等。通过使用定时器预分频器和时钟控制器(Reset and Clock Control,RCC),可以调整脉冲宽度和波形周期,范围可在微秒到毫秒之间。STM32 的每个通用定时器都是完全独立的,不共享任何资源。

STM32 的通用 TIMx(TIM2、TIM3、TIM4 和 TIM5)定时器功能包括:

①16 位向上、向下或向上/向下自动装载计数器(TIMx_CNT)。

②16 位可编程(可以实时修改)预分频器(TIMx_PSC),计数器时钟频率的分频系数为 1 ~ 65535 的任意数值。

③4 个独立通道(TIMx_CH1 ~ 4),这些通道可以用来作为:

A. 输入捕获;

B. 输出比较;

C. PWM 生成(边缘或中间对齐模式);

D. 单脉冲模式输出。

④可使用外部信号(TIMx_ETR)控制定时器和定时器互连(可以用 1 个定时器控制另外一个定时器)的同步电路。

⑤如下事件发生时产生中断/DMA:

A. 更新事件:计数器向上溢出/向下溢出,计数器初始化(通过软件或者内部/外部触发);

B. 触发事件(计数器启动、停止、初始化或者由内部/外部触发计数);

C. 输入捕获；

D. 输出比较；

E. 支持针对定位的增量（正交）编码器和霍尔传感器电路；

F. 触发输入作为外部时钟或者按周期的电流管理。

由于 STM32 通用定时器比较复杂，这里不再进一步介绍。请参考《STM32 中文参考手册 V10》P253，通用定时器章节。下面介绍与本章的实验密切相关的几个通用定时器的寄存器。

首先是控制寄存器 1（TIMx_CR1），该寄存器的各位描述如图 6.1 所示。

15	14	13	12	11	10	9	8	7	6	5	4	3	2	1	0
保留						CKD[1:0]		ARPE	CMS[1:0]		DIR	OPM	URS	UDIS	CEN
						rw	rw	rw	rw	rw	rw	rw	rw	rw	rw

位15:10	保留，始终读为0
位9:8	CKD[1:0]: 时钟分频因子 定义在定时器时钟（CK_INT）频率与数字滤波器（ETR, TIx）使用的采样频率之间的分频比例 00: $t_{DTS}=t_{CK\_INT}$ 01: $t_{DTS}=2 \times t_{CK\_INT}$ 10: $t_{DTS}=4 \times t_{CK\_INT}$ 11: 保留
位7	ARPE: 自动重装载预装载允许位 0: TIMx_ARR寄存器没有缓冲 1: TIMx_ARR寄存器被装入缓冲器
位6:5	CMS[1:0]: 选择中央对齐模式 00: 边沿对齐模式。计数器依据方向位（DIR）向上或向下计数。 01: 中央对齐模式1。计数器交替向上和向下计数。配置为输出的通道（TIMx_CCMRx寄存器中CCxS=00）的输出比较中断标志位，只在计数器向下计数时被设置 10: 中央对齐模式2。计数器交替向上和向下计数。 配置为输出的通道（TIMx_CCMRx寄存器中CCxS=00）的输出比较中断标志位，只在计数时被设置 11: 中央对齐模式3。计数器交替向上和向下计数。 配置为输出的通道（TIMx_CCMRx寄存器中CCxS=00）的输出比较中断标志位，在计数器向上和向下计数时均被设置 注: 在计数器开启时（CEN=1），不允许从边沿对齐模式转换到中央对齐模式
位4	DIR: 方向 0: 计数器向上计数 1: 计数器向下计数 注: 当计数器配置为中央对齐模式或编码器模式时，该位为只读
位3	OPM: 单脉冲模式 0: 在发生更新事件时，计数器不停止 1: 在发生下一次更新事件（清除CEN位）时，计数器停止

位2	URS: 更新请求源
	软件通过该位选择UEV事件的源
	0: 如果允许产生更新中断或DMA请示，则下述任一事件产生一个更新中断或DMA请求：
	  –计数器溢出/下溢
	  –设置UG位
	  –从模式控制器产生的更新
	1: 如果允许产生更新中断或DMA请示，则只有计数器溢出/下溢才生产一个更新中断或DMA请求

位1	UDIS: 禁止更新
	软件通过该位允许/禁止UEV事件的产生
	0: 允许UEV。更新（UEV）事件由下述任一事件产生：
	  –计数器溢出/下溢
	  –设置UG位
	  –从模式控制器产生的更新
	被缓存的寄存器被装入它们的预装载植
	1: 禁止UEV。不产生更新事件，影子寄存器（ARR、PSC、CCRx）保持它们的值。如果设置了UG位或从模式控制器发出了一个硬件复位，则计数器和预分频器被重新初始化

位0	CEN: 使能计数器 0: 禁止计数器 1: 使能计数器 注: 在软件设置了CEN位后，外部时钟、门控模式和编码器模式才能工作。触发模式可以自动通过硬件设置CEN位 在单脉冲模式下，当发生更新事件时，CEN被自动消除

图 6.1　TIMx_CR1 寄存器各位描述

在本实验中,只用到了 TIMx_CR1 的最低位,也就是计数器使能位,该位必须置为 1,才能让定时器开始计数。接下来介绍第二个与本章密切相关的寄存器:DMA/中断使能寄存器(TIMx_DIER)。该寄存器是一个 16 位的寄存器,其各位描述如图 6.2 所示。

图 6.2　TIMx_DIER 寄存器各位描述

这里同样只关注该寄存器的第 0 位,该位是更新中断允许位。本章用到的是定时器的更新中断,因此该位要设置为 1,以允许由于更新事件所产生的中断。

第三个与本章有关的寄存器:预分频寄存器(TIMx_PSC),该寄存器用来对时钟进行分频,然后将分频后的时钟信号提供给计数器,作为计数器的时钟源。该寄存器的各位描述如图 6.3 所示。

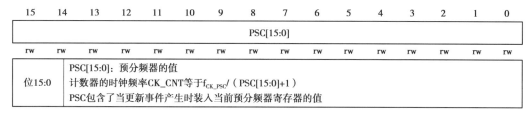

图 6.3　TIMx_PSC 寄存器各位描述

定时器的时钟来源有以下 4 种:

① 内部时钟(CK_INT)。

② 外部时钟模式 1:外部输入脚(TIx)。

③ 外部时钟模式 2:外部触发输入(ETR)。

④ 内部触发输入(ITRx):使用 A 定时器作为 B 定时器的预分频器(A 为 B 提供时钟)。这些时钟源的选择可以通过 TIMx_SMCR 寄存器的相关位来设置。这里的 CK_INT 时钟是从 APB1 倍频得来的。在 STM32 中,除非 APB1 的时钟分频数设置为 1,否则通用定时器 TIMx 的时钟是 APB1 时钟的 2 倍,当 APB1 的时钟不分频时,通用定时器 TIMx 的时钟就等于 APB1 的时钟。这里还要注意的是,高级定时器的时钟不是来自 APB1,而是来自 APB2。

TIMx_CNT 寄存器是定时器的计数器,该寄存器存储了当前定时器的计数值。

自动重装载寄存器(TIMx_ARR)在物理上实际对应着 2 个寄存器。一个是程序员可以直接操作的,另一个是程序员看不到的,在《STM32 中文参考手册 V10》中被叫作影子寄存器。事实上,真正起作用的是影子寄存器。根据 TIMx_CR1 寄存器中 APRE 位的设置:当 APRE = 0 时,预装载寄存器的内容可以随时传送到影子寄存器,此时两者是连通的;当 APRE = 1 时,只有在每一次更新事件(Update Event,UEV)时,才能把预装在寄存器的内容传送到影子寄存器。自动重装载寄存器的各位描述如图 6.4 所示。

寄存器是状态寄存器(TIMx_SR)用来标记当前与定时器相关的各种事件/中断是否发生,其各位描述如图 6.5 所示。

关于这些位的详细描述,请参考《STM32 中文参考手册 V10》P282。

只要对以上几个寄存器进行简单的设置,就可以使用通用定时器,并可以产生中断。

15	14	13	12	11	10	9	8	7	6	5	4	3	2	1	0
							ARR[15:0]								
rw	rw	rw	rw	rw	rw	rw	rw	rw	rw	rw	rw	rw	rw	rw	rw

位15:0	ARR[15:0]: 自动重装载的值 ARR包含了将要装载入实际的自动重装载寄存器的数值 当自动重装载的值为空时,计数器不工作

图 6.4　TIMx_ARR 寄存器各位描述

15	14	13	12	11	10	9	8	7	6	5	4	3	2	1	0
保留			CC40F	CC30F	CC20F	CC10F	保留		TIF	保留	CC4IF	CC3IF	CC2IF	CC1IF	UIF
			rc w0	rc w0	rc w0	rc w0			rc w0		rc w0	rc w0	rc w0	rc w0	rc w0

图 6.5　TIMx_SR 寄存器各位描述

本章将阐述如何使用定时器产生中断,并在中断服务函数中反转 DS0 上的电平,以指示定时器中断的产生。接下来,以通用定时器 TIM3 为实例说明实现该功能的步骤及如何产生中断。这些步骤主要通过调用库函数来实现,而与定时器相关的库函数主要集中在固件库文件 stm32f10x_tim.h 和 stm32f10x_tim.c 文件中。

1) TIM3 时钟使能

因为 TIM3 挂载于 APB1,所以通过 APB1 总线的使能函数来使能 TIM3。调用的函如下:

RCC_APB1PeriphClockCmd(RCC_APB1Periph_TIM3,ENABLE);//时钟使能

2) 初始化定时器参数,设置自动重装值、分频系数、计数方式等

在库函数中,定时器的初始化参数是通过初始化函数 TIM_TimeBaseInit 实现的。

void TIM_TimeBaseInit(TIM_TypeDef * TIMx, TIM_TimeBaseInitTypeDef * TIM_TimeBaseInitStruct);

第一个参数用于指定定时器,这一设定相对直观。第二个参数是指向定时器初始化参数结构体指针,该结构体类型为 TIM_TimeBaseInitTypeDef,该结构体的定义如下:

```
typedef struct
{
    uint16_t TIM_Prescaler;
    uint16_t TIM_CounterMode;
    uint16_t TIM_Period;
    uint16_t TIM_ClockDivision;
    uint8_t TIM_RepetitionCounter;
} TIM_TimeBaseInitTypeDef;
```

这个结构体一共有 5 个成员变量,需要说明的是,对于通用定时器而言,仅前 4 个参数有效,最后一个参数 TIM_RepetitionCounter 为高级定时器时才有用,这里不再赘述。

第一个参数 TIM_Prescaler 用于设置分频系数,前文已有讲解。

第二个参数 TIM_CounterMode 用于设置计数方式,前文也有讲解,可以设置为向上计数、向下计数或中央对齐计数方式,较常用的是向上计数模式 TIM_CounterMode_Up 和向下计数

模式 TIM_CounterMode_Down。

第三个参数 TIM_Period 用于设置自动重载计数周期值,前文也有提及。

第四个参数 TIM_ClockDivision 用于设置时钟分频因子。

针对 TIM3 初始化范例代码格式:

```
TIM_TimeBaseInitTypeDefTIM_TimeBaseStructure;
TIM_TimeBaseStructure. TIM_Period = 5000;
TIM_TimeBaseStructure. TIM_Prescaler =7199;
TIM_TimeBaseStructure. TIM_ClockDivision = TIM_CKD_DIV1;

TIM_TimeBaseStructure. TIM_CounterMode = TIM_CounterMode_Up;
TIM_TimeBaseInit( TIM3,&TIM_TimeBaseStructure);
```

3)设置 TIM3_DIER 允许更新中断

若要使用 TIM3 的更新中断,寄存器的相应位便可使能更新中断。在库函数中,定时器中断使能是通过 TIM_ITConfig 函数来实现的。

```
void TIM_ITConfig( TIM_TypeDef * TIMx,uint16_t TIM_IT,FunctionalStateNewState);
```

第一个参数用于选择定时器,这一设定相对容易理解,取值为 TIM1 ~ TIM17。

第二个参数非常关键,用于指明使能的定时器中断的类型,定时器中断的类型有很多种,包括更新中断 TIM_IT_Update、触发中断 TIM_IT_Trigger 和输入捕获中断等。

第三个参数较简单,用于明确是失能还是使能该功能。

例如,要使能 TIM3 的更新中断,格式为:

```
TIM_ITConfig( TIM3,TIM_IT_Update,ENABLE);
```

4)TIM3 中断优先级设置

在使能定时器中断使能后,为触发中断,必须设置 NVIC 相关寄存器以设置中断优先级。之前多次讲解到用 NVIC_Init 函数实现中断优先级的设置,故不再重复讲解。

5)使能 TIM3

仅配置好定时器还不足以使其工作,还需开启定时器。常通过 TIM3_CR1 的 CEN 位来设置。在固件库中,使能定时器的函数是通过 TIM_Cmd 函数来实现的。

```
void TIM_Cmd( TIM_TypeDef * TIMx,FunctionalState NewState)
```

这个函数非常简单,如要使能 TIM3,方法如下:

```
TIM_Cmd( TIM3,ENABLE);// 使能 TIMx 外设
```

6)编写中断服务函数

编写定时器中断服务函数以处理定时器产生的相关中断。在中断产生后,通过检查状态寄存器的值来判断此次产生的中断类型。然后执行相关操作,本例使用的是更新(溢出)中断,所以在状态寄存器(Status Register,SR)的最低位。处理完中断后,应向 TIM3_SR 的最低位写 0 来清除该中断标志。

在固件库函数中,用于读取中断状态寄存器的值判断中断类型的函数是:

```
ITStatus TIM_GetITStatus(TIM_TypeDef * TIMx,uint16_t)
```

该函数的作用是判断定时器 TIMx 的中断类型 TIM_IT 是否发生中断。例如,要判断 TIM3 是否发生更新(溢出)中断,方法为:

```
if(TIM_GetITStatus(TIM3,TIM_IT_Update)! = RESET)||
```

固件库中清除中断标志位的函数是:

```
void TIM_ClearITPendingBit(TIM_TypeDef *  TIMx,uint16_t TIM_IT)
```

该函数的作用是清除定时器 TIMx 的中断 TIM_IT 标志位。方法比较简单,如在 TIM3 的溢出中断发生后,要清除中断标志位,方法为:

```
TIM_ClearITPendingBit(TIM3,TIM_IT_Update);
```

需要注意的是,固件库还提供了 TIM_GetFlagStatus 和 TIM_ClearFlag 两个函数用于判断定时器状态并清除定时器状态标志位,这些函数的作用与前面两个函数类似,都是用于确定定时器的状态。其中,TIM_GetITStatus 函数会先判断这种中断是否使能,使能后才会进一步判断中断标志位,而 TIM_GetFlagStatus 直接用于判断状态标志位。

通过上述步骤,即可实现通过通用定时器的更新(溢出)中断来控制 DS0 的亮灭。

6.2 硬件设计

本实验用到的硬件资源为指示灯 DS0 和定时器 TIM3。

本章将通过 TIM3 的中断来控制 DS0 的亮灭,DS0 的电路在前文已有介绍。而 TIM3 属于 STM32 的内部资源,只需进行软件设置即可正常工作。

6.3 软件设计

在软件设计中,直接打开光盘的实验 7 定时器中断实验即可。可以看到工程中 HARDWARE 下新增了一个 time. c 文件(及其对应的头文件 time. h),这两个文件是用户自行编写的。同时还引入了定时器相关的固件库函数文件 stm32f10x_tim. c 和头文件 stm32f10x_tim. h。

接下来分析 time. c 文件,内容如下:

```
#include " timer. h "
#include " led. h "
```

```
////////////////////////////////////////////////////////////////////////
//通用定时器驱动代码
//通用定时器中断初始化
//这里时钟选择为 APB1 的 2 倍,而 APB1 为 36 MHz
//arr:自动重装值
//psc:时钟预分频数
//这里使用的是 TIM3
void TIM3_Int_Init(u16 arr,u16 psc)
{
    TIM_TimeBaseInitTypeDef    TIM_TimeBaseStructure;
    NVIC_InitTypeDef NVIC_InitStructure;
    RCC_APB1PeriphClockCmd(RCC_APB1Periph_TIM3,ENABLE);//时钟使能
    TIM_TimeBaseStructure.TIM_Period = arr;
//设置在下一个更新事件装入活动的自动重装载寄存器周期的值计数到 5 000 为 500 ms
    TIM_TimeBaseStructure.TIM_Prescaler =psc;
//设置用来作为 TIMx 时钟频率除数的预分频值 10 kHz 的计数频率
    TIM_TimeBaseStructure.TIM_ClockDivision = 0;//设置时钟分割:TDTS = Tck_tim
    TIM_TimeBaseStructure.TIM_CounterMode = TIM_CounterMode_Up;
//TIM 向上计数模式
    TIM_TimeBaseInit(TIM3,&TIM_TimeBaseStructure);
//根据 TIM_TimeBaseInitStruct 中指定的参数初始化 TIMx 的时间基数单位
    TIM_ITConfig( //使能或者失能指定的 TIM 中断
        TIM3, //TIM2
        TIM_IT_Update,
        ENABLE //使能
        );
    NVIC_InitStructure.NVIC_IRQChannel = TIM3_IRQn;//TIM3 中断
    NVIC_InitStructure.NVIC_IRQChannelPreemptionPriority = 0;//先占优先级 0 级
    NVIC_InitStructure.NVIC_IRQChannelSubPriority = 3;//从优先级 3 级
    NVIC_InitStructure.NVIC_IRQChannelCmd = ENABLE;//IRQ 通道被使能
    NVIC_Init(&NVIC_InitStructure);
//根据 NVIC_InitStructure 中指定的参数初始化外设 NVIC 寄存器
    TIM_Cmd(TIM3,ENABLE);//使能 TIMx 外设
}
void TIM3_IRQHandler(void) //TIM3 中断
{
    if(TIM_GetITStatus(TIM3,TIM_IT_Update)! = RESET);
//检查指定的 TIM 中断发生与否:TIM 中断源
```

```
        {
            TIM_ClearITPendingBit(TIM3,TIM_IT_Update);
//清除 TIMx 的中断待处理位:TIM 中断源
            LED0 = ! LED0;
        }
    }
```

该文件下包含一个中断服务函数和一个 TIM3 中断初始化函数。中断服务函数在每次中断后,会判断 TIM3 的中断类型,如果中断类型正确(溢出中断),则执行 LED0(DS0)的取反操作。

TIM3_Int_Init() 函数就是执行定时器初始化。该函数的 2 个参数用于设置 TIM3 的溢出时间。在时钟系统部分讲解过,系统初始化时默认的系统初始化函数 SystemInit 已初始化 APB1 的时钟为 2 分频,所以 APB1 的时钟频率为 36 MHz。从 STM32 的内部时钟树图可知:当 APB1 的时钟分频数为 1 时,TIM2~7 的时钟频率与 APB1 的时钟相同,若 APB1 的时钟分频数不为 1,那么 TIM2~7 的时钟频率将为 APB1 时钟的两倍。因此,本例中 TIM3 的时钟频率为 72 MHz,再根据设计的自动重载值(Automatic Reload Register,ARR)和预分频值(Prescaler,PSC),就可以计算中断时间。计算公式如下:

$$Tout = ((arr+1) * (psc+1))/Tclk;$$

其中:

Tclk:TIM3 的输入时钟频率(单位为 MHz)。

Tout:TIM3 溢出时间(单位为 μs)。

timer.h 文件的代码非常简单,只有一些函数声明,这里不再赘述。

最后,在主程序里输入如下代码:

```
int main(void)
{
    delay_init();//延时函数初始化
    NVIC_Configuration();//设置 NVIC 中断分组 2:2 位抢占优先级,2 位响应优先级
    LED_Init();//初始化与 LED 连接的硬件接口
    TIM3_Int_Init(4999,7199);//10 kHz 的计数频率,计数到 5 000 为 500 ms
    while(1)
    {

    }
}
```

此段代码与之前的代码相似。此段代码对 TIM3 进行初始化后,进入无限循环等待 TIM3 溢出中断,当 TIM3_CNT 的值等于 TIM3_ARR 的值时,就会产生 TIM3 的更新中断,然后在中断里取反 LED0,TIM3_CNT 再从 0 开始计数。

6.4　下载验证

在完成软件设计后,将编译好的文件下载到主控模块板上,查看其运行结果是否与编写的一致。若无误,DS0 会持续闪烁(每 1 s 闪烁一次)。

第 7 章

PWM 输出实验

在第 6 章中介绍了 STM32 的通用定时器 TIM3,利用该定时器的中断功能来控制 DS0 的闪烁,本章介绍如何使用 STM32 的定时器来产生 PWM 输出,并利用 TIM1 的通道 1 产生 PWM 信号来控制 DS0 的亮度。

7.1 PWM 简介

脉冲宽度调制,简称“脉宽调制”,是利用微处理器的数字输出对模拟电路进行控制的一种非常有效的技术。简单来说,就是对脉冲宽度的控制。

STM32 定时器中,除了 TIM6 和 TIM7 外,其他定时器均可用来产生 PWM 输出。其中,高级定时器 TIM1 和 TIM8 可以同时产生多达 7 路的 PWM 输出。而通用定时器也能同时产生多达 4 路的 PWM 输出,因此 STM32 最多可以同时产生 30 路 PWM 输出。本章节仅使用 TIM1。CH1 产生一路 PWM 输出。如果要产生多路输出,可以根据相关代码稍作修改。要使 STM32 的高级定时器 TIM1 产生 PWM 输出,除第 6 章介绍的几个寄存器(ARR、PSC、CR1 等)外,还会用到另外 4 个寄存器(通用定时器则只需要 3 个)来控制 PWM 的输出。这 4 个寄存器分别是:捕获/比较模式寄存器(TIMx_CCMR1/2)、捕获/比较使能寄存器(TIMx_CCER)、捕获/比较寄存器(TIMx_CCR1~4)以及刹车和死区寄存器(TIMx_BDTR)。接下来简单介绍这 4 个寄存器。

TIMx_CCMR1/2 寄存器包括 TIMx_CCMR1 和 TIMx_CCMR2。TIMx_CCMR1 控制 CH1 和 CH2 通道,而 TIMx_CCMR2 控制 CH3 和 CH4 通道。该寄存器的各位描述如图 7.1 所示。

15	14	13	12	11	10	9	8	7	6	5	4	3	2	1	0
OC2CE	OC2M[2:0]			OC2PE	OC2FE	CC2S[1:0]		OC1CE	OC1M[2:0]			OC1PE	OC1FE	CC1S[1:0]	
	IC2F[3:0]			IC2PSC[1:0]					IC1F[3:0]			IC1PSC[1:0]			
rw	rw	rw	rw	rw	rw	rw	rw	rw	rw	rw	rw	rw	rw	rw	rw

图 7.1 TIMx_CCMR1 寄存器各位描述

该寄存器的有些位在不同模式下,功能不同。如图 7.1 所示,把寄存器分为 2 层,上层对应输出时的设置,而下层则对应输入时的设置。关于该寄存器的详细说明,请参考《STM32 中文参考手册 V10》P240,13.4.7 一节。需要说明的是模式设置位 OCxM,此部分由 3 位组成,总共可以配置成 7 种模式。在 PWM 模式下,这 3 位必须设置为 110 或 111。这两种 PWM 模式的区别在于输出电平的极性相反。此外,CCxS 用于设置通道的方向(输入/输出),默认设置为 0,即将设置通道作为输出使用。

　　TIMx_CCER 寄存器控制着各个输入输出通道的开关。该寄存器各位描述如图 7.2 所示。

图 7.2　TIMx_CCER 寄存器各位描述

　　该寄存器只用到了 CC1E 位,该位是输入/捕获 1 输出使能位。为了实现 PWM 信号从 I/O 口输出,该位必须设置为 1。有关该寄存器的更详细介绍,请参考《STM32 中文参考手册 V10》P244,13.4.9 节。

　　TIMx_CCR1~4 寄存器总共有 4 个,对应 CH1~4 这 4 个输入输出通道。由于这 4 个寄存器结构类似,故只以 TIMx_CCR1 为例介绍,该寄存器的各位描述如图 7.3 所示。

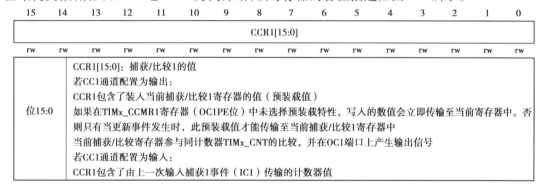

图 7.3　寄存器 TIMx_CCR1 各位描述

　　在输出模式下,该寄存器的值会与 CNT 的值比较,根据比较结果产生相应动作。利用这点,可通过修改这个寄存器的值来控制 PWM 的输出脉宽。本章使用的是 TIM1 的通道 1,所以需要修改 TIM1_CCR1 以实现脉宽控制 DS0 的亮度。

　　如果是通用定时器,只需配置以上 3 个寄存器,如果是高级定时器,则还需配置 TIMx_BDTR。该寄存器各位描述如图 7.4 所示。

　　该寄存器只需要关注最高位 MOE 位。若想使高级定时器的 PWM 正常输出,必须设置 MOE 位为 1,否则无输出。注意:通用定时器无须配置 MOE 位。寄存器的其他位这里就不再详细介绍,请参考《STM32 中文参考手册 V10》P248,13.4.18 节。

　　至此,本章所需的几个相关寄存器已介绍完毕,接下来,将实现通过 TIM1_CH1 通道输出 PWM 来控制 DS0 的亮度。介绍配置步骤如下:

1)开启 TIM1 时钟,配置 PA8 为复用输出

　　要使用 TIM1,必须先开启 TIM1 时钟,并配置 PA8 为复用输出(使能 PORTA 的时钟),因为 TIM1_CH1 通道将使用 PA8 的复用功能作为输出。库函数使能 TIM3 时钟的方法是:

15	14	13	12	11	10	9	8	7	6	5	4	3	2	1	0
MOE	AOE	BKP	BKE	OSSR	OSSI	LOCK[1:0]		DTG[7:0]							
rw	rw	rw	rw	rw	rw	rw	rw	rw	rw	rw	rw	rw	rw	rw	rw

位15	**MOE：主输出使能**（Main output enable） 一旦刹车输入有效，该位被硬件异步清"0"。根据AOE位的设置值，该位可以由软件清"0"或被自动置1。 它仅对配置为输出的通道有效 0：禁止OC和OCN输出或强制为空闲状态； 1：如果设置了相应的使能位（TIMx_CCER寄存器的CCxE、CCxNE位），则开启OC和OCN输出有关OC/OCN 使能的细节，参见《STM中文参考手册V10》13.4.9节，TIM1和TIM8捕获/比较使能寄存器（TIMx_CCER）

图 7.4　寄存器 TIMx_BDTR 各位描述

RCC_APB1PeriphClockCmd（RCC_APB1Periph_TIM3，ENABLE）；//使能 TIM3 时钟

设置 PA8 为复用功能输出的方法，在前面的几个实验中有类似讲解，这里简单列出 GPIO 初始化的一行代码：

GPIO_InitStructure.GPIO_Mode= GPIO_Mode_AF_PP；//复用推挽输出

2）设置 TIM1 的 ARR 和 PSC

开启 TIM1 的时钟后，设置 ARR 和 PSC 两个寄存器的值来控制输出 PWM 的周期。当 PWM 周期太慢（低于 50 MHz）时，会明显感觉到闪烁。因此，PWM 周期在这里不宜设置得太小。这一设置过程在库函数中是通过 TIM_TimeBaseInit 函数实现的，在上一节定时器中断章节已经有讲解，这里就不再详细讲解，调用格式为：

TIM_TimeBaseStructure.TIM_Period = arr；//设置自动重装载值
TIM_TimeBaseStructure.TIM_Prescaler =psc；//设置预分频值
TIM_TimeBaseStructure.TIM_ClockDivision = 0；//设置时钟分割:TDTS = Tck_tim
TIM_TimeBaseStructure.TIM_CounterMode = TIM_CounterMode_Up；//向上计数模式
TIM_TimeBaseInit（TIM1，&TIM_TimeBaseStructure）；//根据指定的参数初始化 TIMx

3）设置 TIM1_CH1 的 PWM 模式及通道方向，使能 TIM1 的 CH1 输出

接下来，将 TIM1_CH1 设置为 PWM 模式（该模式默认为冻结）。由于 DS0 在低电平点亮，若希望在 TIM1_CCR1 的值小时 DS0 较暗，值大时 DS0 较亮，可通过配置 TIM1_CCMR1 的相关位来控制 TIM1_CH1 的模式。在库函数中，PWM 通道设置是通过函数 TIM_OC1Init( ) ~ TIM_OC4Init( )来设置的，不同通道的设置函数不同，这里使用的是通道 1，故使用函数 TIM_OC1Init( )。

void TIM_OC1Init（TIM_TypeDef * TIMx，TIM_OCInitTypeDef * TIM_OCInitStruct）；

这种初始化格式经过上述学习后，结构体 TIM_OCInitTypeDef 的定义如下：

typedef struct

```
    {
        uint16_t TIM_OCMode;
        uint16_t TIM_OutputState;
        uint16_t TIM_OutputNState; */
        uint16_t TIM_Pulse;
        uint16_t TIM_OCPolarity;
        uint16_t TIM_OCNPolarity;
        uint16_t TIM_OCIdleState;
        uint16_t TIM_OCNIdleState;
    } TIM_OCInitTypeDef;
```

这里讲解与要求相关的几个成员变量：

参数 TIM_OCMode 设置模式为 PWM 或者输出比较,这里选择 PWM 模式。

参数 TIM_OutputState 用来设置比较输出使能,使能 PWM 输出到端口。

参数 TIM_OCPolarity 用来设置 PWN 信号的极性,即高电平有效还是低电平有效。

对于高级定时器 TIM1 和 TIM8,还会用到其他的参数,如 TIM_OutputNState、TIM_OCNPolarity、TIM_OCIdleState 和 TIM_OCNIdleState。

要实现上面提到的场景,方法如下:

```
TIM_OCInitTypeDefTIM_OCInitStructure;
TIM_OCInitStructure.TIM_OCMode = TIM_OCMode_PWM2;//选择 PWM 模式 2
TIM_OCInitStructure.TIM_OutputState = TIM_OutputState_Enable;//比较输出
TIM_OCInitStructure.TIM_OCPolarity = TIM_OCPolarity_High;//输出极性高
TIM_OC1Init(TIM1,&TIM_OCInitStructure);//初始化 TIM1_OC1
```

4)使能 TIM1

在完成以上设置后,需使能 TIM1。使能 TIM1 的方法在前文已讲解过:

```
TIM_Cmd(TIM1,ENABLE);//使能 TIM1
```

5)设置 MOE 输出,使能 PWM 输出

普通定时器在完成以上设置后,输出 PWM,但高级定时器,还需要使能 TIM1_BDTR 的 MOE 位,以使能整个 OCx(即 PWM)输出。库函数的设置函数为:

```
TIM_CtrlPWMOutputs(TIM1,ENABLE);//MOE 主输出使能
```

6)修改 TIM1_CCR1 来控制占空比

经过以上设置后,PWM 开始输出,但其占空比和频率都是固定的,通过修改 TIM1_CCR1 可以控制 CH1 的输出占空比,继而控制 DS0 的亮度。在库函数中,修改 TIM1_CCR1 占空比的函数为:

```
void TIM_SetCompare1(TIM_TypeDef * TIMx,uint16_t Compare1);
```

对于其他通道,分别有一个函数名称,函数格式为:

> TIM_SetComparex(x = 1,2,3,4)

通过以上 6 个步骤,即可控制 TIM1 的 CH1 输出 PWM 脉冲波形。

7.2　硬件设计

本实验用到的硬件资源为指示灯 DS0 和定时器 TIM3。

这两个硬件资源在前文中都有介绍,但是这里用到了 TIM1_CH1 通道的输出,从原理图和产品配套的附件中可以看到,TIM1_CH1 是和 PA8 相连的,所以电路上并没有任何变化。

7.3　软件设计

打开配套资料中的 PWM 输出实验代码,可以看见在工程中添加了 pwm. c 文件,并且引入了头文件 pwm. h。打开 pwm. c 内容如下:

```
#include "pwm. h"
#include "led. h"
////////////////////////////////////////////////////////////////////////
//PWM 驱动代码

//PWM 输出初始化
//arr:自动重装值
//psc:时钟预分频数
void TIM1_PWM_Init( u16 arr,u16 psc)
{
    GPIO_InitTypeDef GPIO_InitStructure;
    TIM_TimeBaseInitTypeDef TIM_TimeBaseStructure;
    TIM_OCInitTypeDef TIM_OCInitStructure;
    RCC_APB2PeriphClockCmd( RCC_APB2Periph_TIM1,ENABLE);//使能 GPIO 外
设时钟
    RCC_APB2PeriphClockCmd( RCC_APB2Periph_GPIOA,ENABLE);//使能 GPIO 外
设时钟使能
    //设置该引脚为复用输出功能,输出 TIM1 CH1 的 PWM 脉冲波形
    GPIO_InitStructure. GPIO_Pin = GPIO_Pin_8;//TIM_CH1
    GPIO_InitStructure. GPIO_Mode = GPIO_Mode_AF_PP;//复用推挽输出
    GPIO_InitStructure. GPIO_Speed = GPIO_Speed_50 MHz;
    GPIO_Init( GPIOA,&GPIO_InitStructure);
```

```
    TIM_TimeBaseStructure. TIM_Period = arr;
```
//设置在下一个更新事件装入活动的自动重装载寄存器周期的值 80 K
```
    TIM_TimeBaseStructure. TIM_Prescaler =psc;
```
//设置用来作为 TIMx 时钟频率除数的预分频值不分频
```
    TIM_TimeBaseStructure. TIM_ClockDivision = 0;
```
//设置时钟分割:TDTS = Tck_tim
```
    TIM_TimeBaseStructure. TIM_CounterMode = TIM_CounterMode_Up;
```
//TIM 向上计数模式
```
    TIM_TimeBaseInit(TIM1,&TIM_TimeBaseStructure);
```
//根据 TIM_TimeBaseInitStruct 中指定的参数初始化 TIMx 的时间基数单位


```
    TIM_OCInitStructure. TIM_OCMode = TIM_OCMode_PWM2;
```
//选择定时器模式:TIM 脉冲宽度调制模式 2
```
    TIM_OCInitStructure. TIM_OutputState = TIM_OutputState_Enable;
```
//比较输出使能
```
    TIM_OCInitStructure. TIM_Pulse = 0;
```
//设置待装入捕获比较寄存器的脉冲值
```
    TIM_OCInitStructure. TIM_OCPolarity = TIM_OCPolarity_High;
```
//输出极性:TIM 输出比较极性高
```
    TIM_OC1Init(TIM1,&TIM_OCInitStructure);
```
//根据 TIM_OCInitStruct 中指定的参数初始化外设 TIMx


```
    TIM_CtrlPWMOutputs(TIM1,ENABLE);
```
//MOE 主输出使能


```
    TIM_OC1PreloadConfig(TIM1,TIM_OCPreload_Enable);
```
//CH1 预装载使能


```
    TIM_ARRPreloadConfig(TIM1,ENABLE);
```
//使能 TIMx 在 ARR 上的预装载寄存器


```
    TIM_Cmd(TIM1,ENABLE);    //使能 TIM1
```
}

　　此部分代码包含了上面介绍的 PWM 输出设置的前 5 个步骤。关于 TIM1 的设置就不再赘述了。

　　头文件 pwm.h 主要是函数声明,也不做过多讲解。

　　主函数 main 如下:

```
int main(void)

{

    u16 led0pwmval=0;

    u8 dir=1;

    delay_init();                    //延时函数初始化

    LED_Init();                      //初始化与 LED 连接的硬件接口

    TIM1_PWM_Init(899,0);    //不分频。PWM 频率=72000/(899+1)=80 kHz


    while(1)

    {

        delay_ms(10);

        if(dir)led0pwmval++;

        else led0pwmval--;

        if(led0pwmval>300)dir=0;

        if(led0pwmval==0)dir=1;

        TIM_SetCompare1(TIM1,led0pwmval);

    }

}
```

从上述无限循环函数中可以发现,控制 LED0_PWM_VAL 的值在 0～300 循环变化,DS0 的亮度也会随之从暗变到亮,再从亮变到暗。选择 300 为上限是因为 PWM 的输出占空比达到这个值时,LED 亮度变化已趋于饱和(最大值可以设置到 899),因此无须设计过大的值。

至此,软件设计就完成了。

7.4　下载验证

完成软件设计后,将编译好的文件下载到主控模块板上,观察其运行结果是否与编写的一致。若无误,可观察到主控模块板上的 DS0 不停地由暗变到亮,然后又从亮变到暗。每个过程持续时间约为 3 s。

第 **8** 章
TFT 液晶显示实验

本章将介绍市面上常用的 2.8 英寸(1 英寸＝2.54 cm)薄膜晶体管液晶显示器(Thin Film Transistor-Liquid Crystal Display,TFT LCD)模块,可以显示 16 位色的真彩图片。本章将利用主控模块板上的液晶显示器(Liquid Crystal Display,LCD)接口点亮 TFT LCD,并实现美国信息交换标准代码(American Standard Code for Information Interchange,ASCII)字符和彩色的显示等功能,并在串口打印 LCD 液晶显示器控制器编码(Identity Document,ID),同时在 LCD 上面显示。

8.1　TFT LCD 简介

本章将介绍如何通过 STM32 的 I/O 口来控制 TFT LCD 的显示。TFT LCD 与无源扭曲向列型液晶显示器(Twist Nematic Liquid Crystal Display,TN-LCD)、超扭曲向列型液晶显示器(Super Twisted Nematic Liquid Crystal Display,STN-LCD)的简单矩阵不同,它在液晶显示屏的每一个像素上都设置有一个薄膜晶体管(Thin Film Transistor,TFT),可有效克服非选通时的串扰,使显示液晶屏的静态特性不受扫描线数的影响,大大提高图像质量。TFT LCD 也被称为真彩液晶显示器。

TFT LCD 模块的特点如下:

图 8.1　2.8 英寸 TFT LCD 外观

①320×240 分辨率。

②16 位真彩显示。

③自带触摸屏,可用作控制输入。

以市面上常用的 2.8 英寸 TFT LCD 模块为例进行介绍,该模块支持 65 K 色显示,显示分辨率为 320×240 像素,接口为 16 位的 80 并口,且自带触摸屏。该模块的外观图如图 8.1 所示,液晶采用 16 位的并行方式与外部连接,因此需要 16 位的接口。该模块的并口有如下信号线:

①CS:TFT LCD 片选信号。

②WR:向 TFT LCD 写入数据。

③RD:从 TFT LCD 读取数据。

④D[15:0]:16 位双向数据线。

⑤RST:硬复位 TFT LCD。

⑥RS:命令/数据标志(0,读写命令;1,读写数据)。

TFT LCD 模块的复位信号线(Reset,RST)是直接接到 STM32 的复位脚上,不受软件控制,可以减少一个 I/O 口。另外还需要一个背光控制线来控制 TFT LCD 的背光。因此,总共需要的 I/O 口数目为 21。需注意,标注的 DB1 ~ DB8、DB10 ~ DB17 是相对于 LCD 控制集成电路(Integrated Circuit,IC)标注的,实际上可以等同于 D0 ~ D15(按从小到大的顺序)。

采购的 TFT LCD 模块使用的驱动芯片是 ILI9341 控制器,实际上还有很多类似的控制器,这里只讲解这款控制器,其他的不再详细阐述。

ILI9341 液晶控制器自带显存,其显存总大小为 172 800(240×320×18/8)字节,即 18 位模式(26 万色)下的显存量。在 16 位模式下,ILI9341 采用 RGB 图像寄存器(Graphics RAM,GRAM)565 格式存储颜色数据,此时 ILI9341 的 18 位数据线与 MCU 的 16 位数据线以及 LCD 的对应关系如图 8.2 所示。

9341总线	D17	D16	D15	D14	D13	D12	D11	D10	D9	D8	D7	D6	D5	D4	D3	D2	D1	D0
MCU数据 (16位)	D15	D14	D13	D12	D11	NC	D10	D9	D8	D7	D6	D5	D4	D3	D2	D1	D0	NC
LCD GRAM (16位)	R[4]	R[3]	R[3]	R[1]	R[0]	NC	G[5]	G[4]	G[3]	G[2]	G[1]	G[0]	B[4]	B[3]	B[2]	B[1]	B[0]	NC

图 8.2　16 位数据与显存对应关系图

从图中可以看出,ILI9341 在 16 位模式下,数据线有用的是:D17 ~ D13 和 D11 ~ D1,D0 和 D12 未被使用。实际上,在 LCD 模块内部,ILI9341 的 D0 和 D12 未使用,因此,ILI9341 的 D17 ~ D13 和 D11 ~ D1 对应 MCU 的 D15 ~ D0。

MCU 的 16 位数据中,最低 5 位为蓝色,中间 6 位为绿色,最高 5 位为红色。数值越大,表示该颜色越深。另外,应特别注意 ILI9341 所有的指令都是 8 位的(高 8 位无效),参数除了读写图形随机存取存储器(Graphics Random Access Memory,GRAM)时是 16 位,其他操作参数都是 8 位。这与 ILI9320 等驱动器不同,需注意甄别。

TFT LCD 控制器 ILI9320 的寄存器介绍这里就不再赘述,可自行查阅对应的数据手册。

可以总结得出 TFT LCD 显示需要的相关设置步骤如下:

1)设置 STM32 与 TFT LCD 模块相连接的 I/O

初始化与 TFT LCD 模块相连的 I/O 口,以便驱动 LCD。需要根据连接电路以及 TFT LCD 模块的设置来确定。

2)初始化 TFT LCD 模块

参考数据手册上的时序表进行操作,请用户自行打开查阅。没有硬复位液晶显示器,是因为主控模块上的 STM32 核心板的 LCD 接口将 TFT LCD 的复位与 STM32 的 RESET 连接在一起,只要按下开发板的 RESET 键,就会对 LCD 进行硬复位。初始化序列包括向 LCD 控制器写入一系列的设置值(如伽马校准),这些初始化序列通常由 LCD 供应商提供,直接使用这些序列即可,无须深入研究。初始化后,LCD 方可正常使用。

3)字符与数字显示

通过函数实现字符和数字在 TFT LCD 模块上的显示。具体步骤为:设置坐标->写

GRAM 指令->写 GRAM。由于这个步骤仅针对单个像素点的处理,若要显示字符/数字,就必须多次使用这个步骤,从而达到显示字符/数字的目标,所以需要设计一个函数来实现数字/字符的显示,之后调用该函数,方可实现数字/字符的显示。

8.2 硬件设计

本实验用到的硬件资源有主控模块板上的指示灯 DS0 和 TFT LCD 模块。TFT LCD 模块的电路原理图如图 8.3 所示,TFT LCD 模块与 STM32 核心板模块的连接设计完善,直接使用即可。

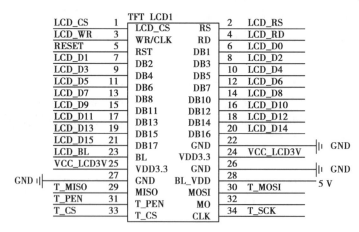

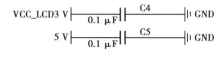

图 8.3 TFT LCD 原理图

8.3 软件设计

打开液晶显示实验工程会发现,在工程中添加了 lcd.c 文件和对应的头文件 lcd.h。lcd.c 中代码较多,这里不再赘述,只针对几个重要的函数进行讲解,完整版的代码见配套的资料文件夹对应的工程文件。

首先,介绍 lcd.h 中的一个重要结构体:

```
//LCD 重要参数集
typedef struct
{
    u16 width;                    //LCD 宽度
```

```
        u16 height;              //LCD 高度
        u16 id;                  //LCD ID
        u8 dir;                  //横屏还是竖屏控制:0,竖屏;1,横屏
        u16 wramcmd;             //开始写 gram 指令
        u16 setxcmd;             //设置 x 坐标指令
        u16 setycmd;             //设置 y 坐标指令
    }_lcd_dev;

    //LCD 参数
    extern _lcd_dev lcddev;      //管理 LCD 重要参数
```

　　该结构体用于保存一些 LCD 重要参数信息,如 LCD 的长宽、LCD ID、LCD 横竖屏状态等,该结构体虽然占用了 14 个字节的内存,但是却可驱动函数支持不同尺寸的 LCD,并实现 LCD 横竖屏切换等重要功能。因此,其带来的利益远大于其占用的内存空间。基于以上了解,下面开始介绍 ILI93xx.c 中的一些重要函数。

　　第一个是 LCD_WR_DATA 函数,该函数在 lcd.h 中通过宏定义的方式声明。该函数通过 80 并口向 LCD 模块写入一个 16 位的数据,使用频率较高。为了提高执行速度,这里采用了宏定义的方式。其代码如下:

```
//写数据函数
#define LCD_WR_DATA(data){ \
LCD_RS_SET; \
LCD_CS_CLR; \
DATAOUT(data); \
LCD_WR_CLR; \
LCD_WR_SET; \
LCD_CS_SET; \
}
```

　　上面函数中的"\"是 C 语言中的一个转义字符,用于连接上下文,由于在 C 语言中通常被视为一个单一的字符串,当串过长(超过一行时),需要换行时,就必须通过反斜杠来连接上下文。

　　这里的"\"正是起这个作用。在上面的函数中,LCD_RS_SET/ LCD_CS_CLR/ LCD_WR_CLR/ LCD_WR_SET/ LCD_CS_SET 等是操作 RS/CS/WR 的宏定义,均是采用 STM32 的快速 I/O 控制寄存器实现的,从而提高速度。

　　第二个是 LCD_WR_DATAX 函数,该函数在 ILI93xx.c 中定义,功能和 LCD_WR_DATA 相同,其函数代码如下:

```
//写数据函数
//可以替代 LCD_WR_DATAX 宏,拿时间换空间
//data:寄存器值
```

```
void LCD_WR_DATAX(u16 data)
{
    LCD_RS_SET;
    LCD_CS_CLR;
    DATAOUT(data);
    LCD_WR_CLR;
    LCD_WR_SET;
    LCD_CS_SET;

}
```

宏定义函数的优势在于其执行速度快(可直接嵌到被调用函数中),缺点是占用内存空间大。在 LCD_Init 函数中,有很多地方要写数据,若全部用宏定义的 LCD_WR_DATA 函数,就会占用非常大的 Flash 空间。因此,这里另外实现一个函数:LCD_WR_DATAX,专供 LCD_Init 函数调用,从而大大减少 Flash 占用量。

第三个是 LCD_WR_REG 函数,该函数是通过 8080 并口向 LCD 模块写入寄存器命令。因为该函数使用频率不是很高,所以不采用宏定义来实现(宏定义占用 Flash 空间较多),通过 LCD_RS 来标记是写入命令(LCD_RS=0)还是数据(LCD_RS=1)。该函数代码如下:

```
//写寄存器函数
//data:寄存器值
void LCD_WR_REG(u16 data)
{
    LCD_RS_CLR;//写地址
    LCD_CS_CLR;
    DATAOUT(data);
    LCD_WR_CLR;
    LCD_WR_SET;
    LCD_CS_SET;
}
```

既然有写寄存器命令函数,那就有用于读寄存器数据的函数。接下来介绍第四个 LCD_RD_DATA 函数,该函数用于读取 LCD 控制器的寄存器数据(非 GRAM 数据)。该函数代码如下:

```
//读 LCD 寄存器数据
//返回值:读到的值
u16 LCD_RD_DATA(void)
{
    u16 t;
    GPIOB->CRL=0X88888888;//PB0-7 上拉输入
    GPIOB->CRH=0X88888888;//PB8-15 上拉输入
```

```
    GPIOB->ODR=0X0000;//全部输出 0
    LCD_RS_SET;
    LCD_CS_CLR;
    LCD_RD_CLR;//读取数据(读寄存器时,并不需要读 2 次)
    if(lcddev.id==0X8989)delay_us(2);//FOR 8 989,延时 2 μs
    t=DATAIN;
    LCD_RD_SET;
    LCD_CS_SET;
    GPIOB->CRL=0X33333333;//PB0-7 上拉输出
    GPIOB->CRH=0X33333333;//PB8-15 上拉输出

    GPIOB->ODR=0XFFFF;//全部输出高
    return t;
}
```

以上 4 个函数,用于实现 LCD 基本的读写操作,第五个和第六个函数是 LCD_WriteReg 和 LCD_ReadReg,这两个是 LCD 寄存器操作的函数,这两个函数代码如下:

```
//写寄存器
//LCD_Reg:寄存器编号
//LCD_RegValue:要写入的值
void LCD_WriteReg(u16 LCD_Reg,u16 LCD_RegValue)
{
    LCD_WR_REG(LCD_Reg);
    LCD_WR_DATA(LCD_RegValue);
}
//读寄存器
//LCD_Reg:寄存器编号
//返回值:读到的值
u16 LCD_ReadReg(u16 LCD_Reg)
{
    LCD_WR_REG(LCD_Reg);//写入要读的寄存器号 return LCD_RD_DATA();
}
```

这两个函数通俗易懂,LCD_WriteReg 用于向 LCD 指定寄存器写入指定数据,而 LCD_ReadReg 则用于读取指定寄存器的数据。这两个函数,都只带一个参数/返回值,因此,在有多个参数操作(读取/写入)时,不适合用这两个函数,需要另外实现更复杂的函数来处理。

第七个要介绍的函数是坐标设置函数,该函数代码如下:

```
//设置光标位置
//Xpos:横坐标
```

```
//Ypos:纵坐标
void LCD_SetCursor(u16 Xpos,u16 Ypos)
{
    if(lcddev.id==0X9341||lcddev.id==0X5310)
    {
        LCD_WR_REG(lcddev.setxcmd);
        LCD_WR_DATA(Xpos>>8);
        LCD_WR_DATA(Xpos&0XFF);
        LCD_WR_REG(lcddev.setycmd);
        LCD_WR_DATA(Ypos>>8);
        LCD_WR_DATA(Ypos&0XFF);

    } else if(lcddev.id==0X6804)
    {
        if(lcddev.dir==1)Xpos=lcddev.width-1-Xpos;//横屏时处理
        LCD_WR_REG(lcddev.setxcmd);
        LCD_WR_DATA(Xpos>>8);
        LCD_WR_DATA(Xpos&0XFF);
        LCD_WR_REG(lcddev.setycmd);
        LCD_WR_DATA(Ypos>>8);
        LCD_WR_DATA(Ypos&0XFF);

    } else if(lcddev.id==0X5510)
    {
        LCD_WR_REG(lcddev.setxcmd);
        LCD_WR_DATA(Xpos>>8);
        LCD_WR_REG(lcddev.setxcmd+1);
        LCD_WR_DATA(Xpos&0XFF);
        LCD_WR_REG(lcddev.setycmd);
        LCD_WR_DATA(Ypos>>8);
        LCD_WR_REG(lcddev.setycmd+1);
        LCD_WR_DATA(Ypos&0XFF);

    } else
    {
        if(lcddev.dir==1)Xpos=lcddev.width-1-Xpos;//横屏其实就是调转 x,y 坐
标 LCD_WriteReg(lcddev.setxcmd,Xpos);
        LCD_WriteReg(lcddev.setycmd,Ypos);
```

```
        }
    }
```

该函数用于将 LCD 的当前操作点设置到指定坐标(x, y)。因为不同 LCD 的设置方式可能不同,所以代码中有多个判断条件,对不同的驱动 IC 进行不同的设置。

接下来介绍第八个函数:画点函数。该函数的实现代码如下:

```
//画点
//x,y:坐标
//POINT_COLOR:此点的颜色

void LCD_DrawPoint(u16 x,u16 y)
{
    LCD_SetCursor(x,y);//设置光标位置
    LCD_WriteRAM_Prepare();//开始写入 GRAM
    LCD_WR_DATA(POINT_COLOR);
}
```

该函数实现起来较简便,先设置坐标,然后向坐标输入颜色。其中,POINT_COLOR 是定义的一个全局变量,用于存放画笔颜色。此外还有一个全局变量 BACK_COLOR,该变量代表 LCD 的背景色。LCD_DrawPoint 函数虽然简单,但至关重要,几乎所有上层函数都是通过调用这个函数实现的。

除画点函数外,还需要有读点的函数。第九个介绍的函数是读点函数,用于读取 LCD 的 GRAM。需要说明的是,TFT LCD 模块是彩色的,点数也远超有机发光半导体(Organic Light-Emitting Diode,OLED)模块。以 16 位色计算,一款 320×240 分辨率的液晶显示屏,需要 320×240×2 个字节来存储颜色值,即需要 150 K 字节储存空间,这对任何一款单片机来说,都不是一个小数目。在图形叠加时,可以先读取原来的颜色值,然后写入新的值,在完成叠加后,再恢复原来的值。这种操作在制作一些简单菜单时非常有用。这里读取 TFT LCD 模块数据的函数为 LCD_ReadPoint,该函数直接返回读取到的 GRAM 值。该函数使用之前要先设置读取的 GRAM 地址,然后通过 LCD_SetCursor 函数来实现。LCD_ReadPoint 的代码如下:

```
//读取某点的颜色值
//x,y:坐标
//返回值:此点的颜色
u16 LCD_ReadPoint(u16 x,u16 y)
{
    u16 r,g,b;
    LCD_SetCursor(x,y);
    if(lcddev.id==0X9341||lcddev.id==0X6804||lcddev.id==0X5310)LCD_WR_
    REG(0X2E);
    //9341/6804/5310 发送读 GRAM 指令
```

```
else if(lcddev. id==0X5510)LCD_WR_REG(0X2E00);
//5510 发送读 GRAM 指令
else LCD_WR_REG(R34);//其他 IC 发送读 GRAM 指令
GPIOB->CRL=0X88888888;//PB0-7 上拉输入
GPIOB->CRH=0X88888888;//PB8-15 上拉输入
GPIOB->ODR=0XFFFF;//全部输出高

LCD_RS_SET;
LCD_CS_CLR;
LCD_RD_CLR;delay_us(1);//延时 1 μs
LCD_RD_SET;//读取数据(读 GRAM 时,第一次为假读)
LCD_RD_CLR;delay_us(1);//延时 1 μs

r=DATAIN;//实际坐标颜色
LCD_RD_SET;

if(lcddev. id==0X9341||lcddev. id==0X5310||lcddev. id==0X5510)//这些要分
2 次读出
{
    LCD_RD_CLR;
    b=DATAIN;//读取蓝色值


    LCD_RD_SET;
    g=r&0XFF;//对于 9341,第一次读取的是 RG 值,R 在前,G 在后,各占 8 位 g
    <<=8;

}else if(lcddev. id==0X6804)

{
    LCD_RD_CLR;LCD_RD_SET;
    r=DATAIN;//6804 第二次读取的才是真实值

}
LCD_CS_SET;
GPIOB->CRL=0X33333333;//PB0-7 上拉输出
GPIOB->CRH=0X33333333;//PB8-15 上拉输出
GPIOB->ODR=0XFFFF;//全部输出高
```

```
        if(lcddev. id = = 0X9325||lcddev. id = = 0X4535||lcddev. id = = 0X4531||lcddev. id
= =0X8989|| lcddev. id = = 0XB505)return r;//这几种 IC 直接返回颜色值
        else
            if(lcddev. id = = 0X9341||lcddev. id = = 0X5310||lcddev. id = = 0X5510)return
(((r>>11)<<11)|((g>>10)<<5)|(b>>11));//需要公式转换
        else return LCD_BGR2RGB(r);//其他 IC
    }
```

在 LCD_ReadPoint 函数中,因为需要支持多种 LCD 驱动器,所以会根据不同的 LCD 驱动器型号(即 lcddev. id),执行相应操作,以实现对各个驱动器的兼容,从而提高函数的通用性。

第十个要介绍的是字符显示函数 LCD_ShowChar,该函数同前面 OLED 模块的字符显示函数相似,但是这里的字符显示函数多了一个功能,即可以以叠加方式显示,或者以非叠加方式显示。叠加方式显示多用于在显示的图片上再叠加显示字符,而非叠加方式一般用于普通的显示。该函数的实现代码如下:

```
//在指定位置显示一个字符
//x,y:起始坐标
//num:要显示的字符:" "--->" ~ "
//size:字体大小 12/16/24
//mode:叠加方式(1)还是非叠加方式(0)
void LCD_ShowChar(u16 x,u16 y,u8 num,u8 size,u8 mode)
{
    u8 temp,t1,t;
    u16 y0=y;
    u8 csize=(size/8+((size%8)? 1:0)) * (size/2);//得到字体一个字符对应点阵
集所占字节数,从而达到设置窗口的目的

    num=num-' ';//得到偏移后的值


    for(t=0;t<csize;t++)
    {
        if(size = = 12)temp=asc2_1206[num][t];//调用 1206 字体
        else if(size = = 16)temp=asc2_1608[num][t];//调用 1608 字体
        else if(size = = 24)temp=asc2_2412[num][t];//调用 2412 字体
        else return;//没有的字库
        for(t1=0;t1<8;t1++)
```

```
        {
            if( temp&0x80 )LCD_Fast_DrawPoint( x,y,POINT_COLOR );
            else if( mode==0 )LCD_Fast_DrawPoint( x,y,BACK_COLOR );
            temp<<=1;
            y++;

            if( x>=lcddev.width )return; //超区域了
            if( ( y-y0 )==size )
            {

                y=y0;x++;

                if( x>=lcddev.width )return; //超区域了

                break;

            }

        }

    }
```

在 LCD_ShowChar 函数中,采用快速画点函数 LCD_Fast_DrawPoint 来绘制画点并显示字符。该函数同 LCD_DrawPoint 类似,但增添了颜色参数,并且减少了函数调用的时间,详见本例程源码。

最后介绍 TFT LCD 模块的初始化函数 LCD_Init,该函数先初始化 STM32 与 TFT LCD 连接的 I/O 口,并配置柔性静态存储控制器(Flexible Static Memory Controller,FSMC),然后读取 LCD 控制器的型号,根据控制 IC 的型号执行不同的初始化代码,其简化代码如下:

```
//该初始化函数可以初始化各种 ALIENTEK 出品的 LCD 液晶屏
//本函数占用较大 Flash,可根据自己的实际情况,删掉未用到的 LCD 初始化代码,以节省空间
void LCD_Init( void )
{
    GPIO_InitTypeDef GPIO_InitStructure;
    RCC_APB2PeriphClockCmd( RCC_APB2Periph_GPIOC|
    RCC_APB2Periph_GPIOB|RCC_APB2Periph_AFIO,ENABLE ); //使能 PORTB,C
时钟以及 AFIO 时钟
```

```
GPIO_PinRemapConfig(GPIO_Remap_SWJ_JTAGDisable,ENABLE);//开启SWD
GPIO_InitStructure.GPIO_Pin = GPIO_Pin_10|GPIO_Pin_9|
GPIO_Pin_8|GPIO_Pin_7|GPIO_Pin_6;// PORTC6~10复用推挽输出
GPIO_InitStructure.GPIO_Mode = GPIO_Mode_Out_PP;
GPIO_InitStructure.GPIO_Speed = GPIO_Speed_50 MHz;
GPIO_Init(GPIOC,&GPIO_InitStructure);//GPIOC
GPIO_SetBits(GPIOC,GPIO_Pin_10|GPIO_Pin_9|GPIO_Pin_8|GPIO_Pin_7|GPIO
_Pin_6);

GPIO_InitStructure.GPIO_Pin = GPIO_Pin_All;// PORTB推挽输出
GPIO_Init(GPIOB,&GPIO_InitStructure);//GPIOB
GPIO_SetBits(GPIOB,GPIO_Pin_All);delay_ms(50);// delay 50 ms

LCD_WriteReg(0x0000,0x0001);//可以去掉
delay_ms(50);// delay 50 ms
lcddev.id = LCD_ReadReg(0x0000);

if(lcddev.id<0XFF||lcddev.id==0XFFFF||lcddev.id==0X9300)//读到ID不正确
{
    //尝试9341 ID的读取
    LCD_WR_REG(0XD3);
    LCD_RD_DATA();               //dummy read
    LCD_RD_DATA();               //读到0X00
    lcddev.id=LCD_RD_DATA();     //读取93
    lcddev.id<<=8;
    lcddev.id|=LCD_RD_DATA();    //读取41

    if(lcddev.id! =0X9341)        //非9 341,尝试是不是6 804
    {
        LCD_WR_REG(0XBF);
        LCD_RD_DATA();            //dummy read
        LCD_RD_DATA();            //读回0X01
        LCD_RD_DATA();            //读回0XD0

        lcddev.id=LCD_RD_DATA(); //这里读回0X68
        lcddev.id<<=8;
        lcddev.id|=LCD_RD_DATA(); //读取41
```

```
if(lcddev. id! =0X9341)              //非 9 341,尝试是不是 6 804
{

    LCD_WR_REG(0XBF);
    LCD_RD_DATA();             //dummy read
    LCD_RD_DATA();             //读回 0X01
    LCD_RD_DATA();             //读回 0XD0

    lcddev. id=LCD_RD_DATA();//这里读回 0X68
lcddev. id<<=8;
lcddev. id| =LCD_RD_DATA();//这里读回 0X04


if(lcddev. id! =0X6804)//也不是 6 804,尝试看看是不是 NT35310
{

    LCD_WR_REG(0XD4);
    LCD_RD_DATA();                    //dummy read
    LCD_RD_DATA();                    //读回 0X01
    lcddev. id=LCD_RD_DATA();    //读回 0X53
    lcddev. id<<=8;
    lcddev. id| =LCD_RD_DATA();    //这里读回 0X10
    if(lcddev. id! =0X5310)//也不是 NT35310,尝试看看是不是 NT35510
    {
        LCD_WR_REG(0XDA00);
        LCD_RD_DATA();//读回 0X00
        LCD_WR_REG(0XDB00);
        lcddev. id=LCD_RD_DATA();//读回 0X80
        lcddev. id<<=8;
        LCD_WR_REG(0XDC00);
        lcddev. id| =LCD_RD_DATA();//读回 0X00
        if(lcddev. id= =0x8000)lcddev. id=0x5510;

        //NT35510 读回的 ID 是 8000H,为方便区分,强制设置为 5 510
    }
}
}
}
```

```
    printf(" LCD ID:% x\r\n ",lcddev.id);//打印 LCD ID
    if(lcddev.id= =0X9341)         //9 341 初始化

    {

        ……//9341 初始化代码
    }else if(lcddev.id= =0xXXXX) //其他 LCD 初始化代码

    {

        ……//其他 LCD 驱动 IC,初始化代码

    }

    LCD_Display_Dir(0);          //默认为竖屏显示
    LCD_LED=1;                   //点亮背光
    LCD_Clear(WHITE);

}
```

　　该函数先对 STM32 与 LCD 连接的相关 I/O 进行初始化,之后读取 LCD 控制器型号(LCD ID),根据读到的 LCD ID,会对不同的驱动器执行不同的初始化代码。其中,else if(lcddev.id= =0xXXXX)是省略写法,实际上代码中有十几个这种 else if 结构,从而可以支持十多款不同的驱动 IC 执行初始化操作,大大提高了整个程序的通用性和兼容性。

　　需特别注意的是,本函数使用了 printf 函数来打印 LCD ID。因此,如果主函数中没有初始化串口,那么将导致程序在 printf 调用处停止运行。如果不想使用 printf 函数,那么请注释掉它。

8.4　下载验证

　　程序下载到 MiniSTM32 开发板后,可通过 DS0 的持续闪烁来确认程序已经运行。屏幕背景的不停切换伴随 DS0 的不停闪烁,均表明代码被正确执行,实现了预期的功能。

第 9 章

ADC 实验

本章将介绍 STM32 的 ADC 功能,使用 STM32 的 ADC1 通道 1 来采样外部电压值,并在 TFT LCD 模块上显示。

9.1　STM32 ADC 简介

STM32 拥有 1~3 个 ADC(STM32F101/102 系列只有 1 个 ADC),这些 ADC 可独立使用,也可使用双重模式以提高采样率。STM32 的 ADC 是 12 位逐次逼近型的模拟数字转换器,具备 18 个通道,可测量 16 个外部信号源和 2 个内部信号源。各通道的 ADC 转换可以单次、连续、扫描或间断模式执行,转换的结果可以左对齐或右对齐方式存储在 16 位数据寄存器中。模拟看门狗使能(Analog Watchdog Enable,AWDEN)允许应用程序检测输入电压是否超出用户定义的高/低阈值。

STM32F103 系列至少配备 2 个 ADC,本章选择的 STM32F103RCT 包含有 3 个 ADC。STM32 的 ADC 最大的转换速率为 1 MHz,也就是转换时间为 1 μs ADC CLK(即 ADC Clock,模数转换器的时钟信号)= 14 MHz,采样周期为 1.5 个 ADC 时钟),超出 14 MHz 的时钟频率将导致结果准确度下降。STM32 将 ADC 转换为规则通道组和注入通道组。规则通道相当于正常运行的程序,而注入通道则相当于中断。在程序正常执行时,注入通道的转换可以打断规则通道的转换,实现任务的快速切换。

以温度监控为例,若在室外放置 5 个温度探头,室内放置 3 个温度探头,且需持续监视室外温度或偶尔查看室内温度,则可以使用规则通道组循环扫描室外的 5 个温度探头并显示 AD 转换结果。当想查看室内温度时,通过一个按钮启动注入转换组(包括 3 个室内探头),可暂时显示室内温度。松开按钮后,系统会自动回到规则通道组,继续检测室外温度。从系统设计上来看,测量并显示室内温度的过程中断了测量并显示室外温度的过程,但程序设计上可以在初始化阶段分别设置好不同的转换组,系统运行中不必再变更循环转换的配置,从而达到两个任务互不干扰和快速切换的目的。可以设想,如果没有规则组和注入组的划分,当按下按钮后,需要重新配置 AD 循环扫描的通道,在释放按钮后需再次配置 AD 循环扫描的通道,以恢复对室外温度的监测。

上例速度较慢,不能完全体现这样区分(规则通道组和注入通道组)的好处,但在工业应用领域中有很多检测和监视探头需要较快地处理,对 AD 转换的分组将简化事件处理的程序并提高事件处理的速度。

STM32 的 ADC 的规则通道组最多包含 16 个转换,而注入通道组最多包含 4 个通道。关于这两个通道组的详细介绍,请参考《STM32 中文参考手册 V10》P155 第 11 章。

STM32 的 ADC 支持多种转换模式,这些模式可参考《STM32 中文参考手册 V10》。本小节涉及如何使用规则通道的单次转换模式。

STM32 的 ADC 在单次转换模式下,只执行一次转换,该模式可以通过 ADC_CR2 寄存器模数转换器开启(Analog-to-Digital Converter ON,ADON)位(只适用于规则通道)启动,也可以通过外部触发启动(适用于规则通道和注入通道),这时连续转换模式(Continuous Conversion Mode,CONT)位为 0。

以规则通道为例,一旦所选择的通道转换完成,转换结果将被储存在 ADC_DR 寄存器中,转换结束(End Of Conversion,EOC)标志将被置位。如果设置了转换结束中断使能(End Of Conversion Interrupt Enable,EOCIE),则会产生中断。然后 ADC 将停止,直到下次启动。

接下来介绍执行规则通道的单次转换时需要用到的 ADC 寄存器。第一个要介绍的是 ADC 控制寄存器(ADC_CR1 和 ADC_CR2)。ADC_CR1 的各位描述如图 9.1 所示。

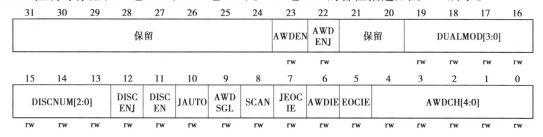

图 9.1　ADC_CR1 寄存器各位描述

本章仅对要用到的位进行针对性的介绍,详细的说明及介绍,请参考《STM32 中文参考手册 V10》P155 第 11 章的相关章节。

ADC_CR1 的 SCAN 位用于设置扫描模式。该模式可以通过软件进行设置和清除,如果设置为 1,则使用扫描模式,如果设置为 0,则关闭扫描模式。在扫描模式下,由 ADC_SQRx 或 ADC_JSQRx 寄存器选中的通道被转换。如果设置了转换结束中断使能或注入通道转换结束中断使能位(Injected End Of Conversion Interrupt Enable,JEOCIE),只在最后一个通道转换完毕后才会产生 EOC 或注入通道转换结束(JEOC Interrupt,JEOC)中断。

ADC_CR1[19:16]位用于设置 ADC 的操作模式,详细的对应关系如图 9.2 所示。

设置 ADC_CR1[19:16]位为 0,即独立模式。对于 ADC_CR2 的各位描述如图 9.3 所示。

该寄存器也只针对性地介绍一些位:ADON 位用于开关 AD 转换器。而 CONT 位用于设置是否进行连续转换,使用单次转换,所以 CONT 位必须为 0。校准位(Calibration,CAL)和重置校准位(Reset Calibration,RSTCAL)用于 AD 校准。数据对齐位(Alignment,ALIGN)用于设置数据对齐,使用右对齐,该位设置为 0。

EXTSEL[2:0]位用于选择启动规则转换组转换的外部事件,详细的设置关系如图 9.4 所示。

位19:16	DUALMOD[3:0]：双模式选择
	软件使用DUALMOD[3:0]位选择操作模式
	0000：独立模式
	0001：混合的同步规则+注入同步模式
	0010：混合的同步规则+交替触发模式
	0011：混合同步注入+快速交替模式
	0100：混合同步注入+慢速交替模式
	0101：注入同步模式
	0110：规则同步模式
	0111：快速交替模式
	1000：慢速交替模式
	1001：交替触发模式
	注：在ADC2和ADC3中这些位为保留位
	在双模式中，改变通道的配置会产生一个重新开始的条件，这将导致同步丢失。建议在进行任何配置改变前关闭双模式

图 9.2　ADC 操作模式

图 9.3　ADC_CR2 寄存器操作模式

位19: 17	EXTSEL[2:0]：选择启动规则通道组转换的外部事件
	EXTSEL[2:0]位选择用于启动规则通道组转换的外部事件
	ADC1和ADC2的触发配置如下
	000：定时器1的CC1事件　　　100：定时器3的TRGO事件
	001：定时器1的CC2事件　　　101：定时器4的CC4事件
	010：定时器1的CC3事件　　　110：EXTI线11/TIM8_TRGO，
	仅大容量产品具有TIM8_TRGO功能
	011：定时器2的CC2事件　　　111：SWSTART
	ADC3的触发配置如下
	000：定时器3的CC1事件　　　100：定时器8的TRGO事件
	001：定时器2的CC3事件　　　101：定时器5的CC1事件
	010：定时器1的CC3事件　　　110：定时器5的CC3事件
	011：定时器8的CC1事件　　　111：SWSTART

图 9.4　ADC 选择启动规则转换事件设置

　　这里使用的是软件触发(Software Start,SWSTART)，所以设置这 3 个位为 111。ADC_CR2 的 SWSTART 位用于开始规则通道的转换,每次转换(单次转换模式下)都需要向该位写 1。模拟看门狗使能用于使能温度传感器(TempSensor)和内部参考电压(Vrefint)。STM32 内部的温度传感器将在下一节介绍。

　　第二个要介绍的是 ADC 采样事件寄存器(ADC_SMPR1 和 ADC_SMPR2),这两个寄存器用于设置通道 0～17 的采样时间,每个通道占用 3 个位。ADC_SMPR1 的各位描述如图 9.5 所示。

31	30	29	28	27	26	25	24	23	22	21	20	19	18	17	16
保留								SMP17[2:0]			SMP16[2:0]			SMP15[2:1]	
					rw	rw	rw	rw	rw	rw	rw	rw	rw	rw	rw

15	14	13	12	11	10	9	8	7	6	5	4	3	2	1	0
SMP 15_0	SMP14[2:0]			SMP13[2:0]			SMP12[2:0]			SMP11[2:0]			SMP10[2:0]		
rw	rw	rw	rw	rw	rw	rw	rw	rw	rw	rw	rw	rw	rw	rw	rw

位31:24	保留。必须保持为0
位23:0	SMPx[2:0]：选择通道x的采样时间 SMPx[2:0]位用于独立地选择每个通道的采样时间。在采样周期中通道选择位必须保持不变 000：1.5周期　　　　　　100：41.5周期 001：7.5周期　　　　　　101：55.5周期 010：13.5周期　　　　　110：71.5周期 011：28.5周期　　　　　111：239.5周期 注： –ADC1模拟输入通道16和通道17在芯片内部分别连到了温度传感器和VREFINT –ADC2的模拟输入通道16和通道17在芯片内部连到了VSS –ADC3模拟输入通道14，15，16，17与Vss相连

图 9.5　ADC_SMPR1 寄存器各位描述

ADC_SMPR2 的各位描述如图 9.6 所示。

31	30	29	28	27	26	25	24	23	22	21	20	19	18	17	16
保留		SMP9[2:0]			SMP8[2:0]			SMP7[2:0]			SMP6[2:0]			SMP5[2:0]	
		rw	rw	rw	rw	rw	rw	rw	rw	rw	rw	rw	rw	rw	rw

15	14	13	12	11	10	9	8	7	6	5	4	3	2	1	0
SMP 5_0	SMP4[2:0]			SMP3[2:0]			SMP2[2:0]			SMP1[2:0]			SMP0[2:0]		
rw	rw	rw	rw	rw	rw	rw	rw	rw	rw	rw	rw	rw	rw	rw	rw

位31:30	保留。必须保持为0
位29:0	SMPx[2:0]：选择通道x的采样时间 SMPx[2:0]位用于独立地选择每个通道的采样时间。在采样周期中通道选择位必须保持不变 000：1.5周期　　　　　　100：41.5周期 001：7.5周期　　　　　　101：55.5周期 010：13.5周期　　　　　110：71.5周期 011：28.5周期　　　　　111：239.5周期 注：ADC3模拟输入通道9与Vss相连

图 9.6　ADC_SMPR2 寄存器各位描述

对于每个要转换的通道,采样时间建议尽量长一点,以获得较高的准确度,但这样会降低 ADC 的转换速率。ADC 的转换时间计算公式如下：

$$T_{covn} = 采样时间 + 12.5 \text{ 个周期}$$

其中, T_{covn} 为总转换时间,采样时间是根据每个通道的采样时间(Symmetric Multi-Processing, SMP)位的设置来决定的。例如,当 ADCCLK = 14 MHz,并设置 1.5 个周期的采样时间,则得到： $T_{covn} = 1.5 + 12.5 = 14$ 个周期 = 1 μs。

第三个要介绍的是 ADC 规则序列寄存器(ADC_SQR1 ~ 3),该寄存器共有 3 个,且功能都比较类似,这里仅介绍 ADC_SQR1,该寄存器的各位描述如图9.7所示。

31	30	29	28	27	26	25	24	23	22	21	20	19	18	17	16
保留								L[3:0]				SQ16[4:1]			
								rw	rw	rw	rw	rw	rw	rw	rw

15	14	13	12	11	10	9	8	7	6	5	4	3	2	1	0
SQ16_0	SQ15[4:0]						SQ14[4:0]					SQ13[4:0]			
rw	rw	rw	rw	rw	rw	rw	rw	rw	rw	rw	rw	rw	rw	rw	rw

位31:24	保留。必须保持为0
位23:20	L[3:0]:规则通道序列长度 L[3:0]位定义了在规则通道转换序列中的转换总数 0000:1个转换 0001:2个转换 …… 1111:16个转换
位19:15	SQ16[4:0]:规则序列中的第16个转换 这些位定义了转换序列中的第16个转换通道的编号(0~17)
位14:10	SQ15[4:0]:规则序列中的第15个转换
位9:5	SQ14[4:0]:规则序列中的第14个转换
位4:0	SQ13[4:0]:规则序列中的第13个转换

图9.7　ADC_SQR1 寄存器各位描述

L[3:0]位用于存储规则序列的长度,这里只用了1个,所以设置这个位的值为0。其他 SQ13—16 则存储规则序列中第13—16 通道的编号(编号范围:0~17)。在单次转换的模式下,只有一个通道在规则序列中,即 SQ1,它通过 ADC_SQR3 的最低5位(也就是 SQ1)设置。

第四个要介绍的是 ADC 规则数据寄存器(ADC_DR)。规则序列中的 ADC 转换结果都被储存在这个寄存器中,而注入通道的转换结果则被储存在 ADC_JDRx 中。ADC_DR 的各位描述如图9.8所示。

31	30	29	28	27	26	25	24	23	22	21	20	19	18	17	16
ADC2DATA[15:0]															
r	r	r	r	r	r	r	r	r	r	r	r	r	r	r	r

15	14	13	12	11	10	9	8	7	6	5	4	3	2	1	0
DATA[15:0]															
r	r	r	r	r	r	r	r	r	r	r	r	r	r	r	r

位31:16	ADC2DATA[15:0]:ADC2转换的数据 -在ADC1中:双模式下,ADC2DATA[15:0]位包含了ADC2转换的规则通道数据。 -在ADC2中:不用ADC2DATA[15:0]位
位15:0	DATA[15:0]:规则转换的数据 DATA[15:0]位为只读,包含了规则通道的转换结果。

图9.8　ADC_ADRx 寄存器各位描述

需要注意的是,该寄存器的数据可以通过 ADC_CR2 的对齐(Alignment,ALIGN)位设置左对齐或右对齐,以确保数据的准确性和完整性。

最后要介绍的是 ADC 状态寄存器(ADC_SR),该寄存器保存了 ADC 转换时的各种状态。该寄存器的各位描述如图9.9所示。

在单次转换模式下,要用到的是 EOC 位,通过判断该位来决定此次规则通道的 AD 转换

31	30	29	28	27	26	25	24	23	22	21	20	19	18	17	16
保留															

15	14	13	12	11	10	9	8	7	6	5	4	3	2	1	0
保留											STRT	JSTRT	JEOC	EOC	AWD
											rw	rw	rw	rw	rw

位31:15	保留。必须保持为0
位4	STRT：规则通道开始位 该位由硬件在规则通道转换开始时设置，由软件清除 0：规则通道转换未开始 1：规则通道转换已开始
位3	JSTRT：注入通道开始位 该位由硬件在注入通道组转换开始时设置，由软件清除 0：注入通道转换未开始 1：注入通道转换已开始
位2	JEOC：注入通道转换结束位 该位由硬件在所有注入通道组转换结束时设置，由软件清除 0：转换未完成 1：转换已完成
位1	EOC：转换结束位 该位由硬件在（规则或注入）通道组转换结束时设置，由软件清除或由读取ADC_DR时清除 0：转换未完成 1：转换已完成
位0	AWD：模拟看门狗使能标志位 该位由硬件在转换的电压值超出了ADC_LTR和ADC_HTR寄存器定义的范围时设置，由软件清除 0：未发生模拟看门狗事件 1：已发生模拟看门狗事件

图 9.9　ADC_SR 寄存器各位描述

是否已经完成,如果已经完成,就从 ADC_DR 中读取转换结果,否则需等待转换完成。

通过对以上寄存器的介绍,了解了 STM32 的单次转换模式下的相关设置。下面介绍使用库函数的函数来设定使用 ADC1 的通道 1 进行 AD 转换。需要说明,使用到的库函数在 stm32f10x_adc.c 文件和 stm32f10x_adc.h 文件中。下面讲解其详细设置步骤:

1)开启 PA 口(端口 A)和 ADC1 时钟,设置 PA1 为模拟输入

STM32F103RCT6 的 ADC 通道 1 在 PA1 上,因此,要先设置使能 PA 口的时钟,然后设 PA1 为模拟输入。使能 GPIOA 和 ADC 时钟用 RCC_APB2PeriphClockCmd 函数,设置 PA1 的输入方式,使用 GPIO_Init 函数即可。这里列出了 STM32 的 ADC 通道与 GPIO 对应表,见表 9.1。

表 9.1　STM32 的 ADC 通道与 GPIO 对应表

通道	ADC1	ADC2	ADC3
通道 0	PA0	PA0	PA0
通道 1	PA1	PA1	PA1

续表

通道	ADC1	ADC2	ADC3
通道 2	PA2	PA2	PA2
通道 3	PA3	PA3	PA3
通道 4	PA4	PA4	PF6
通道 5	PA5	PA5	PF7
通道 6	PA6	PA6	PF8
通道 7	PA7	PA7	PF9
通道 8	PB0	PB0	PF10
通道 9	PB1	PB1	
通道 10	PC0	PC0	PC0
通道 11	PC1	PC1	PC1
通道 12	PC2	PC2	PC2
通道 13	PC3	PC3	PC3
通道 14	PC4	PC4	
通道 15	PC5	PC5	
通道 16	温度传感器		
通道 17	内部参照电压		

2）复位 ADC1，同时设置 ADC1 分频因子

开启 ADC1 时钟后，要复位 ADC1，需将 ADC1 的全部寄存器重设为缺省值，然后就可以通过 RCC_CFGR 设置 ADC1 的分频因子。分频因子要确保 ADC1 的时钟（ADC CLK）不超过 14 MHz。将该分频因子位设置为 6，那么时钟频率为 72/6＝12 MHz，库函数的实现方法是：

```
RCC_ADCCLKConfig( RCC_PCLK2_Div6) ;
```

I∕ADC 时钟复位的方法是：

```
ADC_DeInit( ADC1) ;
```

这个函数非常容易理解，即复位指定的 ADC。

3）初始化 ADC1 参数，设置 ADC1 的工作模式以及规则序列的相关信息

在设置完分频因子后，就可以开始 ADC1 的模式配置，设置单次转换模式、触发方式选择、数据对齐方式等都在这一步实现。同时，还要设置 ADC1 规则序列的相关信息，这里只有一个通道，并且是单次转换的，所以设置规则序列中通道数为 1。这些功能在库函数中是通过函数 ADC_Init 实现的，其定义如下：

```
void ADC_Init( ADC_TypeDef * ADCx, ADC_InitTypeDef * ADC_InitStruct);
```

从函数定义可以看出,第一个参数是指定 ADC 序号。第二个参数,与其他外设初始化相同,是通过设置结构体成员变量的值来设定参数。

```
typedef struct
    {
    uint32_t ADC_Mode;
    FunctionalState ADC_ScanConvMode;
    FunctionalState ADC_ContinuousConvMode;
    uint32_t ADC_ExternalTrigConv;
    uint32_t ADC_DataAlign;
    uint8_t ADC_NbrOfChannel;
    } ADC_InitTypeDef;
```

参数 ADC_Mode 用于设置 ADC 的模式。前文讲解过,ADC 的模式非常多,包括独立模式、注入同步模式等。这里选择独立模式,参数为 ADC_Mode_Independent。

参数 ADC_ScanConvMode 用于设置是否开启扫描模式。

参数 ADC_ContinuousConvMode 用于设置是否开启连续转换模式,因为是单次转换模式,所以选择不开启连续转换模式,选择 DISABLE(不开启)即可。

参数 ADC_ExternalTrigConv 用于设置启动规则转换组转换的外部事件,这里选择软件触发,选择值为 ADC_ExternalTrigConv_None 即可。

参数 DataAlign 用于设置 ADC 数据的对齐方式是左对齐还是右对齐,这里选择右对齐方式 ADC_DataAlign_Right。

参数 ADC_NbrOfChannel 用于设置规则序列的长度,实验只开启一个通道,所以值为 1 即可。

通过上面对每个参数的讲解,下面来看看 ADC 的初始化范例:

```
ADC_InitTypeDef ADC_InitStructure;
ADC_InitStructure. ADC_Mode = ADC_Mode_Independent; //ADC 工作模式:独立模式
ADC_InitStructure. ADC_ScanConvMode = DISABLE; //AD 单通道模式
ADC_InitStructure. ADC_ContinuousConvMode = DISABLE; //AD 单次转换模式
ADC_InitStructure. ADC_ExternalTrigConv = ADC_ExternalTrigConv_None;
//转换由软件而不是外部触发启动
ADC_InitStructure. ADC_DataAlign = ADC_DataAlign_Right; //ADC 数据右对齐
ADC_InitStructure. ADC_NbrOfChannel = 1;
//顺序进行规则转换的 ADC 通道的数目 1
ADC_Init( ADC1, &ADC_InitStructure);
//根据指定的参数初始化外设 ADCx
```

4) 使能 ADC 并校准

设置完了以上信息后,先使能 AD 转换器,再执行复位校准和 AD 校准,注意,这两步是必需的,如不校准,将导致结果不准确。

使能指定 ADC 的方法是:

ADC_Cmd(ADC1,ENABLE);∥使能指定的 ADC1 执行

复位校准的方法是:

ADC_ResetCalibration(ADC1);

执行 ADC 校准的方法是:

ADC_StartCalibration(ADC1);∥开始指定 ADC1 的校准状态

注意,每次进行校准后要等待校准结束,下面列出复位校准和 AD 校准的等待结束方法:

while(ADC_GetResetCalibrationStatus(ADC1));∥等待复位校准结束
while(ADC_GetCalibrationStatus(ADC1));∥等待 AD 校准结束

5)读取 ADC 值

上述校准完成后,ADC 准备完毕。接下来设置规则序列 1 里面的通道、采样顺序,以及通道的采样周期,然后启动 ADC 转换。转换结束后,读取 ADC 转换结果值即可。这里设置规则序列通道以及采样周期的函数是:

void ADC_RegularChannelConfig(ADC_TypeDef ∗ ADCx,uint8_t ADC_Channel,uint8_t Rank,uint8_t ADC_SampleTime);

这是规则序列中的第 1 个转换,采样周期为 239.5,设置为:

ADC_RegularChannelConfig(ADC1,ch,1,ADC_SampleTime_239Cycles5);

软件开启 ADC 转换的方法是:

ADC_SoftwareStartConvCmd(ADC1,ENABLE);∥使能指定的 ADC1 的软件转换

启动功能开启转换后,就可以获取转换后的 ADC 结果数据,方法是:

ADC_GetConversionValue(ADC1);

在 AD 转换中,还要根据状态寄存器的标志位来获取 AD 转换的各个状态信息。库函数获取 AD 转换的状态信息的函数是:

FlagStatus ADC_GetFlagStatus(ADC_TypeDef ∗ ADCx,uint8_t ADC_FLAG)

如要判断 ADC1 的转换是否结束,方法是:

while(! ADC_GetFlagStatus(ADC1,ADC_FLAG_EOC));∥等待转换结束

通过以上几个步骤的设置,就能正常使用 STM32 的 ADC1 来执行 AD 转换操作。这里需要说明 ADC 的参考电压,主控模块板上的 ARM 核心板使用的是 STM32F103RCT6,该芯片没有外部参考电压引脚,ADC 的参考电压直接取自模拟电源引脚(Analog Power Supply Pin,VDDA),也就是 3.3 V。

9.2　硬件设计

本实验用到的硬件资源有 ARM 板上的指示灯 DS0、TFT LCD 模块、ADC 和杜邦线。

前面两个均已介绍过,而 ADC 属于 STM32 内部资源,实际上只需要软件设置就可以正常工作。但需要在外部连接其端口到被测电压上,以读取外部电压值。本章通过 ADC1 的通道 1(PA1)来读取外部电压值。ARM 板上的核心板没有设计参考电压源,但是板上有一个"特殊接口模块"可以提供测试的地方,一个是 3.3 V 电源,另一个是 GND。

注意:这里不能接到板上的 5 V 电源上去测试,否则可能会烧坏 ADC。

因为要连接到其他地方测试电压,所以需要一根杜邦线,或者自备的连接线。一头插在 PA1 排针上,另外一头接测试的电压点(确保该电压不大于 3.3 V)。如果是测量外部电压,还需要与开发板共地,开发板上有很多 GND 的排针,随便连接一个共地即可。

9.3　软件设计

打开 ADC 转换实验,可以看到工程中新增了一个 adc. c 文件和 adc. h 文件。ADC 相关的库函数是在 stm32f10x_adc. c 文件和 stm32f10x_adc. h 文件中。

打开 adc. c,可以看到代码如下:

```
//初始化 ADC
//这里仅以规则通道为例
//默认将开启通道 0 ~3
voidAdc_Init( void)
{
    ADC_InitTypeDef
    ADC_InitStructure;
    GPIO_InitTypeDef
    GPIO_InitStructure;
    RCC_APB2PeriphClockCmd( RCC_APB2Periph_GPIOA |
    RCC_APB2Periph_ADC1,ENABLE);          //使能 ADC1 通道时钟
    RCC_ADCCLKConfig( RCC_PCLK2_Div6);    //设置 ADC 分频因子 6
    //72 M/6 =12,ADC 最大时间不能超过 14 M
    //PA1 作为模拟通道输入引脚
    GPIO_InitStructure. GPIO_Pin =GPIO_Pin_1;
    GPIO_InitStructure. GPIO_Mode = GPIO_Mode_AIN;//模拟输入
    GPIO_Init( GPIOA,&GPIO_InitStructure);       //初始化 GPIOA.1
```

```
ADC_DeInit(ADC1);//复位 ADC1,将外设 ADC1 的全部寄存器重设为缺省值
ADC_InitStructure.ADC_Mode = ADC_Mode_Independent;          //ADC 独立模式
ADC_InitStructure.ADC_ScanConvMode = DISABLE;               //单通道模式
ADC_InitStructure.ADC_ContinuousConvMode = DISABLE;         //单次转换模式
ADC_InitStructure.ADC_ExternalTrigConv = ADC_ExternalTrigConv_None;
//软件而不是外部触发启动

ADC_InitStructure.ADC_DataAlign = ADC_DataAlign_Right;      //ADC 数据右对齐
ADC_InitStructure.ADC_NbrOfChannel = 1;
//顺序进行规则转换的 ADC 通道的数目
ADC_Init(ADC1,&ADC_InitStructure);              //根据指定的参数初始化外设 ADCx
ADC_Cmd(ADC1,ENABLE);                           //使能指定的 ADC1
ADC_ResetCalibration(ADC1);                     //开启复位校准
while(ADC_GetResetCalibrationStatus(ADC1));     //等待复位校准结束
ADC_StartCalibration(ADC1);                     //开启 AD 校准
while(ADC_GetCalibrationStatus(ADC1));          //等待校准结束
}
//获得 ADC 值
//ch:通道值 0~3
u16 Get_Adc(u8 ch)
{
//设置指定 ADC 的规则组通道,设置转化顺序和采样时间
ADC_RegularChannelConfig(ADC1,ch,1,ADC_SampleTime_239Cycles5);//通道1
//规则采样顺序值为1,采样时间为239.5 周期
ADC_SoftwareStartConvCmd(ADC1,ENABLE);//使能指定的 ADC1 的软件转换功能
while(! ADC_GetFlagStatus(ADC1,ADC_FLAG_EOC));//等待转换结束
return ADC_GetConversionValue(ADC1);//返回最近一次 ADC1 规则组的转换结果
}
u16 Get_Adc_Average(u8 ch,u8 times)
{
    u32 temp_val=0;
    u8 t;
    for(t=0;t<times;t++)
    {temp_val+=Get_Adc(ch);delay_ms(5);
    }
    return temp_val/times;
}
```

此部分代码有 3 个函数,Adc_Init 函数用于初始化 ADC1。这里基本上是按上述步骤来

初始化的,仅开通了 1 个通道,即通道 1。第二个函数 Get_Adc,用于读取某个通道 ADC 值,例如读取通道 1 上的 ADC 值,就可以通过 Get_Adc(1)得到。最后一个函数 Get_Adc_Average 用于多次获取 ADC 值,并取平均值,以提高准确度。

看完 adc.c 文件代码,可以发现头文件 adc.h 的代码很简单,主要是函数声明,这里就不再赘述。主函数内容如下:

```
int main(void)
{
    u16 adcx;
    float temp;
    delay_init();                  //延时函数初始化
    uart_init(9600);               //串口初始化为 9 600
    LED_Init();                    //初始化与 LED 连接的硬件接口
    LCD_Init();
    Adc_Init();                    //ADC 初始化
    POINT_COLOR=RED;               //设置字体为红色
    LCD_ShowString(60,50,200,16,16," Frun STM32 ");
    LCD_ShowString(60,70,200,16,16," ADC TEST ");
    LCD_ShowString(60,90,200,16,16,"@ Frun ");
    LCD_ShowString(60,110,200,16,16,"2019/8/1 ");
    //显示提示信息
    POINT_COLOR=BLUE;              //设置字体为蓝色
    LCD_ShowString(60,130,200,16,16," ADC_CH0_VAL:");
    LCD_ShowString(60,150,200,16,16," ADC_CH0_VOL:0.000V ");
    while(1)
    {
        adcx=Get_Adc_Average(ADC_Channel_1,10);
        LCD_ShowxNum(156,130,adcx,4,16,0);    //显示 ADC 的值
        temp=(float)adcx*(3.3/4096);
        adcx=temp;
        LCD_ShowxNum(156,150,adcx,1,16,0);    //显示电压值
        temp-=adcx;
        temp*=1000;
        LCD_ShowxNum(172,150,temp,3,16,0X80);
        LED0=!LED0;
        delay_ms(250);
    }
}
```

此部分代码,在 TFT LCD 模块上显示一些提示信息后,将每隔 250 ms 读取一次 ADC 通

道 0 的值,并显示读到的 ADC 值(数字量),以及其转换成模拟量后的电压值。同时控制 LED0 闪烁,以提示程序正在运行。

9.4 下载验证

在代码编译成功后,下载代码到主控模块板上,如图 9.10 所示。

图 9.10 下载验证结果

如图 9.10 所示,将杜邦线分别接在主控模块上的"特殊接口模块"的 3.3 V 和 GND 引脚,得到的结果是 3.187 V 和 0.000 V,基本接近目标的实际电压值。

注意:这里一定不可以接到超过 3.3 V 的电压上,否则可能烧坏 ADC。

通过这一章的学习,了解了 STM32 ADC 的使用,但这只是 STM32 强大的 ADC 功能的部分应用展示。STM32 的 ADC 在诸多领域均有广泛应用,其 ADC 的 DMA 功能非常优秀。有兴趣的读者可深入研究 STM32 的 ADC 的功能,相信这会给以后的开发工作提供极大便利。

第 **10** 章

DAC 实验

上一章介绍了 STM32 的 ADC 使用,本章将介绍 STM32 的数模转换器(Digital-to-Analog Converter,DAC)功能,利用按键控制 STM32 内部 DAC1 来输出电压,通过 ADC1 的通道 1 采集 DAC 的输出电压,在 LCD 模块上面显示 ADC 获取到的电压值以及 DAC 的设定输出电压值等信息。

10.1 STM32 DAC 简介

大容量的 STM32F103 配备了内部 DAC,主控模块选择的是 STM32F103RCT6,此主控属于大容量产品,所以是带有 DAC 模块的。

STM32 的 DAC 模块(数字/模拟转换模块)是一个 12 位数字输入、电压输出型的 DAC。DAC 可以配置为 8 位或 12 位模式,还可以与 DMA 控制器配合使用。DAC 工作在 12 位模式时,数据可以设置成左对齐或右对齐。DAC 模块有 2 个输出通道,每个通道都有单独的转换器。在双 DAC 模式下,2 个通道可以独立地进行转换,还可以同时进行转换并同步地更新 2 个通道的输出。

STM32 的 DAC 模块主要特点有:

①2 个 DAC 转换器:每个转换器对应 1 个输出通道;

②8 位或者 12 位单调输出;

③12 位模式下,数据左对齐或者右对齐;

④同步更新功能;

⑤噪声波形生成;

⑥三角波形生成;

⑦双 DAC 通道同时或者分别转换;

⑧每个通道都有 DMA 功能。

单个 DAC 通道的框图,如图 10.1 所示,芯片的模拟正电压 V_{DDA} 和芯片的模拟负电压(Analog VSS,VSSA)为 DAC 模块模拟部分的供电引脚。V_{ref+} 是参考电压输入引脚,但在 STM32F103RCT6 64 引脚封装中,没有 V_{ref} 引脚,参考电压直接来自 V_{DDA},即固定为 3.3 V。

DAC_OUTx 就是 DAC 的输出通道了(对应 PA4 或者 PA5 引脚)。DAC 的输出是受 DORx 寄存器直接控制的,但是用户不能直接往 DORx 寄存器写入数据,而要通过 DHRx 间接地传给 DORx 寄存器,实现对 DAC 输出的控制。前面提到,STM32 的 DAC 支持 8 位或 12 位模式。在 8 位模式下,数据是固定的右对齐,而在 12 位模式下,数据可以设置左对齐或右对齐。单 DAC 通道 x,总共有 3 种情况:

①8 位数据右对齐:用户将数据写入 DAC_DHR8Rx[7:0]位(实际是存入 DHRx[11:4]位)。

②12 位数据左对齐:用户将数据写入 DAC_DHR12Lx[15:4]位(实际是存入 DHRx[11:0]位)。

③12 位数据右对齐:用户将数据写入 DAC_DHR12Rx[11:0]位(实际是存入 DHRx[11:0]位)。

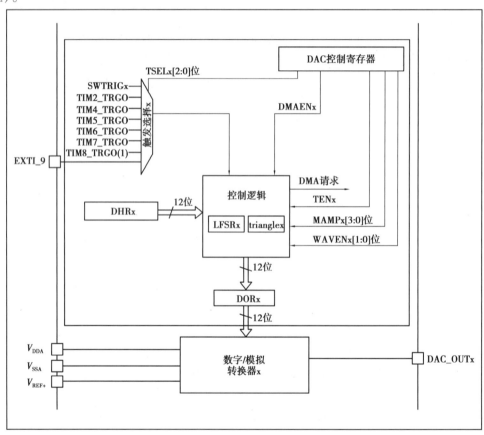

图 10.1　DAC 通道模块框图

本章使用的是单 DAC 通道 1,并采用 12 位右对齐格式,所以采用第③种情况。如果没有选中硬件触发(寄存器 DAC_CR1 的 TENx 位置 0),存入寄存器 DAC_DHRx 的数据则会在一个 APB1 时钟周期后自动传至寄存器 DAC_DORx。如果选中硬件触发(即寄存器 DAC_CR1 的 TENx 位置 1),数据传输则会在触发发生后 3 个 APB1 时钟周期后完成。一旦数据从 DAC_DHRx 寄存器装入 DAC_DORx 寄存器,在经过建立时间($t_{SETTLING}$)之后,输出即有效。这段时间的长短依电源电压和模拟输出负载的不同会有所变化。可以从 STM32F103RCT6 的数据手

册查到 $t_{SETTLING}$ 的典型值为 3 μs,最大为 4 μs。所以 DAC 的转换速度最快约为 250 kHz。

本章将不使用硬件触发(TEN=0),其转换的时间框图如图 10.2 所示。

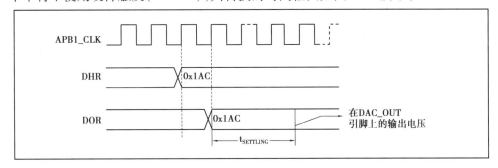

图 10.2 TEN=0 时 DAC 模块转换时间框图

当 DAC 的参考电压 Vref+设定为 3.3 V(针对 STM32F103RC 而言),DAC 的输出电压是线性的,在 0 ~ V_{ref+} 范围内,12 位模式下 DAC 输出电压与 V_{ref+} 以及 DORx 的计算公式如下:

$$DACx 输出电压 = V_{ref+} * (DORx/4095)$$

接下来介绍实现 DAC 的通道 1 输出,需要用到的一些寄存器,首先是 DAC 控制寄存器 DAC_CR,该寄存器的各位描述如图 10.3 所示。

31	30	29	28	27	26	25	24	23	22	21	20	19	18	17	16
保留			DMAEN2	MAMP[3:0]				WAVE2[2:0]		TSEL2[2:0]			TEN2	BOFF2	EN2
			rw	rw	rw	rw	rw	rw	rw	rw	rw	rw	rw	rw	rw	rw

15	14	13	12	11	10	9	8	7	6	5	4	3	2	1	0
保留			DMAEN1	MAMP[3:0]				WAVE1[2:0]		TSEL1[2:0]			TEN1	BOFF1	EN1
			rw	rw	rw	rw	rw	rw	rw	rw	rw	rw	rw	rw	rw	rw

图 10.3 寄存器 DAC_CR 各位描述

DAC_CR 的低 16 位用于控制通道 1,而高 16 位用于控制通道 2,这里仅列出比较重要的最低 8 位的详细描述,如图 10.4 所示。

首先,介绍 DAC 通道 1 使能位(EN1),该位用于控制 DAC 通道 1 的使能,本章使用的是 DAC 通道 1,所以设置该位为 1。

再介绍 DAC 通道 1 输出缓存控制位(BOFF1)。由于 STM32 的 DAC 输出缓存存在不足,如果使能,虽然输出能力强,但是输出没法到 0 V,这是个很严重的问题。因此,本章不使用输出缓存,即设置该位为 1。

DAC 通道 1 触发使能位(TEN1),该位用于控制是否使用触发,这里不使用触发,所以设置该位为 0。

DAC 通道 1 触发选择位(TSEL1[2:0]),这里没用到外部触发,所以设置这几个位为 0。

DAC 通道 1 噪声/三角波生成使能位(WAVE1[1:0]),这里同样没用到波形发生器,故也设置为 0。

DAC 通道 1 屏蔽/复制选择器(MAMP[3:0]),这些位仅在使用了波形发生器时有用,本章没有用到波形发生器,故设置为 0。

最后是 DAC 通道 1 的 DMA 使能位(DMAEN1)。由于本章没有使用 DMA 功能,因此设置为 0。

位7:6	WAVE1[1:0]：DAC通道1噪声/三角波生成使能（DAC channel1 noise/triangle wave generation enable） 该2位由软件设置和清除 00：关闭波形生成 10：使能噪声波形发生器 1x：使能三角波发生器
位5:3	TSEL1[2:0]：DAC通道1触发选择（DAC channel1 trigger selection） 该位用于选择DAC通道1的外部触发事件 000：TIM6 TRGO事件 001：对于互联型产品是TIM3 TRGO事件，对于大容量产品是TIM8 TRGO事件 010：TIM7 TRGO事件 011：TIM5 TRGO事件 100：TIM2 TRGO事件 101：TIM4 TRGO事件 110：外部中断线9 111：软件触发 注意：该位只能在TEN1=1（DAC通道1触发使能）时设置
位2	TEN1：DAC通道1触发使能（DAC channel1 trigger enable） 该位由软件设置和清除，用来使能/关闭DAC通道1的触发 0：关闭DAC通道1触发，写入寄存器DAC_DHRx的数据在1个APB1时钟周期后传入寄存器DAC_DOR1 1：使能DAC通道1触发，写入寄存器DAC_DHRx的数据在3个APB1时钟周期后传入寄存器DAC_DOR1 注意：如果选择软件触发，写入寄存器DAC_DHRx的数据只需要1个APB1时钟周期就可以传入寄存器DAC_DOR1
位1	BOFF1：关闭DAC通道1输出缓存（DAC channel1 output buffedisable） 该位由软件设置和清除，用来使能/关闭DAC通道1的输出缓存 0：使能DAC通道1输出缓存 1：关闭DAC通道1输出缓存
位0	EN1：DAC通道1使能（DAC channel1 enable） 该位由软件设置和清除，用来使能/失能DAC通道1 0：关闭DAC通道1 1：使能DAC通道1

图 10.4 寄存器 DAC_CR 低 8 位详细描述

通道 2 的情况和通道 1 相同，这里就不再赘述。DAC_CR 设置好后，DAC 就可以正常工作。此时，仅需要再设置 DAC 的数据保持寄存器的值，就可以在 DAC 输出通道得到所需电压（对应 I/O 口设置为模拟输入）。本章使用的是 DAC 通道 1 的位右对齐数据保持寄存器：DAC_DHR12R1，该寄存器各位描述如图 10.5 所示。

31	30	29	28	27	26	25	24	23	22	21	20	19	18	17	16
							保留								

15	14	13	12	11	10	9	8	7	6	5	4	3	2	1	0
	保留							DACC1DHR[11:0]							
				rw	rw	rw	rw	rw	rw	rw	rw	rw	rw	rw	rw

位31:12	保留
位11:0	DACC1DHR[11:0]：DAC通道1的12位右对齐数据（DAC channel1 12-bit right-aligned data） 该位由软件写入，表示DAC通道1的12位数据

图 10.5 寄存器 DAC_DHR12R1 各位描述

该寄存器用来设置 DAC 输出,通过写入 12 位数据到该寄存器,就可以在 DAC 输出通道 1(PA4)得到所要的结果。

通过以上介绍,了解了 STM32 实现 DAC 输出的相关设置,本章将使用库函数的方法,设置 DAC 模块的通道 1 来输出模拟电压,详细设置步骤如下:

1)开启 PA 口时钟,设置 PA4 为模拟输入

STM32F103RCT6 的 DAC 通道 1 在 PA4 引脚上。因此在配置 DAC 之前,要先使能 PORTA 的时钟,然后设置 PA4 为模拟输入。尽管 DAC 本身是用于输出的,但是为了避免额外的干扰,应将相应的 GPIO 引脚设置为模拟输入。因为,一旦使能 DACx 通道后,相应的 GPIO 引脚(PA4 或者 PA5)会自动与 DAC 的模拟输出相连。

使能 GPIOA 时钟:

RCC_APB2PeriphClockCmd(RCC_APB2Periph_GPIOA,ENABLE); // 使能 PORTA

设置 PA1 为模拟输入只需要设置初始化参数即可:

GPIO_InitStructure.GPIO_Mode = GPIO_Mode_AIN; // 模拟输入

2)使能 DAC1 时钟

同其他外设一样,在使用前必须先开启相应的时钟。STM32 的 DAC 模块时钟是由 APB1 提供的,所以调用函数 RCC_APB1PeriphClockCmd()设置 DAC 模块的时钟使能。

RCC_APB1PeriphClockCmd(RCC_APB1Periph_DAC,ENABLE); // 使能 DAC 通道时钟

3)初始化 DAC,设置 DAC 的工作模式

该部分设置全部通过 DAC_CR 设置实现,包括 DAC 通道 1 使能、DAC 通道 1 输出缓存关闭、不使用触发、不使用波形发生器等设置。这里 DMA 初始化是通过函数 DAC_Init 完成的:

void DAC_Init(uint32_t DAC_Channel,DAC_InitTypeDef * DAC_InitStruct)

跟前面一样,首先来看看参数设置结构体类型 DAC_InitTypeDef 的定义:

```
typedef struct
{
    uint32_t DAC_Trigger;
    uint32_t DAC_WaveGeneration;
    uint32_t DAC_LFSRUnmask_TriangleAmplitude;
    uint32_t DAC_OutputBuffer;
}DAC_InitTypeDef;
```

这个结构体的定义比较简单的,只有 4 个成员变量,讲解如下:

第一个参数 DAC_Trigger 用于设置是否使用触发功能,前面已经讲解过这个的含义,这里不使用触发功能,所以值为 DAC_Trigger_None。

第二个参数 DAC_WaveGeneratio 用于设置是否使用波形发生,前面讲解过不使用触发功能,所以值为 DAC_WaveGeneration_None。

第三个参数 DAC_LFSRUnmask_TriangleAmplitude 用于设置屏蔽/幅值选择器,这个变量

只有在使用波形发生器的时候才有用,这里设置为 0 即可,值为 DAC_LFSRUnmask_Bit0。

第四个参数 DAC_OutputBuffer 用于设置输出缓存控制位,前面提到无须使用输出缓存,所以值为 DAC_OutputBuffer_Disable。

至此 4 个参数设置完毕。实例代码如下:

```
DAC_InitTypeDef DAC_InitType;
DAC_InitType. DAC_Trigger = DAC_Trigger_None; // 不使用触发功能 TEN1 = 0
DAC_InitType. DAC_WaveGeneration = DAC_WaveGeneration_None; // 不使用波形发生
DAC_InitType. DAC_LFSRUnmask_TriangleAmplitude = DAC_LFSRUnmask_Bit0;
DAC_InitType. DAC_OutputBuffer = DAC_OutputBuffer_Disable; // DAC1 输出缓存关闭
DAC_Init( DAC_Channel_1 ,&DAC_InitType); // 初始化 DAC 通道 1
```

4) 使能 DAC 转换通道

初始化 DAC 后,要使能 DAC 转换通道,库函数方法是:

```
DAC_Cmd( DAC_Channel_1 , ENABLE); // 使能 DAC1
```

5) 设置 DAC 的输出值

通过前面 4 个步骤的设置,DAC 就可以开始工作。因为使用的是 12 位右对齐数据格式,所以通过设置 DHR12R1,就可以在 DAC 输出引脚(PA4)得到不同的电压值。库函数的函数是:

```
DAC_SetChannel1Data( DAC_Align_12b_R,0);
```

第一个参数设置对齐方式,可以为 12 位右对齐 DAC_Align_12b_R,12 位左对齐 DAC_Align_12b_L 以及 8 位右对齐 DAC_Align_8b_R 方式。

第二个参数是 DAC 的输入值,初始化设置为 0。

这里,还可以读出 DAC 的数值,函数是:

```
DAC_GetDataOutputValue( DAC_Channel_1);
```

设置和读出的对应关系很好理解,这里就不过多讲解。

最后需注意的是,MiniSTM32 开发板的参考电压直接为 V_{DDA},即 3.3 V。通过以上几个步骤的设置,可以正常使用 STM32 的 DAC 通道 1 来输出不同的模拟电压。

10.2 硬件设计

本章用到的硬件资源有 ARM 板上的指示灯 DS0、两个轻触按键、串口、TFT LCD 模块、ADC 和 DAC。

本章使用 DAC 通道 1 输出模拟电压,通过 ADC1 的通道 1 对该输出电压进行读取,并显示在 LCD 模块上面,DAC 的输出电压通过按键进行设置。

如果要用到 ADC 采集 DAC 的输出电压,就需要用杜邦线将 PA1 引脚和 PA4 引脚短接,同时还要接输入按键模块区域的杜邦线。

10.3　软件设计

打开光盘的 DAC 实验可以看到,项目中添加了 dac. c 文件以及头文件 dac. h。同时,ADC 相关的函数分布在固件库文件 stm32f10x_dac. c 文件和 stm32f10x_dac. h 头文件中。

打开 dac. c,代码如下:

```
#include "dac. h"

///////////////////////////////////////////////////////////
//DAC 代码
//DAC 通道 1 输出初始化
void Dac1_Init(void)
{
    GPIO_InitTypeDef GPIO_InitStructure;
    DAC_InitTypeDef DAC_InitType;

    RCC_APB2PeriphClockCmd(RCC_APB2Periph_GPIOA,ENABLE);
//使能 PORTA 通道时钟
    RCC_APB1PeriphClockCmd(RCC_APB1Periph_DAC,ENABLE);
//使能 DAC 通道时钟

    GPIO_InitStructure. GPIO_Pin = GPIO_Pin_4;              //端口配置
    GPIO_InitStructure. GPIO_Mode = GPIO_Mode_AIN;         //模拟输入
    GPIO_InitStructure. GPIO_Speed = GPIO_Speed_50MHz;
    GPIO_Init(GPIOA,&GPIO_InitStructure);
    GPIO_SetBits(GPIOA,GPIO_Pin_4);    //PA4 输出高

    DAC_InitType. DAC_Trigger = DAC_Trigger_None;    //不使用触发功能 TEN1 = 0
    DAC_InitType. DAC_WaveGeneration = DAC_WaveGeneration_None;
//不使用波形发生
    DAC_InitType. DAC_LFSRUnmask_TriangleAmplitude = DAC_LFSRUnmask_Bit0;
//屏蔽、幅值设置
    DAC_InitType. DAC_OutputBuffer = DAC_OutputBuffer_Disable;
//DAC1 输出缓存关闭 BOFF1 = 1
    DAC_Init(DAC_Channel_1,&DAC_InitType);        //初始化 DAC 通道 1
    DAC_Cmd(DAC_Channel_1,ENABLE);    //使能 DAC1
    DAC_SetChannel1Data(DAC_Align_12b_R,0);    //12 位右对齐数据格式设置 DAC 值
}
```

```
//设置通道 1 输出电压
//vol:0~3300,代表 0~3.3 V
void Dac1_Set_Vol(u16 vol)
{
    float temp = vol;
    temp/ = 1000;
    temp = temp * 4096/3.3;
    DAC_SetChannel1Data(DAC_Align_12b_R,temp);
    //12 位右对齐数据格式设置 DAC 值
}
```

此部分代码有 2 个函数,第一个函数 Dac1_Init,用于初始化 DAC 通道 1。步骤①~⑤基本上是按上面的步骤来初始化的,经过初始化后,就可以正常使用 DAC 通道 1。第二个函数 Dac1_Set_Vol,用于设置 DAC 通道 1 的输出电压。

接下来打开 dac.h 文件,内容如下:

```
#ifndef __DAC_H
#define __DAC_H
#include "sys.h"
///////////////////////////////////////////////////////////////////
//DAC 代码
void Dac1_Init(void);     //回环模式初始化
void Dac1_Set_Vol(u16 vol);
#endif
```

该部分代码很简单,这里就不过多讲解。主函数代码如下:

```
int main(void)
{
    u16 adcx;
    float temp;
    u8 t=0;
    u16 dacval=0;
    u8 key;
    NVIC_Configuration();
    delay_init();             //延时函数初始化
    uart_init(9600);          //串口初始化为 9 600
    LED_Init();               //初始化与 LED 连接的硬件接口
    LCD_Init();               //初始化 LCD
    KEY_Init();               //按键初始化
```

```
    Adc_Init();        //ADC 初始化
    Dac1_Init();       //DAC 通道 1 初始化

    POINT_COLOR=RED;   //设置字体为红色
    LCD_ShowString(60,50,200,16,16,"Frun STM32");
    LCD_ShowString(60,70,200,16,16,"DAC TEST");
    LCD_ShowString(60,90,200,16,16,"@ Frun");
    LCD_ShowString(60,110,200,16,16,"2019/8/1");
    LCD_ShowString(60,130,200,16,16,"KEY0:+KEY1:-");
    //显示提示信息
    POINT_COLOR=BLUE;   //设置字体为蓝色
    LCD_ShowString(60,150,200,16,16,"DAC VAL:");
    LCD_ShowString(60,170,200,16,16,"DAC VOL:0.000V");
    LCD_ShowString(60,190,200,16,16,"ADC VOL:0.000V");
    DAC_SetChannel1Data(DAC_Align_12b_R,0);//设置 DAC 通道 1 输出数据为 0
    while(1)
    {
        t++;
        key=KEY_Scan(0);
        if(key==KEY0_PRES)
        {
            if(dacval<4000)dacval+=200;
            DAC_SetChannel1Data(DAC_Align_12b_R,dacval);
        }else if(key==KEY1_PRES)
        {
            if(dacval>200)dacval-=200;
            else dacval=0;
            DAC_SetChannel1Data(DAC_Align_12b_R,dacval);
        }
        if(t==10||key==KEY0_PRES||key==KEY1_PRES)
        //KEY0/KEY1 按下了,或者定时时间到了
        {
            adcx=DAC_GetDataOutputValue(DAC_Channel_1);
            LCD_ShowxNum(124,150,adcx,4,16,0);       //显示 DAC 寄存器值
            temp=(float)adcx*(3.3/4096);             //得到 DAC 电压值
            adcx=temp;
            LCD_ShowxNum(124,170,temp,1,16,0);       //显示电压值整数部分
            temp-=adcx;
```

```
            temp * =1 000;
            LCD_ShowxNum(140,170,temp,3,16,0X80);        //显示电压值的小数部分
            adcx = Get_Adc_Average(ADC_Channel_1,10);     //得到 ADC 转换值
            temp = (float)adcx * (3.3/4 096);             //得到 ADC 电压值


            adcx = temp;
            LCD_ShowxNum(124,190,temp,1,16,0);           //显示电压值的整数部分
            temp- = adcx;
            temp * =1 000;
            LCD_ShowxNum(140,190,temp,3,16,0X80);//显示电压值的小数部分
            LED0 =! LED0;
            t=0;
        }
        delay_ms(10);
    }
}
```

此部分代码首先对需要用到的模块进行初始化,并显示了一些提示信息。本章通过 KEY0 和 KEY1 两个按键来实现对 DAC 输出的幅值控制。按 KEY0 增加输出幅值,按 KEY1 减小输出幅值。同时,在 LCD 屏幕上显示 DHR12R1 寄存器的值、DAC 设计输出电压以及 ADC 采集到的 DAC 输出电压。

10.4　下载验证

在代码编译成功并下载代码到 ARM 板后,DS0 不停闪烁,提示程序正在运行。此时,按 KEY0,可以看到输出电压增大,按 KEY1 则输出电压变小。

第 **2** 篇
实战篇

本篇包括5个综合案例,这些案例侧重于STM32开发技术的综合应用,旨在面向工程实践和创新训练。涉及智能小车、健康监测和移动机器人等多个领域,并注重系统整体的设计思想与设计方法和具体的系统硬件与软件设计。

第 **11** 章
基于 STM32 的智能小车控制系统设计

11.1 智能小车控制系统简介

在现代社会,物联网技术和自动控制技术已经渗透到日常生活的各个领域。智能小车作为其中的一个重要应用领域,发展前景十分广阔。

本章旨在设计一款基于STM32的智能小车控制系统,以实现智能小车的自主寻迹、自动避障和超声波测距功能,并结合蓝牙模块实现远程控制。通过自主寻迹功能,智能小车能够识别路面上的黑线并自主调整方向,保持在预设轨迹上行驶;自主避障使智能小车能够及时检测前方障碍物并进行避让,从而提高智能小车的安全性;超声波测距功能实现了对前方障碍物的准确测距,帮助智能小车规避障碍物。

通过本章的工作,实现了基于 STM32 的智能小车控制系统的设计与开发,集成了避障、循迹和蓝牙控制等高级特性,极大地提升了智能小车的智能化水平,使其能够在复杂环境中安全行驶。这些功能的实现为智能小车的发展和应用提供了有力支持,还具有较高的实用价值和推广前景。

11.2 智能小车控制系统方案设计

11.2.1 系统功能要求和技术指标

1)系统功能要求

智能小车控制系统方案设计的核心理念在于采用单片机作为整个系统的主控单元,以直流电机为驱动,对智能小车行驶状况进行控制。通过超声波传感器声进行呐测距,红外传感器则用于探测周围环境中潜在的障碍物,并迅速做出反应,调整方向或采取措施避免碰撞。此外,本章还集成了一套先进的自主寻迹系统,该系统不仅能够根据预设的路径进行工作,还能在遇到突发情况时自动调整策略,确保智能小车始终按照预定目标前进。该控制系统还与智能设备兼容,通过蓝牙技术与手机上的蓝牙 App 建立通信连接,使用户能便捷地通过手机 App 监测智能小车的速度并获取相关的运行信息。

智能小车具备以下性能特点:成本较低,便于制造和维护;具有高度的灵活性和适应性,能够在多变的工、农业环境中得到有效应用。无论是在崎岖不平的山区道路,还是在繁忙的工厂车间,甚至是在农业耕作现场,智能小车都能展现出其独特的价值和潜力。随着技术的不断进步和创新,这种智能小车有望在未来各个领域发挥更大的作用。

智能小车控制系统需要完成的功能有:

①自主寻迹功能:实现智能小车的自主寻迹,并按预定的路线运动;

②避障功能:包括红外避障、声呐测距等模块设计;

③通信功能:可以与个人计算机(Personal Computer,PC)进行通信,便于对智能小车进行监控。

2)系统技术指标

智能小车控制系统需要完成的技术指标包括:智能小车底盘设计和传感器测量精度(误差应控制在 5% 以内)。控制算法应稳定可靠,实时性好。

11.2.2 系统总体设计

智能小车控制系统是以 STM32 单片机为核心控制器,外围单元包括电源模块、驱动模块、寻迹模块、避障模块、超声波模块、测速模块、蓝牙模块以及蜂鸣器报警模块。智能小车控制系统的整体框图如图 11.1 所示,这些模块各自承担着重要的功能:

①电源模块:为智能小车提供稳定可靠的电力供应,确保智能小车能够正常工作。

②电机驱动模块:直接控制电动机使其产生驱动力推动智能小车向前移动。

　　③寻迹模块:通过对传感器接收的信号分析来确定行进轨迹,帮助智能小车保持精确的运动路径。

　　④避障模块:利用红外传感器感知周围环境,当智能小车遇到障碍物时能够自动调整方向或速度以避免碰撞。

　　⑤超声波模块:用于测量障碍物与智能小车的距离,让智能小车在复杂的环境中实现精准避障。

　　⑥测速模块:测量智能小车当前的行驶速度,及时调整智能小车运动速度。

　　⑦蓝牙模块:提供了与外部设备(如手机或电脑)进行无线通信的能力,用户可以通过蓝牙控制智能小车。

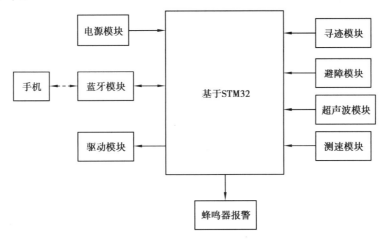

图 11.1　智能小车控制系统整体框图

11.2.3　系统元器件选型

1)主控芯片选型

　　在智能小车系统设计时,需要选择支持多种通信协议,实现与外部设备的通信,以保证数据传输的高效和稳定的芯片。此外,考虑到系统功能的多样性,系统还期望微处理器能够集成更多的接口,以便集成更多的传感器和执行器,并进行必要的软件开发工作。因此,本章选择了 STM32F103 系列芯片,这款芯片功能接口单元丰富、性价比高,且支持灵活扩展,兼容性好,能够轻松地对系统进行升级和优化,很好地满足智能小车的需求。

　　在 STM32F103 系列微控制器中,STM32F103C8T6 与 STM32F103VET6 无疑是性价比极高的选择。两者都是低功耗模式,但 C8T6 凭借其较小的内存需求和较低的处理负载,在智能小车应用中表现出更好的能效比;C8T6 的封装较小(LQFP48),对于智能小车空间有限的设计更为合适,因此 C8T6 相比 VET6 在智能小车实际应用中性价比更高。综上所述,本次设计选用的单片机为 STM32F103C8T6。单片机选型对比见表 11.1。

表 11.1　单片机选型对比

参数	STM32F103C8T6	STM32F103VET6
核心	ARM Cortex-M3	ARM Cortex-M3

续表

参数	STM32F103C8T6	STM32F103VET6
最大 CPU 频率	72 MHz	72 MHz
I/O 引脚数	37	100
通信接口	USART,SPI,I²C,USB,CAN	USART,SPI,I²C,USB,CAN
封装	LQFP48	LQFP100
成本	15 元	35 元

2) 驱动模块选型

在设计智能小车时,电机的选择尤为重要。步进电机因其精准的位置控制而受到青睐,直流电机则以其稳定和高效的性能成为不二之选。相比步进电机,直流电机在一定情况下能耗更低,可以延长智能小车的续航里程。

在智能小车控制系统中,L298N 和 L293D 是两种广泛使用的驱动芯片。L298N 具有较高的工作电压和输出电流,适用于需要较高功率输出的场景。其采用双全桥 H 桥设计,能提供更强的驱动能力和控制精度。相比之下,L293D 工作电压和输出电流较低,采用四半桥 H 桥设计,因此具有较低的功耗和成本。L298N 与 L293D 两种常用驱动芯片的参数对比见表 11.2。

表 11.2 L298N 和 L293D 参数对比

特征	L298N	L293D
驱动类型	双全桥 H 桥	四半桥 H 桥
最高工作电压	46 V	36 V
连续输出电流	3 A	600 mA
额定电流	2 A	1 A
性能	电机驱动能力强	电机驱动能力弱
成本	3.2 元	5 元

图 11.2 L298N 驱动芯片实物图

在本次设计选择 L298N 作为驱动芯片,以满足智能小车对电流和电压的需求,该驱动芯片提供了更可靠、高效的驱动能力,如图 11.2 所示。

3) 寻迹模块选型

常用于制作寻迹模块的传感器主要有 TCRT5000 和 GP2Y0A21YK0F 红外传感器。虽然 GP2Y0A21YK0F 在应用中很受欢迎,但在某些技术参数上不如 TCRT5000。TCRT5000 提供较短的检测距离(1~25 mm),但具有非常快的响应时间(10 μs),适用于需要迅速响应的场合。而

GP2Y0A21YK0F 提供较长的检测距离(10~80 cm),但响应时间较慢(约 39 ms),不适合对检测速度要求极高的应用。两者的性能参数对比见表 11.3。

表 11.3　TCRT5000 和 GP2Y0A21YK0F 参数对比

参数/传感器	TCRT5000	GP2Y0A21YK0F
类型	红外反射传感器	红外距离传感器
工作电压	5 V	4.5~5.5 V
输出类型	光电晶体管	模拟电压输出
波长	950 nm	870 nm
检测距离	1~25 mm	10~80 cm
封装类型	贴片或插件	模块
成本	3 元	18 元

对于需要迅速识别出障碍物、近距离检测,并且对成本有严格控制的智能小车,TCRT5000 是更优选的方案。它不仅能敏锐地感知到周围环境中的微小变化,而且能够迅速做出调整并应对。这种敏捷的反应机制,为智能小车在复杂多变的环境中穿梭自如提供了强大的支持,如图 11.3 所示为寻迹模块实物图。

图 11.3　TCRT5000 寻迹模块实物图　　　　图 11.4　红外避障模块实物图

4)避障模块选型

智能小车的避障模块是通过传感器检测各种潜在的障碍物,一旦检测到障碍物,避障模块便会迅速做出响应,调整智能小车的运动路径。目前常用的避障传感器有红外避障传感器、牵引力传感器等。红外避障传感器主要是通过红外线来感知距离并避开障碍物,保证设备的安全运行;牵引力传感器则用于测量物体之间的牵引力或拉力,通常用于力学实验或工业领域。

本设计采用红外避障传感器,通过其检测能力与单片机等控制单元的有效配合,实现了避障功能。该模块可侦测 2~3 cm 范围内的障碍物,侦测角度为 35°,性价比高。通过调节电位器可以调节检测距离。红外避障模块实物如图 11.4 所示。

5)超声波模块选型

本设计采用 HC-SR04 超声波测距模块,该模块广泛应用于自动化、机器人技术和工业检测领域。HC-SR04 超声波模块工作电压为 5 V,频率为 40 Hz,其测距范围为 2~400 cm 的非接触式的测距技术,测距精度高达 3 mm。此外,其 15°的测量角度和紧凑的尺寸(长 45 mm、宽 20 mm、高 15 mm)使其易于集成到各种设备中。综上所述,HC-SR04 超声波模块凭借其优越的性能和灵活的尺寸,成为测距应用中的理想选择。如图 11.5 所示为超声波模块实物图。

图 11.5　超声波模块实物图

6)通信模块选型

通信模块扮演着连接各种设备和系统的关键角色,不仅能实现数据的即时传输和共享,还可实现不同平台之间的远程控制。蓝牙模块和无线局域网接入点 Wirekss Fidelity,模块是最常见的通信组件。蓝牙模块通常用于短距离通信,适用于连接手机、耳机、智能家居设备等。而 Wi-Fi 模块适用于连接到互联网以及需要高速数据传输的场景,如智能家居系统、监控摄像头等。蓝牙和 Wi-Fi 的参数对比见表 11.4。

表 11.4　蓝牙和 Wi-Fi 参数对比

参数	蓝牙	Wi-Fi
覆盖范围	10 m 左右	100 m 左右
能耗	工作电流 15～30 mA	工作电流 200～500 mA
硬件需求	简单,硬件成本低	复杂,需要硬件支持
配对方式	配对简单	配对较为复杂
连接稳定性	较稳定	受环境因素影响较大
使用场景	适合近距离、低功耗的数据传输	适合远距离、高速的数据传输
成本	7.8 元	16 元

图 11.6　蓝牙 HC-05
模块实物图

结合上述两种通信模块的特点,最终采用蓝牙 HC-05 作为智能小车控制系统的通信模块。首先,蓝牙技术具有极低的功耗,对于依靠电池供电的设备来说至关重要,能够显著延长设备的使用寿命。其次,蓝牙技术支持点对点的传输,无须依赖网络连接,这使得在没有稳定 Wi-Fi 覆盖的环境下,仍能保持可靠的通信。此外,蓝牙简单易用,便于集成到系统中进行开发。因此,综合考虑功耗、稳定性、成本和易用性等因素,蓝牙 HC-05 模块是本次系统设计的理想选择,如图 11.6 所示为蓝牙模块实物图。

11.3　智能小车控制系统硬件设计

11.3.1　系统功能要求和技术指标

本设计选用 STM32F103C8T6 微控制器作为智能小车的核心处理单元。该控制器在高性能、低功耗和低成本方面具有显著优势,同时,极大地提高了系统的集成度,减少了开发的难度。由于其具备强大的处理能力和广泛的接口支持,因此,能够有效处理传感器数据并控制电机等外围设备。如图 11.7 所示为智能小车最小系统电路图。

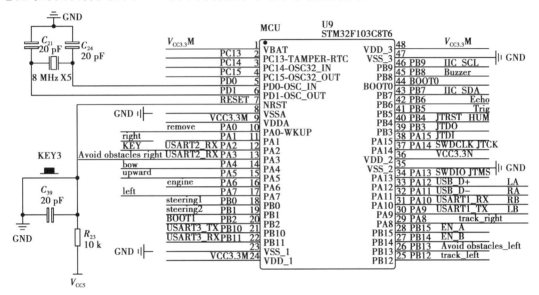

图 11.7　最小系统电路图

本设计是基于主控制器的最小系统硬件电路,包括 STM32F103C8T6 单片机、晶振电路、复位电路等最小外围电路。本设计选用 STM32F103C8T6 芯片作为微控制器有以下优势:

①Cortex-M3 CPU,采用 ARM32 位,最高工作频率 72 MHz,内存等待时间为 0,循环存取时记忆体容量可达 2.64 kB。

②配备两个 12 位的模数转换器,每个转换器可以同时转换 16 个不同通道的信号,转换时间最快可以达到 1 μs。

③拥有多达 80 个快速 I/O 端口,3 个 16 位定时器,每个定时器均具备强大的功能,最多包括 4 个通道,这些通道支持输入捕获、输出比较、PWM 操作以及脉冲计数,还具备增量编码器输入能力。

④多达 2 个互连集成电路(Inter-Integrated Circuit,I^2C)接口(支持 SMBus/PMBus),3 个通用同步/异步收发器(Universal Synchronous/Asynchronous Receiver/Transmitter,USART)接口,2 个串行外围设备(Serial Peripheral Interface,SPI)接口(速率可达 18 Mbps)。

157

11.3.2 驱动模块硬件设计

在本设计中,选用了直流减速电机,这种电机能够支持频繁的快速启动、制动以及顺畅的正反转,非常适合本设计的需求。

智能小车采用两节锂电池串联供电,提供 5 V 电压作为初始电源。在 L298N 驱动模块的驱动下,带动四路直流电机,分布在智能小车两侧。L298N 模块的电源输入端公共接地端电压(Voltage Supply Series,VSS)和电源电压(Voltage To Current Converter 5V,VCC5)分别连接到地线和+5V 电源。感应引脚(Sense A 和 Sense B)通过接地符号连接到地线,用于监测电机电流大小,以实现过载保护。电机控制信号通过输入端(Input 1 ~ Input 4)输入,可以控制电机的正反转和速度。使能端(Enable A 和 Enable B)用于启动或禁用驱动输出。电机输出信号通过 OUT 1 ~ OUT 4 端引出,连接到电机的相应控制线。保护性二极管(D4 ~ D11),连接在电机输出线路上,防止电压反冲损坏驱动模块。其工作原理图如图 11.8 所示。

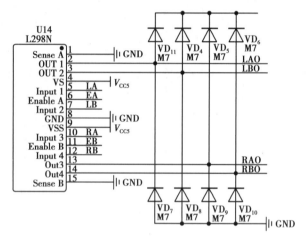

图 11.8 驱动模块原理图

11.3.3 传感器模块硬件设计

1)寻迹模块硬件设计

红外寻迹是整个智能小车系统的关键组成部分。采用 2 个高精度的 TCRT5000 红外传感器作为关键组件,用于检测并跟踪地面上的黑线。TCRT5000 红外传感器的运作原理涉及两个关键组件:一个红外发射二极管和一个相应的接收二极管。发射二极管会向地面发出红外光线,而接收二极管则负责检测这些光线经过地面反射回来的信号。通过这种方式,传感器能够有效地捕捉并解析环境中的红外光反射信息。由于不同颜色的反射率不同,黑色线路反射的红外光较少,而白色地面反射较多,这种特性使得传感器可以区分线路和非线路区域。

每个 TCRT5000 传感器的 V_{CC} 和 GND 分别连接至智能小车控制系统的电源正负极。左、右寻迹传感器的输出端分别连接至微控制器(STM32F103C8T6)的 PB12 和 PA8 引脚。"track left"和"track right"指示元件用于检测寻迹线的左侧和右侧,指导智能小车沿着预设路径行驶。通过监测红外传感器的输出电平状态,系统可精确评估智能小车当前与预设路线之间的偏离程度。一旦检测到偏离,系统会迅速响应,并对车轮转速进行适应性调整,从而实现对智能小车行驶方向的精确控制,确保其能够顺利返回并沿着预设路线继续行驶。其原理图如图 11.9 所示。

2) 避障模块硬件设计

本设计在智能小车的车头两侧分别配置了红外避障模块,以实现全方位的障碍物检测功能。红外避障模块的工作原理是基于红外线的发射与反射检测机制。具体而言,模块内置的红外发射管会发出红外光线,当这些光线遇到障碍物时,会发生反射,随后反射的光线被模块上的红外接收管所捕获。一旦接收管检测到反射光,模块会立即输出相应的信号,从而准确判断小车前方存在障碍物。根据这一信号,系统会迅速作出反应,并调整智能小车的运动状态,如执行停止或转向操作,确保智能小车能够安全避障,避免碰撞发生。

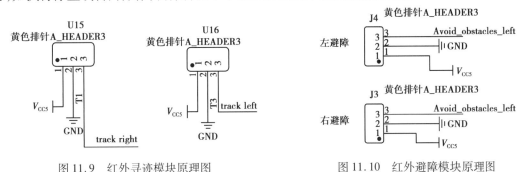

图 11.9　红外寻迹模块原理图　　　　图 11.10　红外避障模块原理图

本章选用 J4 和 J3 两个避障模块,每个端口都包括 3 个引脚:第 1 引脚连接电源(V_{CC5}),为传感器提供电源;第 2 引脚是接地引脚(GND),提供公共地线;第 3 引脚是信号线,分别标记为"Avoid_obstacles_right"和"Avoid_obstacles_left",分别接入单片机的 PA3 和 PB13,用于传送避障信号。这样的设计使得控制系统能够实时获取左右两侧检测到的障碍物信息,从而有效地避免碰撞。红外避障模块原理图如图 11.10 所示。

3) 超声波模块硬件设计

在智能小车的前端安装了超声波 HC-SR04 模块。其工作原理如下:通过输入、输出端口作为触发信号(Trigger Signal,TRIG),触发超声波发射,确保输出信号持续时间至少为 10 ms;模块自动发出 8 路 40 kHz 的方波,并检测是否有返回的信号。当传感器检测到超声波的信号时,它会通过输入端口回声信号(Echo Signal,ECHO),将高电平信号输出。其持续时长为超声波在空气中从发射开始直到反射回传感器的时间。根据声速约为 340 m/s 的特性,可通过计算高电平持续时间的一半来估算试验距离。

此模块的主要引脚包括 GND(接地)、Echo(回声信号输出)、Trig(触发信号输入)以及 V_{CC}(电源接入),其中 Trig 和 Echo 引脚分别与 STM32 单片机的 PB5 和 PB6 引脚相连。为了确保 Trig 信号的稳定性,在 Trig 引脚与地线之间加入了一个 0.1 μF 的电容(标记为 0.1 μF),用于滤除电源噪声。启动距离测量的过程如下:首先,STM32 单片机通过 PB5 引脚向 HC-SR04 模块的 Trig 引脚发送一个短暂的高电平信号。一旦接收到这个触发信号,超声波模块随即发射超声波脉冲。当这些脉冲遇到障碍物并反射回来时,Echo 引脚会输出一个高电平信号,该信号的持续时间直接对应超声波从

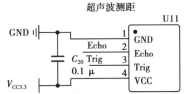

图 11.11　超声波模块原理图

发射到接收所经过的时间。通过这种方式,能够准确测量智能小车与障碍物之间的距离。如图 11.11 所示为超声波模块的原理图。

11.3.4 测速模块硬件设计

这款智能小车在后车轮的左侧位置配备了光电测速单元,能够准确地测量智能小车行驶时的速度,为其主控模块、制动程序提供精确的速度信息,并与 J14 插式连接器相连。它由一个红外发光二极管和一个 NPN 光电三极管组成,用于智能小车测转速。在测量智能小车速度的过程中,采用了一种基于 MCU 定时器的方法来计算 1 s 内接收到的外部中断次数。每当接收到一个外部中断信号,我们将其视为智能小车轮子转动的一个周期。如果在 1 s 内,我们记录到了 20 个这样的中断信号,那么可以推断智能小车的轮子在这 1 s 内完成了 20 个完整的转动周期。根据智能小车车轮的周长,结合转动次数计算出智能小车在 1 s 内行驶的距离。具体来说,将车轮周长乘以转动次数,即可得到智能小车在 1 s 内行驶的总距离。这个距离除以时间(1 s),便得到了智能小车的实时速度。测速模块电路原理图如图 11.12 所示。

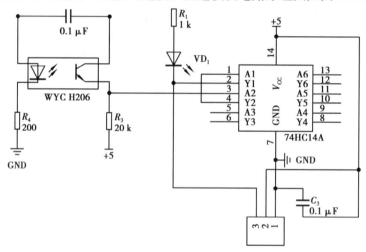

图 11.12　测速模块电路原理图

11.3.5 通信控制模块硬件设计

在智能小车控制系统设计中,蓝牙模块扮演了重要的角色,它使得智能小车能够实现无线通信功能,从而接受远程指令或与其他设备进行数据交换。此外,蓝牙支持全双工通信,即一个设备正在发送数据,另一个设备也可以同时接收数据,真正意义上实现了双向信息传递。蓝牙模块可以用于接收来自手机或其他蓝牙设备的控制命令,如前进、后退、转弯、避障、寻迹等。

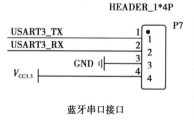

图 11.13　蓝牙 HC-05 模块原理图

蓝牙 HC-05 模块接口设计包含 4 个核心引脚。其中,USART3_TX 作为数据输出引脚,用于向外部设备发送数据;USART3_RX 则作为数据输入引脚,负责接收来自外部设备的数据,实现双向通信功能。GND 引脚负责模块接地,以确保电路稳定性;而 V_{CC} 3.3 V 引脚则负责提供稳定的 3.3 V 电源电压,保障蓝牙模块的正常运行。蓝牙模块原理如图 11.13 所示。

11.4　智能小车控制系统软件设计

11.4.1　系统开发平台

在本设计的开发过程中,采用了 C 语言作为主要编程语言,并利用集成编译工具 Keil μVision5 来执行代码的编译和调试工作。Keil μVision5 是一款专业的集成开发环境,主要用于嵌入式系统和微控制器的软件开发。它具有直观友好的用户界面,支持多窗口、多项目管理,有利于开发者高效地进行代码编写。此外,Keil μVision5 集成了强大的代码编辑器和丰富的中间件库,并提供了详细的软件包管理器,便于用户添加、更新和管理不同的软件包和组件。在调试方面,它拥有强大的仿真和追踪功能,支持多种调试模式,包括仿真调试、实时追踪和逻辑分析等。同时,Keil μVision5 能与多种硬件调试器集成,如 ULINK 系列调试适配器集成,能提供丰富的硬件调试功能,有助于开发者快速定位问题。如图 11.14 所示为 Keil μVision5 软件界面。

图 11.14　Keil μVision5 软件界面　　　　　　图 11.15　蓝牙调试宝

在上位机的设计过程中,可采用一款蓝牙调试宝工具。这一工具以其出色的连接效率和极高的数据传输可靠性脱颖而出,成为智能小车控制系统中不可或缺的技术助手。蓝牙调试宝是一款专为蓝牙设备开发和调试而设计的软件应用。它提供了蓝牙设备的连接、调试和测试功能,支持实时监控数据通信、数据分析和蓝牙协议解析。如图 11.15 所示为蓝牙调试宝软件。

11.4.2　系统软件主程序设计

在启动智能小车系统时,首先进行各个模块的初始化,包括延时函数、UART 通信、定时器、时钟电路、寻迹、避障、超声波等。这些初始化操作为系统提供了必要的硬件资源和环境变量,为后续任务的顺利进行奠定了坚实的基础。在完成初始化后,智能小车将处于待命状态,通过蓝牙等通信手段,随时准备接收来自 PC 端发送的指令。一旦接收到指令,系统开始执行相应的子程序,如移动操作、寻迹、避障、超声波等。通过硬件组件和软件程序的协调配合,智能小车能够及时接收指令、做出反应,并实时更新状态信息,从而实现系统的全面功能。如图 11.16 所示为主程序设计的流程图。

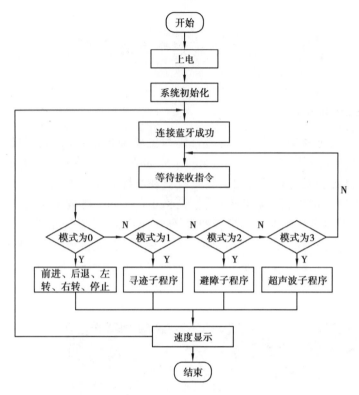

图 11.16　主程序流程图

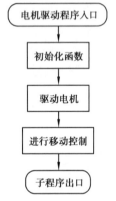

图 11.17　电机驱动流程图

11.4.3　驱动模块程序设计

本章中采用 L298N 芯片作为驱动装置,以确保车轮能够灵活地转动。首先,初始化时钟和 I/O 口,启用 GPIOA 端口的时钟。然后,设置 4 个引脚(PA9、PA10、PA11、PA12)作为推挽输出,并设置 I/O 口速度为 50 MHz。这些引脚将被用来发送控制信号到 L298N,从而控制电机。通过输出高电平和低电平到 L298N 的输入端(Input1、Input2、Input3、Input4),可以控制电机的转动方向。例如,qianjin 函数中,通过设置 M1A 为高电平、M1B 为低电平,可以驱动一组电机向前转动。同时对 M2A 和 M2B 采用相同的逻辑,可以驱动另一组电机同步前进。每种控制类型前都有一个停止和延时操作,以确保转换动作时的安全。如图 11.17 所示为电机驱动的流程图。

11.4.4　传感器模块程序设计

1)寻迹模块程序设计

在初始化配置红外寻迹模块及其相关硬件时,首先启动了 GPIOA 和 GPIOB 端口的时钟功能。随后,将 GPIOA 的第 8 脚设置为浮空输入模式,以接收来自红外传感器的输入信号,该信号用于检测路径标记。同时,GPIOB 的第 12 脚被设定为推挽输出模式,以便在需要时控制其他硬件组件;而 GPIOB 的第 8 脚与蜂鸣器相连,为系统提供了警报提示的功能。

根据传感器检测结果,智能小车的轨迹控制可分为 3 种情况:

若两个传感器均检测到黑线(即都为 0),表示机器人在预定轨迹上,应维持直行前进,调整 PWM 波形控制速度。

若左侧传感器检测到黑线而右侧没有(左侧为 0,右侧为 1),表明机器人向右偏离,需执行左转调整;反之亦然。

若两个传感器均检测到轨迹,可能表示机器人已到达轨迹终点或遇到交叉路口,根据具体情况决定后续操作。其流程图如图 11.18 所示。

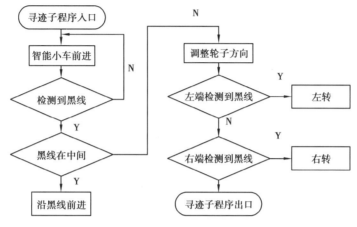

图 11.18　红外寻迹流程图

2)避障模块程序设计

智能小车避障程序的关键在于能及时检测前方障碍物并做出响应。通过配置 GPIO 结构体,初始化 PA3 和 PB13 引脚为浮空输入模式,同时将 PB8 设置为推挽输出模式并连接蜂鸣器。传感器检测到障碍物时读取高电平信号,触发相应响应。根据传感器检测结果,智能小车的避障控制可分为 3 种情况:

①当两个传感器都没有检测到障碍物时(即都为 1),智能小车将维持当前的前进方向继续行驶。

②当左边传感器检测到红外信号(即左侧为 0,右侧为 1),智能小车将向相反的方向行驶;反之亦然。

③当两边的传感器同时检测到障碍物时(即都为 0),智能小车将执行一系列避险动作,包括停车、后退以及随后的右转操作。其流程图如图 11.19 所示。

3)超声波模块程序设计

利用超声波测距模块来有效检测前方障碍物,并采取相应的响应措施。首先,通过配置 GPIO 结构体和调用初始化函数,超声波模块的触发引脚设置为 PB5,回响信号引脚设置为 PB6。利用定时器 TIM4 进行精确的时间计量,以测量超声波信号自发射至回响之间的时间间隔,进一步计算出与前方障碍物之间的实际距离。在主程序中,通过循环测量多次取平均值,确保数据准确性。当系统检测到与障碍物的距离小于等于 40 cm 时,即判断为前方存在障碍物。此时,将触发预设的避障程序,该程序包括立即停止智能小车的运动,并随后执行一段时间的后退动作。接着,智能小车将执行一个确定的右转角度,以便绕开障碍物。完成转向后,智能小车将恢复前进状态。通过这一系列操作,智能小车实现了自动避障功能。超声波程序的流程如图 11.20 所示。

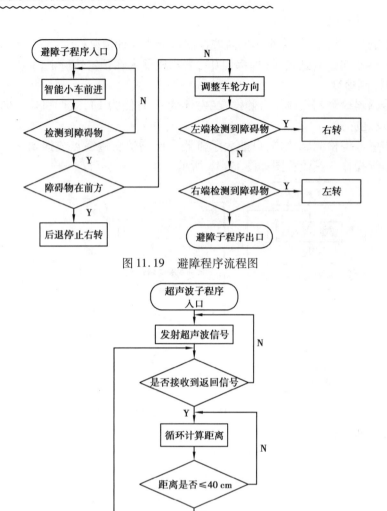

图 11.19　避障程序流程图

图 11.20　超声波程序流程图

11.4.5　测速模块程序设计

测速模块设计采用外部中断和定时器中断的协同机制来实现速度测量。首先,进行了外部中断的初始化过程,配置了 PA2 作为中断输入引脚。当遮光片在光线路径中移动并遮挡光线时,会触发 PA2 引脚产生上升沿中断。在中断服务程序中,系统会对遮光片通过检测点的次数进行统计和记录。同时,进行定时器的初始化配置,旨在为系统提供一个准确的时间基准。在定时器中断服务函数中,记录时间经过的计时周期。通过记录的遮光次数和时间,可以计算出智能小车的实时速度,即车轮的周长乘以遮光次数,再除以经过的时间,从而得出智能小车的实时速度。程序还通过串口输出功能,将计算出的速度值发送给上位机。其流程如图 11.21 所示。

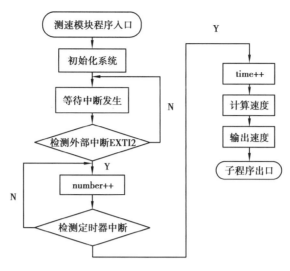

图 11.21　测速模块流程图

11.4.6　通信控制模块程序设计

1）通信模块上位机界面设计

智能小车控制系统的蓝牙配对连接通常分为 5 个步骤：

首先，用户需要打开已安装在手机或电脑上的蓝牙调试宝软件。确保被连接设备的蓝牙已启动，以便进行蓝牙通信。在软件界面中，用户可以通过搜索附近可用的蓝牙设备。搜索完成后，系统会列出所有可见的蓝牙设备。如图 11.22 所示为蓝牙配对界面。

图 11.22　蓝牙配对界面

在搜索到的设备列表中找到智能小车的蓝牙设备 JDY-31-SPP，并选择与它进行配对连接。需要输入配对码"1234"才能建立连接。如图 11.23 所示为密码配对界面。

蓝牙连接成功后,应用程序会显示已连接状态,用户可以与智能小车进行通信。如图
11.24 所示为蓝牙连接成功的界面。

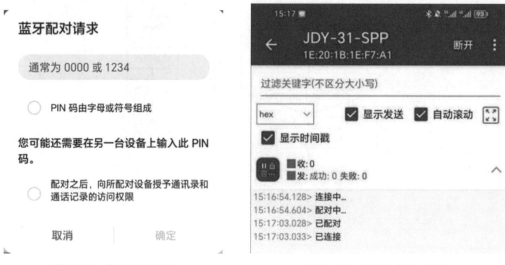

图 11.23　密码配对界面　　　　　　　　图 11.24　蓝牙连接成功界面

用户可以通过蓝牙调试宝软件将数据格式改为 gb2312,在发送区增加指令,如前进、后
退、转向等,控制智能小车的运动状态。如图 11.25 所示为输入"红外寻迹"指令。

上位机界面实时展示智能小车的各项数据,如速度、状态等,帮助用户监测运行状态。交
互界面直观友好,使用户能够直观地与智能小车进行互动,实现精准控制和实时反馈。如图
11.26 所示为人机交互界面。

图 11.25　输入指令界面　　　　　　　　图 11.26　人机交互界面

2) 通信模块程序设计

智能小车控制系统能够通过蓝牙接收并解析相应的功能命令,当接收到指定的命令时,控制智能小车的运动方向、切换运行模式等。例如,当接收到"advance"命令时,系统会将智能小车设置为前进状态;当接收到"backward"命令时,系统会设置智能小车后退;以此类推。蓝牙模式程序流程如图 11.27 所示。

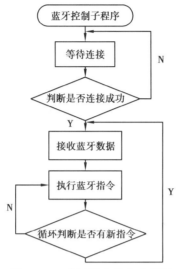

图 11.27　蓝牙模式程序流程图

11.5　智能小车控制系统调试

11.5.1　系统硬件调试

在进行智能小车控制系统的硬件评估与测试时,主要是确认系统的电路是否正常,接线是否准确,然后再进行电机驱动试验。将程序下载到主控制芯片中,测试智能小车的左转、右转、前进、后退、停止等基础功能,证明设计和编程达到了最初设定目标的预期效果。智能小车行驶效果如图 11.28 所示。

(a)智能小车直行效果图　　　　　　　(b)智能小车后退效果图

（c）智能小车左转效果图　　　　　　　　（d）智能小车右转效果图

图 11.28　智能小车行驶效果图

11.5.2　系统软件调试

首先，使用 Keil μVision5 对系统程序进行编译和下载，确保程序能够正确地加载到智能小车的控制板上。在控制端的用户界面发送命令进行测试。在测试中，我们将逐一检验这些界面在按下控制按钮后，是否能够成功与智能小车建立通信连接，并观察智能小车是否能够根据指令执行相应的操作。将编码格式调整为 gb2312 后，各类测试指令的发送历史记录和实时速度数据均能在用户界面清晰展示，如图 11.29 所示为智能小车上位机测试界面。

图 11.29　智能小车上位机测试界面

11.5.3　系统功能调试

1）寻迹功能调试

在寻迹工作模式下，以 3～5 cm 宽的黑色电工胶布为参照线，以此来引导智能小车沿着特定的轨迹前行。在测试中,我们观察到智能小车能够精准地沿着黑线轨迹移动,并自主调整其前进方向,实现自动寻迹。智能小车寻迹功能调试效果如图 11.30 所示。

（a）智能小车寻迹直行　　　　（b）智能小车寻迹左转　　　　（c）智能小车寻迹右转

图 11.30　智能小车寻迹功能调试效果图

当传感器未检测到黑线时,红外光线被地面反射,两个灯都可以接收到反射的光信号,导致两个灯都亮;当传感器检测到黑线时,地面无法有效反射红外光,导致只有一个红外接收二极管接收到光信号,此时只有一个灯亮起。通过检测灯的亮灭状态,智能小车可以确定黑线的位置,并做出相应的动作,调整方向跟随黑线行驶达到预期要求。

2）避障功能调试

在进行智能小车控制系统的避障功能测试时,设置了一个纸箱作为模拟的障碍物环境。通过红外传感器来探测纸箱这一障碍。避障模块持续发出红外线信号,当两个避障模块同时探测到障碍物时,反射回来的红外线被接收管捕获。这一信号会经过比较器电路处理,触发绿色指示灯的亮起,并通过信号输出接口输出一个低电平数字信号。此外,还能通过电位器旋钮来精细调节检测距离,顺时针旋转增加检测范围,逆时针旋转则减小,从而确保检测距离达到最佳状态。经过多次室内实验和程序的不断优化调整,智能小车最终成功实现了预期的避障功能。如图 11.31 所示为避障功能调试的实际效果。

（a）两端同时避障　　　　　　（b）左端避障　　　　　　　　（c）右端避障

图 11.31　避障功能调试的实际效果图

3）超声波功能调试

在调试过程中,首先确保超声波传感器与控制系统之间的通信正常,随后在模拟和实际环境中进行多次测试,验证其测距的准确性和稳定性。

gb2312 ∨ ☑ 显示发送 ☑ 自动滚动 ⤢

☑ 显示时间戳

⏸ 📋 ▦ 收:1648
⎯⎯⎯ ∧
📦 发:成功:90 失败:0

11:33:11.701> ultrasonic
11:33:11.770> 超声波

11:33:13.598> 速度: 0.222660 m/s

11:33:15.341> 速度: 0.053014 m/s

11:33:16.957> 速度: 0.296880 m/s

图 11.32　超声波测距数据显示

通过不断调整和优化算法,并深入研究 HC-SR04 超声波模块及其数据手册,发现调整电阻可以优化超声波模块的探测能力。经过反复实验和数据分析,验证了超声波模块在 25°的广角内达到精确测量的有效性。在超声波指令下,智能小车能够更精准地检测障碍物的距离,且在智能小车检测到障碍物时,通过蜂鸣器报警,并及时做出相应的避障动作。如图 11.32 所示,在上位机上还有智能小车测距的距离数据显示。智能小车超声波功能效果如图 11.33 所示。

(a)智能小车超声波功能　　(b)智能小车超声波右端避障　(c)智能小车超声波左端避障
图 11.33　智能小车超声波功能效果

第 **12** 章

智能小车路线规划与自主避障系统设计

12.1　系统简介

随着技术的不断进步和应用场景的不断拓展,基于 STM32 的智能小车的设计和应用在日常生活和工作中有很大的应用前景。本章旨在利用 STM32 单片机和多样化传感器技术,开发一款具备路线规划和自主避障功能的智能小车。

本章方案的主要设计任务包括构建智能小车的底盘结构,以实现精准的行进方向和速度控制;通过超声波传感器以实现前方障碍物的智能识别和预警;开发相应的控制算法使智能小车能够自主规划行进路线,有效避免撞击障碍物;利用红外传感器实现智能小车循迹功能。最终目标是打造一款用户通过手机蓝牙 App 控制且能在复杂环境中安全运行、行驶平稳和高效的智能小车。

软硬件调试结果显示,用户通过手机蓝牙 App 控制智能小车,能有效地规划行驶路线并自主避开障碍物,还具备循迹功能,同时还可以在复杂环境下行驶。本设计在未来有望应用于无人驾驶车辆、智能物流及机器人自主导航等领域,推动智能交通与自动化技术的发展,为人们的生活带来更多便利。

12.2　系统方案设计

12.2.1　整体方案设计

利用 STM32 单片机和多种传感器实现智能小车的路线规划和自主避障功能,能够自主地识别、测量和预警前方障碍物,智能小车能够自主地规划行进路线,从而使智能小车可以避免撞击障碍物,行驶更加安全可靠。

本方案的主要设计任务包括设计智能小车的底盘结构,以实现对行进方向和速度的精确控制。同时利用红外、超声波等多种传感器检测障碍物,并编写控制算法使智能小车能够自主规划行进路线,实现自主避障功能;同时,利用 STM32 单片机设计控制电路,实现对智能小车的程序化控制。在设计过程中,需确保智能小车能够实现路线规划与自主避障,具备平稳、高效的行驶性能,并能在较复杂环境下进行测试和运行从而达到设计目的,基于 STM32 的智能小车路线规划与自主避障系统设计的系统结构如图 12.1 所示。

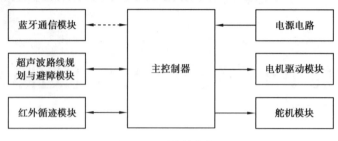

图 12.1　系统结构框图

12.2.2　主控制器芯片方案设计

在智能小车系统中,主控制器芯片扮演着核心角色,它负责接收来自各传感器的数据,执行控制算法,并驱动执行机构进行相应的动作。因此,主控制器芯片的选型对于整个系统的性能至关重要。本设计选用主控制器芯片需要从存储空间、I/O 口数量、Flash 闪存和价格等方面综合考虑,3 种主控制器芯片的对比见表 12.1。通过比较与筛选,本章最终选择 STM32F103C8T6 芯片作为设计智能小车系统的主控制芯片,主要是因为它综合性能优势显著。相较于 STC89C52,它拥有 ARM Cortex-M3 内核提供的卓越计算能力和更大存储容量,更适合处理复杂的路线规划和自主避障算法;此外,STM32F103C8T6 配备多种外设接口,如 USB、控制器局域网(Controller Area Network,CAN)和 I²C,使其与其他设备和传感器的通信变得简单便捷,极大地扩展了智能小车的功能。相较于 STM32F103RCT6,STM32F103C8T6 在保持足够性能的同时,性价比也更高。

表 12.1　主控制器芯片参数对比

参数	型号		
	STC89C52	STM32F103RCT6	STM32F103C8T6
工作频率/MHz	48	72	72
存储器/kB	8	256	64
RAM/kB	512	48	20
I/O 口数量/个	40	51	37
处理器	8051 内核的处理器	ARM Cortex-M3 内核的处理器	ARM Cortex-M3 内核的处理器

12.2.3　路线规划与自主避障方案设计

在智能小车路线规划与自主避障系统的设计中,激光雷达测距传感器、红外测距传感器和超声波测距传感器是 3 种常见的选择方式。路线规划与自主避障传感器的型号及其参数对比见表 12.2。

表 12.2 路线规划与自主避障模块传感器参数对比

类别	型号参数		
	LPA20 激光测距雷达模块	GP2Y0E03 红外测距模块	HC-SR04 超声波测距模块
探测距离	7 ~ 20 m	2 ~ 30 cm	2 ~ 600 cm
距离精度	±3 cm	±2 cm	0.1 cm+1%
工作温度	−20 ~ 70 ℃	−10 ~ 60 ℃	−40 ~ 85 ℃
实物图			

在智能小车的路线规划与自主避障系统设计中,选择合适的测距模块对于确保系统性能和控制成本至关重要。LPA20 激光测距雷达模块以其高精度、长距离测量和强大的抗干扰能力,在需要高精度和远距离测量的场景中表现出色。GP2Y0E03 红外测距模块以相对较低的价格、低功耗和快速响应速度,为短距离、高精度测距需求提供了经济高效的解决方案。但考虑到成本、集成便利性、非接触式测量和指向性等多方面的因素,HC-SR04 超声波测距模块成为了智能小车设计的理想选择。它成本低廉、易于集成、无须与被测物体接触即可进行精确测量,且指向性良好,能够满足智能小车在路线规划和避障过程中对特定方向障碍物距离测量的需求,还能在确保性能的同时降低了整体系统成本。

12.2.4 智能循迹方案设计

智能循迹方案设计的主要设计目标是使智能小车能够自动识别并跟随预设的路线,无论该路线是简单的直线还是复杂的曲线。该系统能够准确识别预设的路线(如黑色线条、特定颜色标记等),并根据这些信息自动调整智能小车的行驶轨迹,以确保智能小车能够沿着预定路线稳定、可靠地行驶。根据实际需要,可选用红外线传感器或激光传感器等。

对于智能循迹模块的选择,本章对比了 Hokuyo URG-04LX 激光传感器和 TCRT5000 红外传感器。Hokuyo URG-04LX 以其高精度、360°扫描能力和与机器人操作系统(Robot Operating System,ROS)的兼容性在复杂环境感知中表现出色,但成本较高,功耗大且对环境光敏感。而TCRT5000 红外传感器成本较低,易于集成,在简单循迹任务中具有较出色性能,成为预算有限项目的理想选择。考虑到方案设计中涉及的是简单、颜色对比明显的循迹任务,且为了降低成本和系统的复杂性,最终选择了 TCRT5000 红外传感器作为智能循迹功能的实现方案。如图 12.2 所示为 Hokuyo URG-04LX 激光传感器实物图,如图 12.3 所示为 TCRT5000 红外传感器实物图。

TCRT5000 红外线传感器通过发射和接收红外线检测物体,适用于简单循迹任务,如在浅色环境中对黑色线条进行跟踪。选用 TCRT5000 红外传感器的原因在于其成本低廉、易于集成到 STM32 系统中,且对特定颜色线条具有良好的识别能力,适用于大多数简单的循迹场景,还能够在保证性能的同时降低整体系统成本。而 Hokuyo URG-04LX 激光传感器是一款二维激光扫描测距仪,能够 360°旋转并测量周围环境中的物体距离。它也可以提供点云数据,适用于需要高精度环境感知的场合,如复杂路径的循迹或避障。

图 12.2　Hokuyo URG-04LX 激光传感器实物图　　图 12.3　TCRT5000 红外传感器实物图

12.2.5　无线通信方案设计

无线通信设计在智能小车系统设计中至关重要。它支持实时数据交换、远程控制、多车协同工作、自主避障辅助、精准路线规划等功能。通过无线通信,智能小车能与控制中心、其他智能小车和传感器进行实时交互,确保信息迅速准确。用户可远程操控智能小车,特别适用于危险环境。多车协同工作提升了系统性能,自主避障更加可靠。在选择智能小车的无线通信方案时,需要根据实际应用场景和需求来决策。若需要实现大量数据的远程传输和通信,Wi-Fi 通信方案是一种合适选择,通过 STM32 单片机与 Wi-Fi 模块(如 ESP8266-01S)的连接,可以确保智能小车与远程服务器、移动应用或其他设备之间的实时数据传输。Wi-Fi 方案以其高带宽、高速率和长距离传输的优势,特别适用于远程监控和数据传输等场景。对于智能小车与手机等移动设备之间的近距离通信和控制,蓝牙通信方案则更为合适。STM32 单片机与蓝牙模块(如 HC-05、JDY-31)的结合,不仅具有低功耗、低成本的特点,而且易于实现,能够满足智能小车与手机之间实时控制的需求,3 种无线通信模块的参数对比见表 12.3。

表 12.3　3 种无线通信模块的参数对比

参数	型号		
	ESP8266-01S	HC-05	JDY-31
工作频段	2 412 ~ 2 484 MHz	2.4 GHz	2.4 GHz
通信接口	UART/GPIO	UART3.3VTTL 电平	UART
工作电压	3.0 ~ 3.6 V	3.0 ~ 3.6 V	3.6 ~ 6 V
工作电流	>300 mA	15 mA	8 mA
工作温度	−40 ~ 85 ℃	−40 ~ 80 ℃	−40 ~ 80 ℃

续表

参数	型号		
	ESP8266-01S	HC-05	JDY-31
传输距离	100 m	10 m	30 m
模块尺寸	24.7×14.4 mm	37×17 mm	19.6×14.9 mm
接收灵敏度	−70 dBm	−85 dBm	−97 dBm
实物图			

通过上表的几种无线通信模块的参数对比,HC-05 蓝牙模块因低功耗、高性价比、简单接口和良好兼容性,成为智能小车与移动设备实时交互的理想选择。它延长了智能小车的续航,降低了制造成本,还易于集成到 STM32 等系统,并支持多种开发工具与编程语言,提供灵活调试。因此,针对本设计的近距离通信和控制需求,选择 HC-05 蓝牙模块。

12.2.6　电机驱动模块方案设计

电机驱动模块包含电机驱动芯片和 4 个直流电机,用于驱动车轮。本设计对双 H 桥电机驱动模块和 TB6612FNG 电机驱动模块进行了对比,电机驱动芯片的参数对比见表 12.4。双 H 桥电机驱动模块中的主控芯片 L298N 芯片能驱动两路直流电机,支持大电流电压,适用于高扭矩和高速度应用。通过 STM32 的 GPIO 口直接控制,并支持 PWM 调速,提供灵活控制。TB6612FNG 电机驱动模块具备高效电流控制、多功能保护、多种控制模式、简化电路设计和小巧轻便等优点。它能够实现高速高精度的电机控制,同时具备过热和过流保护功能,确保设备安全。通过多种控制模式满足不同需求,而低内阻金属氧化物半导体场效应晶体管(Metal-Oxide-Semiconductor Field-Effect Transistor,MOSFET)和简化电路设计则提高了效率并简化了应用。此外,其小巧轻便的设计方便在各种设备中集成使用。

相比之下,TB6612FNG 电机驱动模块在效能和功耗、电流输出能力、体积和集成度、可靠性和稳定性以及适配性和扩展性等方面都具有优势。因此,在本设计中选择 TB6612FNG 电机驱动模块作为电机驱动模块可能更为合适。

表 12.4　两种电机驱动模块参数的对比

类别	型号参数	
	双 H 桥电机驱动模块	TB6612FNG 电机驱动模块
主控芯片	L298N	TB6612
工作模式	双路 H 桥驱动	双路 H 桥驱动

续表

类别	型号参数	
	双 H 桥电机驱动模块	TB6612FNG 电机驱动模块
驱动电压	5~35 V	3~12 V
驱动电流	2 A(MAX 单桥)	3.2 A
存储温度	−20~135 ℃	−20~85 ℃
外围尺寸	43 mm×43 mm×27 mm	65 mm×56 mm
实物图		

图 12.4　聚合物锂电池实物图

12.2.7　电源模块方案设计

　　电源是启动系统以及保证整个系统持续运转的基础。在本设计中,选择了 7.4 V、2 000 mA 的聚合物锂电池组作为电源,如图 12.4 所示为聚合物锂电池实物图。聚合物锂电池能为智能小车提供卓越性能。其高能量密度能延长运行时间,低自放电率适合长时间待机,长循环寿命确保多次充放电后性能稳定,7.4 V 稳定电压满足系统需求,高安全性减少过热、起火风险,环保特性助力绿色能源发展。综上,聚合物锂电池以其高效、安全、环保的特点,成为智能小车理想的动力选择。因此,选择聚合物锂电池组作为本设计的电源。

12.3　系统硬件设计

　　本章深入探讨了基于 STM32 的智能小车路线规划与自主避障系统的硬件设计。系统硬件设计作为实现智能小车各项功能的核心,其合理性和高效性对产品最终的性能表现具有重要影响。本章围绕 STM32 微控制器,将精心设计的电路与各功能模块集成,为智能小车提供了稳定可靠的硬件支持。这些工作不仅确保了智能小车能够稳定运行,还为实现智能循迹、路线规划与自主避障等关键功能奠定了坚实基础。

12.3.1　硬件电路设计开发工具

在智能小车系统的设计中,硬件电路设计是至关重要的一环。它直接决定了智能小车能否有效地实现路线规划和自主避障功能。硬件电路设计中使用的开发工具是嘉立创电子设计自动化(Electronic Design Automation,EDA)软件,它是一款功能强大的 EDA 软件,它提供了从原理图设计、PCB 布局到元件库管理等一站式解决方案,因其友好的用户界面、丰富的元件库、精确的布线工具和强大的分析能力,被广泛应用于电子电路设计的各个领域中。嘉立创EDA 作为一款功能强大的电子设计自动化软件,在智能小车系统的硬件电路设计中发挥了重要作用,可以快速、准确地完成原理图设计、PCB 布局、元件库管理和仿真验证等任务,为智能小车系统的成功实现提供了有力保障。

12.3.2　主控最小系统硬件设计

STM32F103C8T6 是一款基于 ARM Cortex-M3 内核的 32 位微控制器,拥有丰富的外设接口和强大的性能,适用于本项目的智能小车控制。

如图 12.5 所示为 STM32F103C8T6 微控制器的引脚图,是智能小车系统的核心部分。从图中可以看出,STM32F103C8T6 的引脚被分为多个部分,包括电源引脚(如+3.3 V、+5 V 等)、地线引脚(GND)、输入/输出引脚(如 AIN、DO、DI 等),以及其他功能引脚(如 SCL、SDA、RxD、TxD 等)。这些引脚与小车底盘的控制电机、传感器以及其他外围设备相连接,可实现对智能小车的行进方向、速度控制,以及对障碍物的检测和自主避障功能。

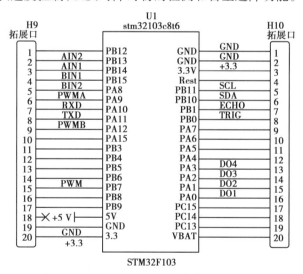

图 12.5　STM32F103C8T6 微控制器的引脚图

12.3.3　电机驱动模块硬件设计

如图 12.6 所示为电机驱动模块引脚图,图中的 TB6612FNG 模块可驱动电机,是一款常用的双路 H 桥直流电机驱动芯片。它可以驱动两个直流电机,并通过 PWM 信号控制电机的转速,同时通过 AIN1、AIN2、BIN1、BIN2 等引脚控制电机的正转、反转和制动。其中,VM 引脚是电机驱动电压输入端,连接直流电源的正极;GND 引脚是电源负极,连接直流电源的负极或地线。PWM 引脚用于接收脉冲宽度调制信号,通过调整 PWM 信号的占空比可以控制电机的转速。AIN1、AIN2 和 BIN1、BIN2 分别作为两个电机的控制信号输入端,通过改变这些引脚的电平状态,可以实现对两个电机的正转、反转和制动控制。最后,AO_1、AO_2 和 BO_1、BO_2 分别是两个电机的输出端,它们分别连接对应电机的两个引脚,以实现电机的驱动。

31	30	29	28	27	26	25	24	23	22	21	20	19	18	17	16
CNF7[1:10]		MODE7[1:0]		CNF6[1:0]		MODE6[1:0]		CNF5[1:0]		MODE5[1:0]		CNF4[1:0]		MODE4[1:0]	
rw	rw	rw	rw	rw	rw	rw	rw	rw	rw	rw	rw	rw	rw	rw	rw

15	14	13	12	11	10	9	8	7	6	5	4	3	2	1	0
CNF3[1:10]		MODE3[1:0]		CNF2[1:0]		MODE2[1:0]		CNF1[1:0]		MODE1[1:0]		CNF0[1:0]		MODE0[1:0]	
rw	rw	rw	rw	rw	rw	rw	rw	rw	rw	rw	rw	rw	rw	rw	rw

位31:30 27:26 23:22 19:18 15:14 11:10 7:6 3:2	CNFy[1:0]:端口x配置位(y=0...7) 软件通过CNFy[1:0]位配置相应的I/O端口 在输入模式(MODE[1:0]=00): 00:模拟输入模式 01:浮空输入模式(复位后的状态) 10:上拉/下拉输入模式 11:保留 在输出模式(MODE[1:0]>00): 00:通用推挽输出模式 01:通用开漏输出模式 10:复用功能推挽输出模式 11:复用功能开漏输出模式
位29:28 25:24 21:20 17:16 13:12 9:8, 5:4 1:0	MODEy[1:0]:端口x的模式位(y=0...7) 软件通过MODEy[1:0]位配置相应的I/O端口,请参考表15端口位配置表 00:输入模式(复位后的状态) 01:输出模式,最大速度10 MHz 10:输出模式,最大速度2 MHz 11:输出模式,最大速度50 MHz

图 12.6 电机驱动模块引脚图

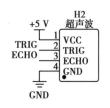

图 12.7 超声波传感器
HC-SR04 引脚图

12.3.4 超声波避障模块硬件设计

如图 12.7 所示为与超声波传感器 HC-SR04 相关的几个关键引脚:VCC、GND、TRIG(通常标记为 IN)和 ECHO(通常标记为 OUT)。电源引脚 VCC 需连接至正电源(如+5 V 或+3.3 V),而地线引脚 GND 则连接至电路板的公共地线。传感器上的 TRIG(输入)引脚用于触发超声波信号的发送,连接到 STM32 微控制器的 PB0 引脚。ECHO(输出)引脚则接收反射回来的超声波信号,并连接到单片机的 PB1 引脚以供读取。一旦 STM32 接收到 ECHO 信号,它会通过测量 TRIG 和 ECHO 信号之间的时间差来计算与物体的距离。

12.3.5 循迹模块硬件设计

如图 12.8 所示为 TCRT5000 红外传感器引脚图,TCRT5000 红外传感器是一个常用的光电传感器,它基于红外线的发射和接收来检测障碍物的存在。在电路连接方面,TCRT5000 有

4 个引脚:VCC(接 3 ~ 5 V 电压)、GND(接地)、DO(接单片机 I/O 口)、AO(模拟信号输出,一般不接)。本设计中 TCRT5000 红外传感器引脚 DO1、DO2、DO3、DO4 分别被连接到 STM32F103C8T6 单片机的 PA0 ~ PA3 引脚,当检测到黑线时,传感器上的指示灯灭掉,DO 输出高电平返回到单片机上;当未检测到黑线时,传感器上的指示灯亮,DO 输出低电平返回到单片机上。红外传感器模块采用 3.3 V 或 5 V 电源供电,并确保将 VCC(电源正极)和 GND (电源负极)分别连接到单片机的相应电源和地线引脚。

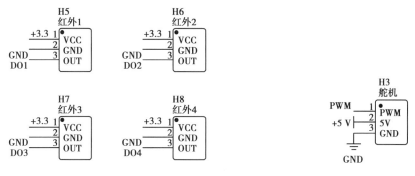

图 12.8　TCRT5000 红外传感器引脚图　　　　图 12.9　SG90 舵机引脚图

12.3.6　舵机模块硬件设计

SG90 舵机通常用于控制智能小车的转向等动作。当 STM32F103C8T6 根据所需传感器数据计算出转动的角度时,会通过 PWM 信号输出相应的占空比到 SG90 舵机的信号(Signal, SIG)线。舵机内部的控制电路会根据 PWM 信号的占空比调整电机的转动角度,从而带动舵盘的转动。通过控制 PWM 信号的占空比,可精确控制智能小车的转向角度,实现路线规划和自主避障。如图 12.9 所示为 SG90 舵机引脚图。

SG90 舵机通常引出 3 根线:棕色线(GND)用于连接电源负极或 STM32F103C8T6 的 GND 引脚,红色线(VCC)连接 5 V 电源正极,黄色线(SIG)接收来自 STM32F103C8T6 的 PWM 控制信号,以控制舵机的转动角度。STM32F103C8T6 负责接收来自各种传感器的数据,通过内部程序处理后输出这些数据控制信号给 SG90 舵机。为确保 SG90 舵机能够稳定运行,为其提供了稳定的 5 V 电源供应,并通过电源电路确保足够的电流供给。在信号接口方面, STM32F103C8T6 的 PB7 引脚被配置为输出 PWM 信号,这些信号通过连接到 SG90 舵机的控制线,实现对舵机转动角度的精确控制。SG90 舵机通过机械结构连接到智能小车的转向机构上,当舵机接收到 PWM 控制信号并转动时,它会带动转向机构实现智能小车的转向。

12.3.7　无线通信模块硬件设计

通过无线通信,智能小车可以与外部设备(如上位机等)进行数据交换,实现远程控制、状态监测等功能。本设计使用 HC-05 蓝牙模块作为无线通信模块的核心部件,因其具有易于使用、成本低廉等特点而被广泛应用。

HC-05 蓝牙模块支持蓝牙 2.0 标准协议,并具备串口透传功能,能够轻松实现数据的无线传输。如图 12.10 所示为 HC-05 蓝牙模块引脚图,HC-05 蓝牙模块的引脚图通常包含 VCC (电源正极)、GND(电源负极)、TXD(串口发送引脚)、RXD(串口接收引脚)、STATE(状态引

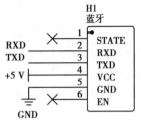

脚）和 KEY（配置引脚）。HC-05 蓝牙模块的电源引脚（VCC、GND）与 STM32F103C8T6 单片机的电源输出口和 GND 分别连接；将 HC-05 蓝牙模块的 TXD 引脚连接到 STM32F103C8T6 的 PA11 引脚，用于将 HC-05 蓝牙模块发送的数据传输到 STM32F103C8T6；将 HC-05 蓝牙模块的 RXD 引脚连接到 STM32F103C8T6 的 PA10 引脚，用于将 STM32F103C8T6 发送的数据传输到 HC-05 蓝牙模块。在本设计中，没有使用到 HC-05 蓝牙模块的 STATE 和 KEY 引脚，因此可以选择不连接。

图 12.10　HC-05 蓝牙模块引脚图

12.4　系统软件设计

本章探讨了基于 STM32 的智能小车路线规划与自主避障系统的软件设计。本设计使用 Keil μVision5 作为开发环境，并基于 STM32F103C8T6 处理器完成了整个软件系统的搭建与开发。通过合理的软件设计、精确的时钟配置以及针对自主避障和智能循迹功能的特定程序编写，为智能小车提供了高效、稳定的软件支持，从而确保了其各项功能的顺利实现。

12.4.1　软件开发平台

Keil μVision5 是一款功能强大的集成开发环境，专为嵌入式系统开发者设计。它支持多种处理器架构，提供源代码编辑器、调试器等多种工具，支持 C、C++和汇编语言，使开发者能够高效编写、编译和调试代码，是嵌入式开发领域的首选工具。本设计围绕 STM32F103C8T6 处理器构建了较完整的工程文件。这包括了对系统头文件和外设源文件的整合，并确保所有相关文件路径的正确设置。如图 12.11 所示为 Keil μVision5 软件开发界面。

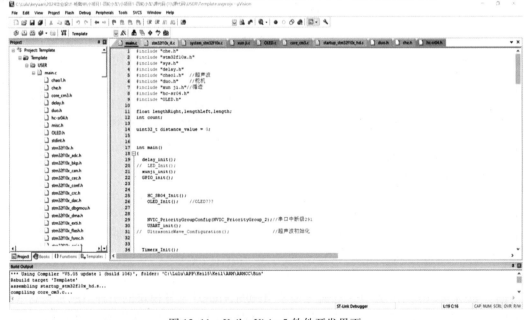

图 12.11　Keil μVision5 软件开发界面

12.4.2　路线规划与避障系统软件设计

超声波路线规划与避障模块设计旨在实现智能小车的实时环境感知、障碍物检测以及避障策略的执行。它通过发送超声波信号并接收反射信号,实现非接触式的距离测量,从而快速准确地感知周围环境。在智能小车运行过程中,超声波传感器实时捕获物体与传感器的距离信息,并将这些数据传递给 STM32F103C8T6 微控制器。微控制器再利用这些实时数据,结合预设的避障策略和算法,迅速计算出最佳的行驶路径和避障方案。随后,通过电机驱动模块控制小车的运动状态,如前进、后退、左转、右转等,使智能小车能够自主规划路线并有效避障,实现安全、智能的行驶。其系统软件流程图如图 12.12 所示。

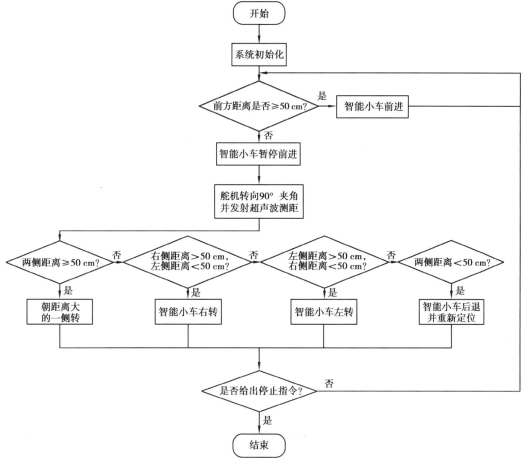

图 12.12　路线规划与避障系统软件流程图

12.4.3　循迹功能软件设计

红外循迹模块的设计主要用于实现智能小车的路径跟踪和导航功能。它由多个红外传感器组成,安装在智能小车底部,用于检测路径上的颜色变化。工作时,模块发出红外光束并接收反射信号,根据信号强度判断智能小车是否在预设路径上。当智能小车行驶在黑线上时,由于黑线吸收红外线,接收信号变弱;而在离开黑线时,反射信号变强。这种信号变化使循迹模块能准确判断智能小车位置,实现路径跟踪与循迹,确保智能小车按预定路线行驶。

其系统软件流程图如图 12.13 所示。

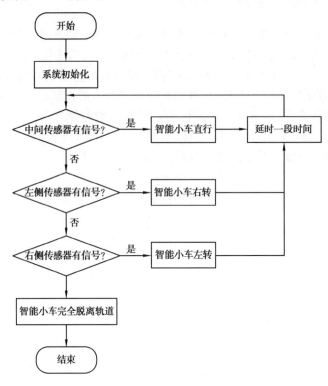

图 12.13　红外循迹系统软件流程图

12.4.4　舵机控制模块软件设计

舵机,也称为伺服马达(如 SG90 型号),是一种能够精确控制旋转角度的驱动器,广泛应用于需不断变换角度的控制系统。舵机是一种能够控制角度的电机,通过给定的控制信号,舵机可以转到特定的角度位置,并且能够保持该位置稳定。舵机可以接收单片机的 PWM 信号,PWM 周期为 20 ms,通过调整电平 PWM 不同的占空比,实现舵机不同角度的驱动,如图 12.14 所示。

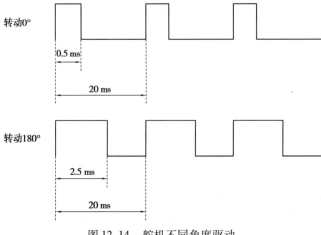

图 12.14　舵机不同角度驱动

12.4.5 蓝牙模块软件设计

蓝牙模块设计主要用于实现智能小车的远程无线通信和控制功能。蓝牙模块允许智能小车与手机等蓝牙设备建立无线连接。一旦连接建立,用户就可以通过手机上的应用程序向智能小车发送控制指令。这些指令包括前进、后退、左转、右转、停止等动作,以及设置智能小车的行驶路线等参数。通过蓝牙模块,用户可以方便地实现对智能小车的远程控制,无须直接操作智能小车本身。这对于一些需要远程监控或控制的场景非常有用。如图 12.15 所示为蓝牙控制模块流程图。

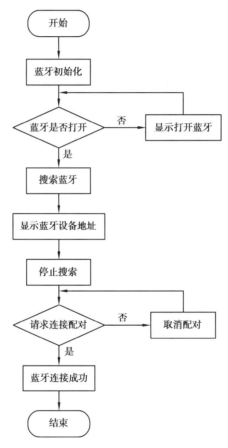

图 12.15 蓝牙控制模块流程图

12.4.6 运动控制单元软件设计

在控制智能小车运动方面,本设计使用了两个 PWM(PWMA、PWMB)通道输出,每个通道分别连接到 4 个电机的控制端,以精确调整每个电机的转速。此外,每个电机还需要通过两根导线连接到单片机最小系统板的 I/O 口,用于控制电机的正转或反转。为了实现智能小车的 5 种运动状态,包括前进、后退、左转、右转和停止,如图 12.16 所示为智能小车运动控制单元软件流程图。依据物理原理和电机的特性,精确配置并调试这些 PWM 信号和 I/O 口的状态。在前进和后退时,4 个电机将按照相同的转向并以适当的转速运行;在左转和右转时,通过调整左右两侧或前后两组电机的转速差异和转向,实现智能小车的转向;而在停止状态时,关闭所有 PWM 信号,并将电机的 I/O 口设置为安全状态,确保智能小车完全停止运动。整个过程需要精确的判定和细致的调试,以确保智能小车能够按照预期的运动状态行驶。

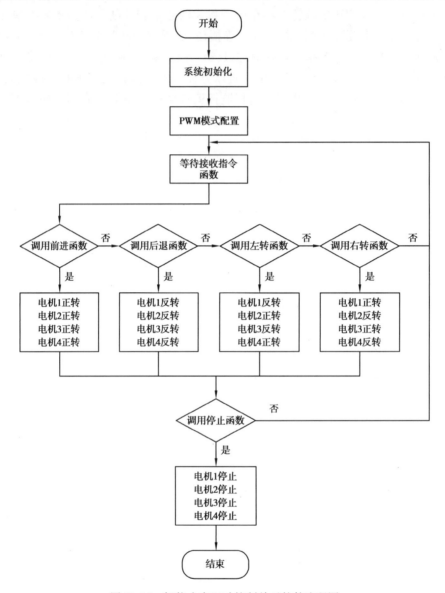

图 12.16　智能小车运动控制单元软件流程图

12.5　系统测试与优化

　　为确保智能小车系统在实际应用中的稳定性、可靠性和高效性,在设计过程中进行了一系列系统测试。这些测试不仅覆盖了智能小车的核心功能,还模拟了真实环境中的各种复杂场景,以确保智能小车在各种情况下都能展现出色的性能。测试时,运用蓝牙串口 App 作为用户与智能小车交互的接口,通过蓝牙通信模块与主控制器进行通信,将对应指令发送至智能小车端的控制单元,实现手动遥控控制智能小车移动或作业的目的。用户可以通过 App 发送控制指令给主控制器,同时主控制器也可以将智能小车的状态信息通过蓝牙通信模块发送给 App,供用户查看。本次功能测试主要包括遥控控制智能小车移动功能测试、路线规划与避障功能测试、智能循迹功能测试、复杂环境行驶测试几个方面。

12.5.1　遥控控制小车移动功能测试

本设计通过手机中的蓝牙串口 App 遥控智能小车,对智能小车的前进、后退、左转、右转、停止等基本移动功能进行测试。这一环节主要检验智能小车对遥控信号响应的速度和准确性,确保用户能够通过遥控设备轻松控制智能小车的移动。在蓝牙串口 App 中,输入对应遥控指令的字母,智能小车执行对应动作或功能。遥控指令智能小车动作及测试效果图见表 12.5。

表 12.5　遥控指令智能小车动作及测试效果图

遥控指令	智能小车动作	测试效果图
a	前进	
b	停止	
c	后退	

续表

遥控指令	智能小车动作	测试效果图	
d	右转		
e	左转		
f	循迹		
s	路线规划与避障		

12.5.2　路线规划与避障功能测试

在这一环节的测试环境中设置了多个障碍物模拟真实环境,并在蓝牙串口 App 中给出路线规划与避障指令"s"。通过测试,确认智能小车搭载的超声波传感器能够精确检测到障碍物的存在和位置,并在检测到障碍物时立即做出避障反应,如停止前进或转向,以避免碰撞。在成功避障后,智能小车能够根据当前位置和周围环境自主规划出新的行驶路径,同时考虑行驶安全性等因素以选择最优路径。在连续遇到多个障碍物的情况下,智能小车也能够连续进行避障和路径规划。这些测试结果表明,智能小车在路线规划与避障方面展现出优异的性能。如图 12.17 所示为路线规划与避障功能测试过程图。

　（a）智能小车执行避障命令　　　（b）检测前方障碍物并停止　　　（c）左转并检测左侧障碍物

　（d）右转并检测右侧障碍物　　　（e）右侧无障碍物直行通过　　　（f）智能小车避开障碍物

图 12.17　路线规划与避障功能测试过程图

12.5.3　智能循迹功能测试

在智能循迹功能测试中,提前准备一个平坦无障碍的测试场地,并铺设清晰且足够长的"黑线"轨道,以确保智能小车的稳定性和持久性得到充分检验。在测试中,首先在手机中的蓝牙串口 App 给出智能循迹指令"f",并观察智能小车在动态行驶中沿直线行驶的表现,发现智能小车能保持稳定行驶。然后,观察其在动态行驶中沿斜线或者弯道行驶的表现,发现智能小车能保持沿较缓的斜线或者弯道行驶。如图 12.18 所示为智能循迹功能测试过程图。

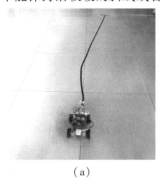 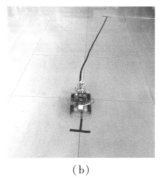 

　　　　（a）　　　　　　　　　　　（b）　　　　　　　　　　　（c）

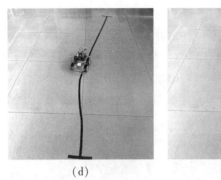
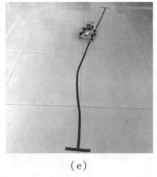
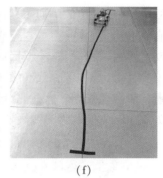

$$(d) \qquad (e) \qquad (f)$$

图 12.18　智能循迹功能测试过程图

12.5.4　复杂环境行驶测试

为全面检验智能小车在真实环境中的性能,需要考虑一系列复杂的行驶场景测试。首先,模拟不同坡度和材质的斜坡,测试智能小车的爬坡、制动和稳定性。接着,设置玻璃门为透明障碍物,模拟视觉干扰,以检验小车的避障能力和行驶稳定性。此外,在模拟的复杂交通环境时,智能小车还需要应对多个随机障碍物,以评估其避障反应和路线规划能力。如图 12.19 所示为智能小车在斜坡与玻璃障碍物的复杂环境下行驶测试。

(a)斜坡复杂环境行驶测试

(b)玻璃障碍物复杂环境行驶测试

图 12.19　智能小车在斜坡与玻璃障碍物的复杂环境下行驶测试

12.5.5　系统优化

经过系统总体测试后,发现本设计有几点不足,以下是在测试中发现智能小车的不足和解决办法:

①在路线规划与避障功能测试中,当智能小车遇到多个近距离障碍物时,会在多个障碍

物之间反复判断,无法确定正确的行动方向。

解决办法:智能小车在多个障碍物之间反复判断,无法确定正确的行动方向的原因是前方障碍物过近且障碍物距离太密集,智能小车每一次转动范围内都有障碍物,并且智能小车避障使用的是超声波避障模块,超声波传感器检测范围是 0.5 m,所以需要更改它的距离并加大与障碍物之间的距离。

②在智能循迹功能测试中,智能小车的智能循迹功能在直线行驶时,表现稳定可靠,但智能小车在沿着较缓斜线或弯道行驶时,车身会有偏移,如果斜线和弯道过急,智能小车将会冲出"黑线"轨道并继续直行。

解决办法:当智能小车面对斜线或弯道时,特别是在角度较急的情况下,会冲出轨道的原因是红外传感器循迹识别黑线需要一定时间,如果智能小车车速过快或者轨道角度过陡,红外传感器循迹还没识别到轨道,智能小车就已经冲出轨道了。所以需要修改智能小车行驶速度,将速度减慢让红外传感器有足够的时间反应,或者换较缓的斜线或弯道。

③智能小车在复杂环境行驶过程中,发现其难以在45°以上的斜坡上行驶,行驶能力明显受限,几乎无法攀爬上去。此外,当智能小车行驶在光滑且倾斜的瓷砖表面时,轮胎会发生明显的打滑现象,影响智能小车的稳定性和行驶效率。

解决办法:智能小车在45°以上斜坡难以爬坡,是因为重力分力增大,所需牵引力超过其动力输出。而在光滑倾斜瓷砖上,轮胎与地面摩擦系数低,导致摩擦力不足,从而引发打滑现象。针对以上问题,可以适当增加智能小车动力,使其能够在较陡坡度上行驶,同时可以选择更换高摩擦系数轮胎或者在轮胎上加装防滑装置,来增加轮胎抓地力。

第13章
基于手势控制的智能小车的设计与研究

13.1　实验简介

随着智联网技术高速发展,智能汽车工业的发展也随之进步,体感遥控技术在汽车驾驶的研究正处于迅猛发展阶段,而可穿戴式的人机交互装备也成为世界各国的研究热点。本章设计了一种基于手势控制的智能小车。

本章总体上分为两部分:手套控制端和受控智能小车端。采用STM32微控制器搭载其最小系统作为控制单元,利用陀螺仪模块进行手势信息采集,不同的手势产生的不同控制信号可以生成多样化的电机转动方案,带动车轮,从而对智能小车运动进行多样化控制;采用蓝牙串口通信模块实现手套和智能小车之间的无线通信;此外,该系统还设计有智能避障的功能。

经过软硬件系统联调,结果表明,通过手势控制,智能小车可以稳定行驶,且有一定抗干扰能力。若在后续工作中继续深入设计和研究,将在工业、医疗、军事等多个领域有较为广阔的应用前景。

13.2　系统方案设计

13.2.1　总体设计

系统由两部分组成:手势识别手套和全向移动智能小车。手势识别手套是采集控制信息并无线发送指令的设备,由用户右手佩戴,通过主控制器采集手势控制单元发出的数据并给出相应的控制指令,随后通过无线模块传输至全向移动智能小车。全向移动智能小车接收手势识别手套端发送的信息并进行处理,控制智能小车几个电机的转动方向,从而控制智能小车进行全向移动,在此过程中测量障碍物距离,实时制动和避障。

无论是智能小车和手套,还是各个传感器模块以及设计电路,在元器件选型和购买时不仅要考虑产品性能是否满足设计需要,还要综合考虑其成本、体积、重量等因素,并且要求系统的各个组成部分一定要在电路总体安全的前提下发挥其作用。手势识别手套和全向移动智能小车的系统结构如图 13.1 所示。

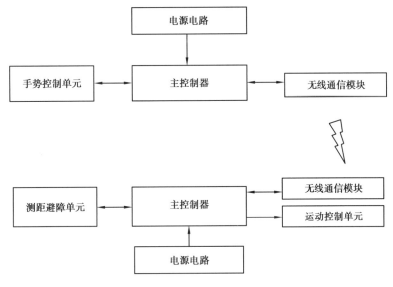

图 13.1　系统结构框图

手套端用到的主控制器主要用于采集手势可能表达出的信号,经过数据处理,通过无线通信模块将对应指令发送至智能小车端的控制单元,即可达到控制智能小车端移动的目的;智能小车端的 MCU 用于驱动智能小车的运动,并实时测量前方障碍物的距离,判断是否报警。从存储空间、I/O 口数量、Flash 闪存和价格等方面综合考虑,几种控制芯片最小系统板的对比见表 13.1。

表 13.1　几种 MCU 最小系统参数比对

类别	型号参数		
	STC89C52	STM32F103C8T6	STM32F407VET6
主频	48 MHz	72 MHz	168 MHz
Flash	8 kB	64 kB	512 kB
RAM	512 B	20 kB×8 bit	192+4 kB
I/O 口数量	40 个	37 个	82 个
内设	3 个定时器,1 个串口	4 个定时器,3 个串口	17 个定时器,4 个串口

由表 13.1 可知,STC 的 51 系列单片机虽然拥有足够数量的 I/O 口,但是主频较低,运行速度较慢;且只有 1 个串口,当程序需要多个串口进行试验调试时显得尤为不便,因此不作为首选考虑。STM32F103C8T6(图 13.2)和 STM32F407VET6 相比,后者拥有较为优良的内核和较高的主频,Flash 闪存以及只读存储器(Read-Only Memory,ROM)和随机存取存储器(Random Access Memory,RAM)均优于前者。然而,考虑到手套端要求达到的工程量以及运行稳定性等因素,前者完全可以达到,选择后者有些大材小用,故选择成本较低的 STM32F103C8T6。

手套部分需要用到至少两对串口,一对用于无线通信,另一对用于数据收发调试。同时,其 I/O 口占用数量不多。智能小车端同样需要用到 2 对串口做类似的功能,且需要用到 2 个定时器,分别用来调整电机转速的 PWM 和测距的超声波收发。综上所述,该模块满足课题要求。

图 13.2　STM32F103C8T6 最小系统板实物

13.2.2　手势控制方案设计

常见的手势控制方案有如下几种:

①将陀螺仪放置在手心或者手背表面,手势晃动得出手此时的姿态角,姿态角的不同取值区间对应不同的控制指令可以控制智能小车不同的动作;

②将红外模块放置于各个手指关节,并插放挡板,通过多个手指的弯直情况,可以得到远近差别较大的红外测距值,也可以对应不同的控制指令,控制智能小车动作。

通过仔细对比,认为第二种方法的弊端较多,因为红外发出的波形是发散状,而手指间的间隙不大,几根手指会互相影响,导致传感器输出值误差太大,故该方案排除,采取手的不同姿态角控制智能小车的全向运动方案。经仔细考虑,设计了手部动作控制智能小车运动的指令集,见表 13.2。手部动作集如图 13.3 所示。

表 13.2　手部动作和小车动作指令集

手部动作	动作 1	动作 2	动作 3	动作 4	动作 5	动作 6	动作 7
小车动作	前进	后退	左移	右移	左转	右转	停止

不同的姿态角陀螺仪单元用于处理计算出手套端的动作和实时姿态角度。其中,三轴加速度传感器(位姿传感器)因其适用性和实用性而备受青睐。市面上的三轴加速度传感器有 MPU-6050,MPU-9250,MMA8452,ADXL362 等,这些三轴加速度传感器内部均集成有三轴陀螺仪、三轴加速度计和三轴磁力计,均可以作为备选,具体参数对比见表 13.3。

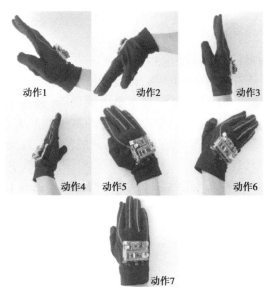

图 13.3　手部动作集

表 13.3　几种加速度传感器参数对比

参数	型号		
	MPU-6050	MMA8452QR1	ADXL362
供电电压/V	3～5	3～5	1.8～3.3
尺寸/mm	21×16	20.5×14.5	28×14
通信方式	标准 I^2C	标准 I^2C	SPI
芯片内置	16 位 ADC 和 16 位数据输出	12 位 ADC 和 8 位数据输出	12 位 ADC 和 8 位数据输出

由表 13.3 可知,和 ADXL362 相比,MMA8452QR1 拥有相当的精度和数据输出,且前者噪声远低于后者,稳定性较好。再对比 MPU-6050 来看,该模块芯片拥有更高的数据精度,陀螺仪的角速度测量范围最高达±2 000°/s,具有更良好的动态响应特性,直接可输出系统所需要的 3 个姿态角的值,模块大小合适,稳定性优良,可与单片机进行 I^2C 接口数据交互,操作便携,比较满足设计要求。MPU-6050 集成了 3 轴微机电系统(Micro-Electro-Mechanical System,MEMS)陀螺仪,3 轴 MEMS 加速度计,以及一个可扩展的数字运动处理器 DMP(Digital Motion Processor),可用 I^2C 接口连接一个第三方的数字传感器,对陀螺仪和加速度计分别用了 3 个 16 位的 ADC,将其测量的模拟量转化为可输出的数字量。为了精确跟踪快速和慢速的运动,传感器的测量范围都是用户可控的。如图 13.4 所示为陀螺仪模块实物。

图 13.4　MPU-6050 模块实物

13.2.3　无线通信方案设计

当前较为热门的无线通信方式主要包括蓝牙、Wi-Fi 等方式。在 Wi-Fi 模块方面,常用的 Wi-Fi 型号为 ESP8266-01,ESP-WROOM02 等,而蓝牙模块则包括 HC-05、JDY-31、JDY-40 等常用型号。传输速度快、不需要布线是 Wi-Fi 技术最大的优点,而蓝牙可以同时进行数据和语音的无线通信,相对于 Wi-Fi 来说应用面更广。常见的数码产品大多集成了蓝牙功能,因其具有安全性较高、功耗较低的特点,非常适合户外场景的使用。此外,Wi-Fi 技术更适用于室内场景,对于干扰和误差难以消除的户外和野外,更需要适应性强的技术支撑。因此对于本设计来说,蓝牙模块是更好的选择。几种蓝牙模块的性能对比见表 13.4。

表 13.4　几种蓝牙无线透传模块参数对比

类型	型号参数		
	HC-05	JDY-31	JDY-40
供电电压/V	3.0～3.6	1.8～3.6	1.8～3.3
尺寸/mm	37.0×15.5	19.6×15.0	23.0×13.7
通信接口	标准 TTL 串口	标准 TTL 串口	标准 TTL 串口
工作频段/GHz	2.4	2.4	2.4
传输距离/m	10	30	120

由表 13.4 可知,几种模块均搭配有 3.0 串口协议规范(Serial Port Profile,SPP)版本的蓝牙技术。三者工作电压相差不大,均可连接在单片机的 3.3 V 标准电平下工作,且都工作在合适的 2.4 GHz 频段。这些模块均采用便携的串口通信协议。对比之下,3 种型号的通信距离相差较大,JDY-40 的传输距离远大于前两者,且拥有最高的灵敏度和较好的性价比。3 者的发射功率相差并不大,在实际调试过程中可忽略考虑。综合考虑下,对于所设计的小车端和手套端来讲,JDY-40 模块是最佳选择,实物如图 13.5 所示。

图 13.5　JDY-40 蓝牙透传模块实物

13.2.4　智能小车运动方案设计

智能小车端所搭载的运动控制单元包括电机驱动芯片和 4 个用于带动车轮转动的直流电机。常用的电机驱动芯片有 L298N、TB6612FNG 等,它们都可以驱动一般的直流电机和智能小车马达,功能上无显著差异。一个单一的模块可搭载两个直流电机,模块之间仅在电路构造和工作电压电流方面有所差异。

表 13.5　两种电机驱动模块参数对比

类别	型号参数	
	L298N	TB6612FNG
驱动电压/V	4.5 ~ 7	2.74 ~ 10.8
额定功率/kW·h	25	18
工作电流/A	2	1.2
尺寸/mm	43.0×43.0	20.5×20.4

由表 13.5 可知,TB6612FNG 模块具有更广的电压输入范围选择,且额定功率较低,工作电流较小,实际应用中的安全性较高于后者,且外观较小,成本低,在功能无差的前提下,选择该模块作为目标模块较为合适。

直流电机可选用常见的 5 V 工作电压的普通马达,性能稳定、功耗较低,一般的小车底盘都能够完美带动。该模块尺寸约为 30 mm×22 mm×21 mm,占用空间不大,轻型便携,符合设计需求。模块实物如图 13.6 所示。

图 13.6　TB6612FNG 电机驱动模块实物

13.2.5　测距避障方案设计

关于智能小车的测距模块一般选择红外测距和超声测距两种方式。从物理原理来看,红外测距的准确度要高于超声测距,量程也要大于超声波。但是红外测距缺点也相当明显,如对光学系统要求高,模块表面必须长久保持洁净,且在户外会极大程度受到阳光影响,超声测距却没有这样的弊端,且对于本设计 0.5 m 范围以内的测距保障来说,5~10 m 的超声测距已经远远满足要求。因此,综合考虑,选择了超声测距的方案。

超声测距模块一般选择 HC-SR04,如图 13.7 所示。其工作电压为 5 V,电流 15 mA,有 40 kHz 的工作频率,测距范围最大可达 4 m,输出为标准 TTL 电平,模块尺寸 45 mm×20 mm,对小车底盘来说大小合适,模块实物约 8 元,可选用。

图 13.7 HC-SR04 超声测距模块实物

适用于本实验的报警方式大概有两种。一种是用蜂鸣器报警,是安装于 STM32 单片机开发板的蜂鸣器电路驱动。另一种是使用 LED 灯报警,即通过最小系统板上的 LED 灯的亮灭判断。

蜂鸣器电路灵敏度高,工作电压稳定,由晶体管或集成电路构成。当接通电源后(1.5~15 V 直流工作电压),多谐振荡器起振,输出 1.5~2.5 kHz 的音频信号。该信号通过阻抗匹配器推动压电蜂鸣片发声,从而满足功能要求。但考虑到声波和噪声对无线通信可能存在频道干扰或者其他影响,为了保证系统的稳定,选择了更为简易的 LED 灯作为报警标识。

超声波测量到前方的障碍物距离后,将该距离值送入软件程序,并与设定的报警距离进行判断。当实际距离小于设定值时,可以使得 LED 灯进入常亮状态,并停止智能小车电机转动,达到制动效果,然后再通过其他手段使智能小车远离障碍物。

13.2.6 电源方案设计

由于本实验用到的电子器件均只需要直流电源供电,故可在常用的干电池、蓄电池、锂电池或者手机充电宝等可移动电源中选择。考虑到电路的安全性,应避免系统集成电路直接通入电源,而是需要搭载降压稳压电路,使用降压稳压电路输出的稳定电压进行供电。

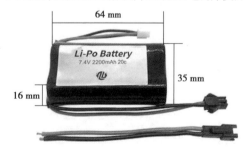

图 13.8 聚合物锂离子电池实物

常用的无源直流电源电压主要为 3.7 V,7.4 V 标准,材质为锂电池或者聚合物锂离子电池(Polymer Lithium-ion Battery,Li-Po),可同时充放电,电池电量从 2 200~4 400 mA·h 不等。智能小车上的直流电机在调试过程中较为耗电,因此除电池外,还需要选购配套的充电装置。电池实物如图 13.8 所示。

参考已有设计经验并查阅资料,稳压电路通常由稳压芯片和电容组成。本实验中,用到的稳压芯片为 AMS1117 型号,封装类型为 SOT-223。AMS1117 是一款正向低压降稳压器,在 1 A 电流下压降仅为 1.2 V,精度为 1%,最大输入电压可达 18 V,功耗 5 W,可完全满足功能需要。

在智能小车端,考虑到单片机、电机驱动模块、超声波模块等的供电需要,在智能小车端需要用到 3.3 V 和 5 V 的标准 TTL 信号电平,因此选用两种 AMS1117 的稳压芯片即可。

本部分也可以直接选用 DC-DC 可调降压模块,降低电路的复杂程度,模块实物如图 13.9 所示。电路需要用到电容为 10 μF 和 0.1 μF 的贴片电容。另外,考虑到电源信号彼此间的干扰作用,需要采用数字地或模拟地相隔离亦或使用 0 Ω 的磁珠进行隔离。

图 13.9　DC-DC 可调降压模块实物

13.2.7　方案经济分析

综合上述的方案设计,购买所有的模块、电路元器件以及手套和智能小车模型(考虑到设计过程中的失误和材料损毁,所有材料均购买了适量备品),成本约为 544 元。综合来看,以实现所有预期功能为目标,在保证各组成部分性能良好的情况下,尽可能多地降低成本。初步设计出的产品仅能暂时视为小型汽车模型,实用度一般,性价比不是很高。因此,希望能在本设计所有基本功能实现的基础上,进行新功能的开发和调试,并对产品的综合性能进行不断优化,争取在后续不断深度研究的过程中,本设计一些设计理念和原理能够用到真实的工程案例中。

13.3　系统硬件设计

电路和接线是系统搭建的基础工作,是硬件选型后的重点操作部分。系统的硬件由手势识别手套端和全向移动智能小车端组成。手势识别手套端的硬件电路包括主控制器电路、电源电路、无线通信模块和陀螺仪模块;而全向移动智能小车端的硬件电路包括单片机最小系统电路、电源电路、超声测距模块、电机及驱动部分和无线通信模块。

13.3.1　手势识别手套端硬件设计

1)STM32 最小系统硬件设计
STM32F103C8T6 最小系统板电路包含 4 部分:RTC 时钟晶振电路、主芯片时钟电路、

SWD、主芯片电源滤波电路。其中,RTC 时钟晶振用的是 32.768 kHz,主芯片时钟使用 8 MHz 的晶振。除了上述电路外,主 IC 的 GPIOA、GPIOB 和部分 GPIOC 引脚,分别接到扩展口和外部设备上。有复用功能(如 I^2C、PWM 等)的引脚,在后续进行 GPIO 配置工作的时候按标准语句规则进行编写即可。

如图 13.10 所示为手套端 STM32F103C8T6 最小系统板原理图。手势识别手套的主控端采用 40 个引脚的 C8T6 最小系统板,实际用到的引脚数量略少于智能小车端。图中,V_{CC} 引脚连接稳压模块输出的 3.3 V 电压,GND 接地端,5 V 电源和 RESET 复位端均未接线。引出串口 1 的 PA9/PA10 引脚,便于与电脑端进行数据传输调试;PB6/PB7 是 I^2C 总线的串行时钟线(Serial Clock Line,SCL)和串行数据线(Serial Data Line,SDA)端,用于外接 MPU-6050 加速度/角度传感器模块;串口 3 的 PB10/PB11 引脚仍作为无线通信模块的串口,进行数据透传。

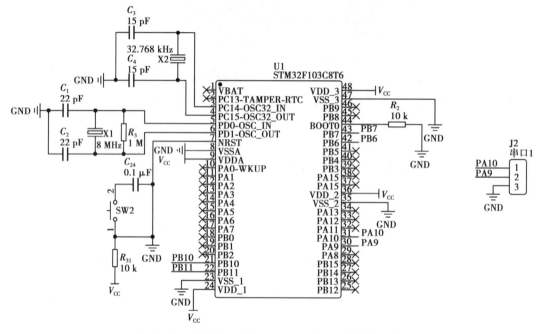

图 13.10　手套端 STM32F103C8T6 最小系统板原理图

2)电源电路硬件设计

电源电路这一部分,除了直接供直流电的 7.4 V 锂电池外,还使用了降压和稳压模块。电池电压在经过电容滤波整流之后再进行使用,以确保集成电路板上的所有模块稳定安全工作。在各个模块中,用到的电压均未超过 5 V,无论是 JDY-40 无线通信模块还是 MPU-6050 陀螺仪模块,均为 3.3 V 标准输入工作电压。如图 13.11 所示为手套端电源电路原理图。

7.4 V 聚合物锂离子电池的正负极分别插入插槽 DC1 的 Power+和 Power−接口。SW1 为自锁开关,其输出端标记为 DC+,自锁开关的使用提高了电路的安全性。AMS1117 芯片和两种型号电容搭载的稳压电路,将输入的 DC+转换为 3.3 V 标准 V_{CC} 电平。其中,输入电压(Voltage Input,VIN)为电池电压输入端,两路输出电压(Voltage Output,VOUT)输出,取其中一路即可。

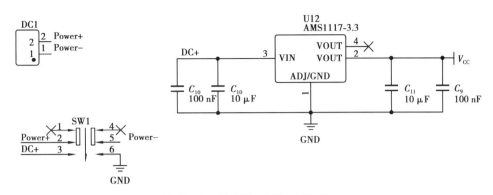

图 13.11　手套端电源电路原理图

3）无线通信模块硬件设计

本章实验选用 JDY-40 蓝牙串口透传模块作为无线通信模块。如图 13.12 所示,模块的 GND 端和芯片选择(Chip Select,CS)端均接地,VCC 接 3.3 V 标准 TTL 电平。

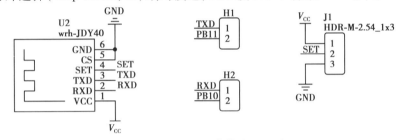

图 13.12　无线通信模块原理图

SET 引脚、TXD 引脚和 RXD 引脚是这个模块需要重点设置接线的引脚。该模块的 TXD 和 RXD 引脚功能分别是发送已连接单片机串口接收的数据和接收其他单片机串口发送过来的数据,在这里通过跳线帽与单片机的串口 USART3 对应引脚 PB11/PB10 相连,以便在后续的集成电路板上能够对串口 3 和 JDY-40 单独调试,也为了防止数据传输卡死无法及时复位情况的发生。SET 脚为指令切换引脚,如果置"0",是 AT 指令设置模式,如果置"1",是无线透传模式,加入一个三脚排针,方便通过跳线帽在两种模式间切换。

该模块的 AT 指令集见表 13.6。仅当两个以上的 JDY-40 模块的无线 ID、设备 ID 以及频道号全部相同时才能进行通信。且没有优先级的区分,可以同时收发相互的数据。本设计选用默认的 9600 Bd,无线 ID 和设备 ID 设置为 1221,频道号设置为 094,同时不改变默认的发送功率和类型。在智能小车端,无线通信模块与手套端完全相同。

表 13.6　JDY-40 的 AT 指令集

序列	指令	作用	默认
1	AT+BAUD	波特率/Bd	9 600
2	AT+RFID	无线 ID	8 899
3	AT+DVID	设备 ID	1 122
4	AT+RFC	频道(128 个频道)	001
5	AT+POWE	发送功率	+10 dB
6	AT+CLSS	类型	A0

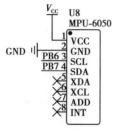

图 13.13　陀螺仪模块
电路原理图

4) 陀螺仪模块硬件设计

MPU-6050 同样由 3.3 V 标准 TTL 电平供电,SCL 和 SDA 作为 I²C 时钟引脚和数据引脚,接到单片机的 PB6 和 PB7 脚,采用 I²C 协议进行双向数据传输。而 XDA、XCL 是该模块作为主机时的 I²C 时钟和数据线,AD0 是地址管脚,INT 是用到中断时开启的引脚,不进行接线设计。如图 13.13 所示为陀螺仪模块电路原理图。

要读取 MPU-6050 的寄存器的值,首先由主控端产生开始信号(START),然后发送从设备地址位和一个写数据位,并发送寄存器地址,才能开始读寄存器。收到应答信号后,主设备再发一个开始信号,然后发送从设备地址位和一个读数据位。作为从设备的 MPU-6050 产生应答信号并开始发送寄存器数据。通信以主设备产生的拒绝应答信号(NACK)和结束标志(P)结束。拒绝应答信号产生定义为 SDA 数据在第 9 个时钟周期一直为高。在 MPU-6050 内部,陀螺仪算法可得到实时的角度值和加速度值,这些数据在模块测试阶段可以通过串口打印在电脑上,方便查看。

13.3.2　全向移动小车端硬件设计

1) STM32 最小系统硬件设计

如图 13.14 所示为 STM32F103C8T6 最小系统板的接线原理图,共 40 个引脚。VCC 引脚接稳压模块输出的 3.3 V 电压,GND 接芯片的地端(芯片的地端和电机驱动的地端间做了数字模拟隔离,这一点将在电源模块具体介绍)。

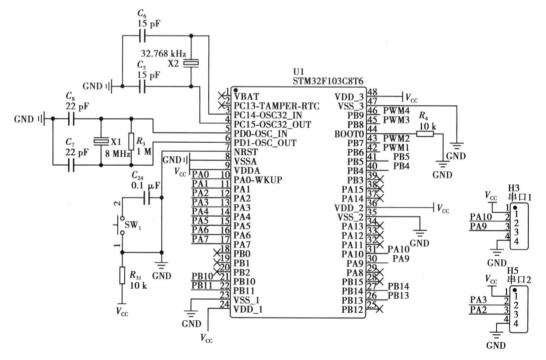

图 13.14　全向移动小车 STM32F103C8T6 最小系统板原理图

PA9/PA10 和 PA2/PA3 为串口 1 和串口 2 的引脚,用四脚排针引出,为后面做数据传输调试做准备。选择串口 3 的 PB10/PB11 引脚作为无线通信模块的串口,进行数据透传。

PB4/PB5 作为定时器 TIM3 的引脚,用于控制超声测距模块中超声波的发收。PB6-PB9 为定时器 TIM4 的 4 路 PWM,目的是通过调整 TIM4 的脉宽,达到控制 4 个电机各自转速的目的。然后是 PA0/PA1,PA4/PA5,PA6/PA7 和 PB14/PB15,这 8 个 I/O 口仅用来进行 4 个电机的转动方向控制,无须复用这些引脚的其他功能。其余 GPIO 口不外接其他设备,因此全部赋予非连接标志,防止干扰情况的发生。

2) 电源电路硬件设计

与手套端同理,同样用到的是 7.4 V 聚合物锂电池和 AMS1117 稳压电路。区别在于,由于智能小车端不同的传感器或模块较多,每个模块都有各自的 GND 接线,为了防止智能小车端电机驱动芯片的接地端与主控芯片的接地端因耦合可能产生干扰,特将主控芯片的地与电机驱动部分的地进行隔离,如图 13.15 所示的 AGND 和 MGND,分别表示模拟量的地和数字量的地。

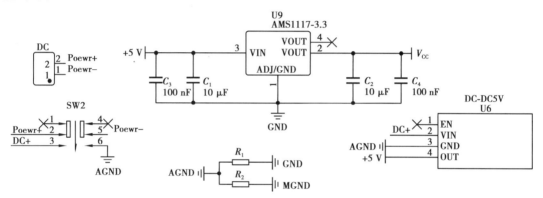

图 13.15　小车端电源电路原理图

如图 13.15 所示,电池的 Power+ 和 Power− 输入电压,在自锁开关 SW2 处 DC+输出 7.4 V 原电压,接入到 AMS1117 稳压电路,右侧输出 3.3 V 标准 V_{CC}。位于右侧的 5 V 降压模块,EN 使能端不接线,VIN 端接入电池电压,GND 接主控端 AGND,OUT 端输出的标准+5 V 电压可用于超声波测距模块和电机驱动模块的输入端。

3) 超声测距模块硬件设计

HC-SR04 超声测距模块采用降压模块给到的 5 V 电压输入。TRIG 端为超声波脉冲触发端,与单片机的 PB4 引脚相接,ECHO 端为超声波接收端,接单片机 PB5 引脚。模块与单片机的接线原理如图 13.16 所示。

当给 TRIG 端输入一个长为 20 μs 的高电平方波输入方波后,HC-SR04 超声测距模块会自动发射 8 个 40 kHz 的声波,与此同时 ECHO 端的电平会由 0 变为 1,当超声波返回被模块接收到时,ECHO 端的电平会由 1 变为 0;定时器记下的这个时间即为超声波由发射到返回的总时长,最后根据声音

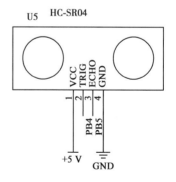

图 13.16　超声测距模块原理图

在空气中的速度为 344 m/s,即可计算出所测的距离(结果要除以 2,因为总时间是发送和接收的时间总和)。这个过程中,对定时器的配置和精度要求较高,需多加注意。

4) 电机及驱动硬件设计

如图 3.17 所示,右侧的一块 TB6612FNG 模块可以驱动两个电机。将电池电压 7.4 V 接到虚拟机(Virtual Machine,VM)输入端,注意要和 V_{CC} 的+5 V 输入要区分开,且芯片的 GND 端也要和电机的测量卡地(Measurement Card Ground,MGND)端隔离开。以其中一块 TB6612FNG 模块为例,AO1/AO2 和 BO1/BO2 分别接 1 号电机的 Motor1_1/Motor1_2 和 2 号电机的 Motor2_1/Motor2_2。PWMA 和 PWMB(即 STM32 硬件设计电路中的 PWM1 和 PWM2)分别接单片机的 PB6 和 PB7,即定时器 TIM4 的引脚;12 号引脚"STBY(待机)"口是启动端,置"0"时电机全部停止,置"1"时通过 AIN1、AIN2、BIN1 和 BIN2 来控制两个电机的正反转。

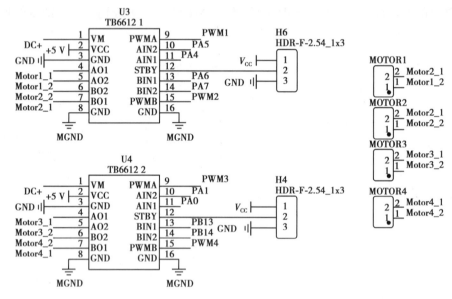

图 13.17　电机驱动模块原理图

以 AO1 和 AO2 为例,分别接到电机 1 的两根导线,通过两个引脚的高低电平组合来进行转向状态的控制,具体驱动方案的真值见表 13.7。

表 13.7　TB6612FNG 驱动真值表

AO1	AO2	状态
0	0	停止
0	1	正转
1	0	反转

智能小车的 4 个直流电机按照左前轮、右前轮、左后轮和右后轮顺序依次编号。此处需注意,TB6612FNG 的封装电路中,引脚 BO1/BO2 与 AO1/AO2 不同,BO2 位置在 BO1 的上方,与 AO1/AO2 恰相反。在连接电机导线时不能出现相互接反现象,否则在智能小车运动试验的时候,会出现车轮反转的现象,导致运动方向失控,车轮磨损加快。

13.4　系统软件设计

手势识别手套端和全向移动智能小车端的软件部分全部在 Keil μVision5 开发环境中完成,建立以 STM32F103C8T6 为处理器的工程文件,并将所用的系统".h"文件、外设".c"文件和所用文件路径等准备工作全部完成,即可开始程序部分的编写。由于时钟电路是单片机的核心,在对定时器部分进行配置时,需选用合适的定时器并按标准语句进行时钟使能和引脚配置。

13.4.1　手套端总体软件设计

手套端的重点在于陀螺仪算法所得出的结果与无线通信部分的数据交互,陀螺仪模块是集成的多功能传感器,通过 I^2C 协议和主机(单片机)进行双向通信。

流程图如图 13.18 所示,手套端系统上电后,各个模块开始进行初始化。初始化完成后,MPU-6050 开始实时采集角度信息,随后无线通信模块通过串口发送相应的动作指令到智能小车端,控制智能小车移动。需要注意的是,MPU-6050 上电后需要初始化,初始化完成后才能进行物理数据的采集和发送,因此,在这里可通过 LED 指示灯的亮灭,来判断其初始化是否成功。

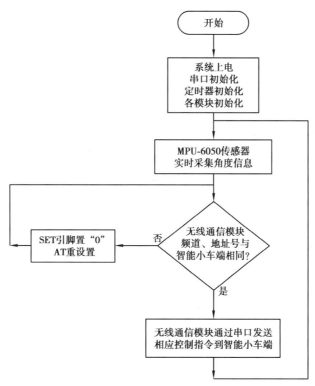

图 13.18　手套端软件总流程图

陀螺仪模块软件设计是手套端的重点部分,对智能小车移动控制的准确度、速度和灵敏度有一定要求。在模块测试阶段,首先初始化 MPU-6050,并利用 DMP 库初始化 MPU-6050 及使能 DMP。随后,在 while(1)循环中不停读取温度传感器、加速度传感器、陀螺仪、DMP 姿态解算后的欧拉角等数据,通过串口 1 打印在上位机显示。

当在手套端控制智能小车进行移动调试时,可以不再用串口发送角度和加速度的值进行显示,直接用到 if 判断语句中。此时,串口 3 的 TXD 端通过 JDY-40 无线透传模块发送相应的信息至智能小车。软件流程图如图 13.19 所示。

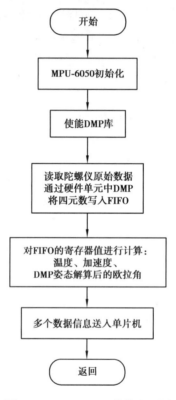

图 13.19 MPU-6050 软件流程图

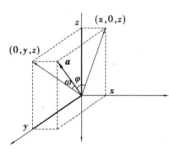

图 13.20 基于运动手套的三维模型

通过运动手套的姿势,可以建立智能车运动方向角的三维模型。如图 13.20 所示,以 3 个轴向上的加速度为分量,可构成加速度向量 $\boldsymbol{a}(x,y,x)$。假设当前芯片处于匀速直线运动状态,那么 $\boldsymbol{a}$ 应垂直于地面向上,即指向 Z 轴负方向,模长为 $|\boldsymbol{a}|=g=\sqrt{x^2+y^2+z^2}$(与重力加速度大小相等,方向相反)。图中,坐标系的 z 轴正方向向下,x 轴正方向向右。此时芯片的 Roll 角 φ 为加速度向量与其在 xz 平面上投影 $(x,0,z)$ 的夹角,Pitch 角 ω 与其在 yz 平面上投影 $(0,y,z)$ 的夹角。求两个向量夹角可用式(1)所示的点乘公式:

$$\boldsymbol{a} \cdot \boldsymbol{b} = |\boldsymbol{a}| \cdot |\boldsymbol{b}| \cdot \cos\theta \qquad (13.1)$$

简单推导可得式(2)和式(3):

$$\varphi = \arccos(\sqrt{x^2 + y^2}/g) \qquad (13.2)$$

$$\omega = \arccos(\sqrt{y^2 + z^2}/g) \tag{13.3}$$

由于 arccos 函数只能返回正值角度,当 y 值为正时,Roll 角要取负值,当 x 轴为负时,Pitch 角要取负值。而偏航角 Yaw 因为没有参考量,所以无法以类似方法求出其绝对角度,但可利用上面已求得的角度求得偏航角,如式(4)。

$$Yaw = \arctan\left(\frac{Pitch}{Roll}\right) \tag{13.4}$$

陀螺仪的算法有包括四元数法、一阶互补滤波法和卡尔曼滤波法。本模块选用的是四元数法。通过四元数法,将 6 个陀螺仪原始数据转化成四元数($q0$、$q1$、$q2$、$q3$),然后再转化成俯仰角(Pitch)、滚转角(Roll)和偏航角(Yaw)。

MPU-6050 上电初始化完成后,读取到 MPU-6050 的三轴加速度数据和三轴陀螺的数据,利用内置滤波算法计算欧拉角,也就是姿态角。然后系统传输到处理程序,实时显示 MPU-6050 的三维运动状态。所得的姿态角通过串口发送到计算机上的串口助手进行显示,如图 13.21 所示。

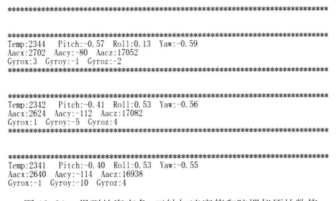

图 13.21   得到的姿态角、三轴加速度值和陀螺仪原始数值

在串口助手得到的首行数据中,Temp 是计算出的当前环境温度值(摄氏度)乘 100 倍的结果,第二行的 Aacx、Aacy 和 Aacz 分别表示 3 个轴所在方向的实时加速度传感器的原始值,第三行的 Gyrox、Gyroy 和 Gyroz 是陀螺仪的原始数值,这些数据在进行手势功能总体调试的时候不需要再进行打印显示,直接应用与本设计相关的 3 个欧拉角即可。

13.4.2   小车端总体软件设计

如图 13.22 所示,在全向移动智能小车 PCB 上电并完成所有模块初始化后,无线通信端与手套端进行频道和 ID 号的匹配。匹配完成后,无线通信模块通过串口接收手套端发送的控制指令,电机驱动模块驱动智能小车移动。与此同时,超声测距模块检测前方是否存在障碍物,与障碍物距离在设定距离之内时,采取报警和制动操作,并操作智能小车离开。

1)运动控制单元软件设计

驱动 4 个电机用到的 4 个通道的 PWM,用定时器 TIM4 的 4 个 I/O 口来控制。此外,每个电机的两根导线所接到单片机最小系统板 I/O 口也要按照标准形式进行配置。在智能小车端设置了 7 种不同的运动状态:前进、后退、左移、右移、左转、右转和停止。如图 13.23 所示,几种不同状态下电机的转向和转速均有所不同,需要通过物理知识进行准确判定并观察调试。

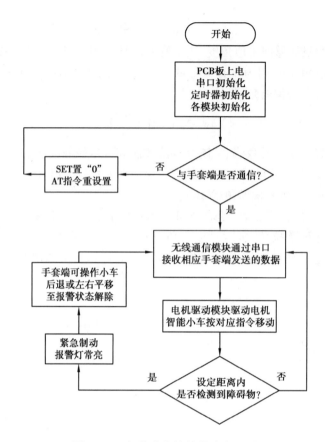

图 13.22　智能小车端软件总流程图

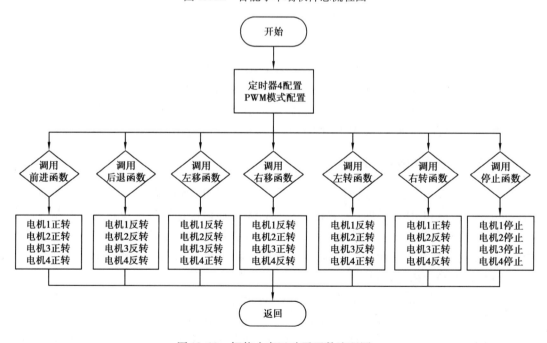

图 13.23　智能小车运动子函数流程图

如图 13.24 所示,例举了电机 1 的正转、反转和停止的子函数功能,其余 3 个电机的转动函数同理。电机转动函数定义完成后,在图中进行正确调用。PWM 的占空比在程序中配置的时候,范围在 0 ~ 999 之间,指的是电平脉冲的高电平部分在一个脉冲周期中的占比,如 250 是指高电平时间占一个周期的 1/4,它拥有一个百分比的含义,没有特定单位。值得注意的是,在调试过程中,不要一开始就将 PWM 通道的占空比调得过大,正确的做法是从较小的数值开始调试。

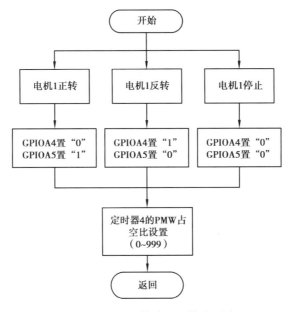

图 13.24　电机转动子函数流程图

2)无线串口通信软件设计

蓝牙模块 JDY-40 传的是串口发送和接收的数据。因此,这一部分的重点是正确配置手套端和智能小车端的串口和所用 I/O 口的引脚,尤其是智能小车端的串口 3 中断服务函数的编写和调试,基本思路是:手套端不同手势会发送不同的字符,智能小车端接收到手套端发来的不同字符,在智能小车端的串口中断服务子函数中进行判断后,调用相应的智能小车运动子函数,控制智能小车的运动。不同手势姿态角范围下智能小车的运动状态和标识字符,见表 13.8。

表 13.8　不同手势姿态角范围下智能小车的运动状态和标识字符

俯仰角范围	≤-30°	≥40°	-40°~40°	-40°~40°	-40°~40°	-40°~40°	-30°~30°
滚转角范围	-40°~40°	-40°~40°	≤-45°	≥45°	-50°~50°	-50°~50°	-30°~30°
偏航角范围	-50°~50°	-50°~50°	-50°~50°	-50°~50°	≥45°	≤-45°	-30°~30°
小车运动状态	前进	后退	左移	右移	左转	右转	停止
判断字符	G	B	C	D	E	F	H

由于 JDY-40 模块上电后会发出"START"字符串,前进动作的判断字符如果使用"A",智能小车已经收到了"A"字符,可能会导致智能小车上电后就开始前进,使控制效果受到影响,因此采用其他字符即可。智能小车端蓝牙串口通信软件流程图如图 13.25 所示。

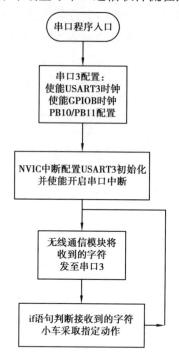

图 13.25　智能小车端蓝牙串口通信软件流程图

此外,串口 1 作为模块调试阶段可以用到的辅助串口,虽然未用于中断处理,但用来发送数据到计算机上进行显示。在配置串口 1 时,可以只配置其 TX 端时钟和引脚,但仍然要选择合适的波特率,并正确接线。

3)超声测距软件设计

这一部分的设计就是得到 HC-SR04 超声测距模块 ECHO 端的高电平持续时间,利用物理公式"声速×时间/2＝距离值"计算出智能小车距离前方障碍物的距离。这一部分程序在主函数中完成即可。其设计流程图如图 13.26 所示。

需要重点配置的是所测量距离和时间的数据类型,不同的选择对测量结果精度会产生较大影响。测试的距离数据浮动也会比较大,且用手遮挡住整个探头可能出现超过 100 cm 的数据。这是由于模块发射超声波子函数执行频率的限制。而模块测量上限也有限,在所测距离达到某一较大数值后,距离值会恒定不变,此时的数据很可能是超声波通过其他物体反弹回来导致数据失真。

本章没有对太远或者太近的测距结果做要求,对于避障功能要求的 0.2 m 范围内来说足够准确和适用,因此不必担心数值上下限错误的问题。

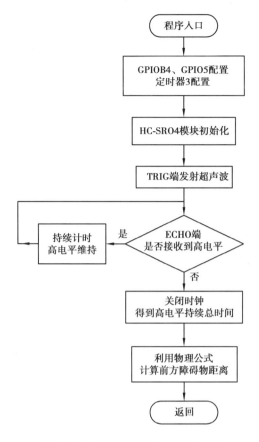

图 13.26　超声测距软件设计流程图

13.5　系统调试

本小节是系统设计功能实现过程的重中之重。在总体方案和各部分方案基本敲定后,可从硬件和软件两方面进行分开调试和综合调试。

硬件调试涵盖的范围包括 PCB 板上各个模块单元的焊接、上电后的断路和短路测验、焊点电压测量等。软件调试包含智能小车运动状态调试、无线通信数据收发情况检测、创新功能的调试等。

在调试过程中,难免会出现各种失误和困难,需仔细思考根本原因和解决方案。

13.5.1　硬件调试

1) PCB 板制作与元器件焊接

本设计在嘉立创 EDA 软件中绘制了手套端和智能小车端的接线原理图,检查无误后点击"原理图转 PCB",可以迅速得到连线完成的各模块封装结构图。此时各部分结构图摆放会非常混乱。因此,需要根据实际元器件的尺寸与位置是否适合安放在智能小车和手套的理想位置,内部和外部连线是否方便等因素进行重摆放。

摆放完成后,进行布线工作,该项工作我们只需要设置好线宽、孔径和最小间距大小,软件会为我们安排自动布线。之后就是 PCB 板的敷铜工作,确认敷铜层数和敷铜区域即可,软件可以在选定区域内进行快速敷铜。PCB 板的实际尺寸也可以进行标注,方便厂家在做出 PCB 成品的时候进行严格裁剪。所得到的手套端和智能小车端 PCB 如图 13.27 和图 13.28 所示。

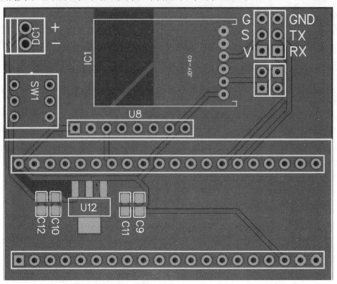

图 13.27　手套端 PCB 图

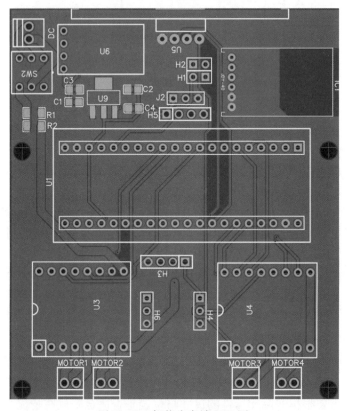

图 13.28　智能小车端 PCB 图

在 PCB 板绘制过程中,遇到了如下几个问题,经思考和实践并得出了解决方案:

首先是在智能小车端首个版本的电路图绘制中,在 JDY-40 的 VCC 端和 SET 所接三脚排针的 3.3 V 引脚均接入了 5 V 电源,导致整个电路中没有定义 5 V 电源的输入端。因此,当 PCB 板上电时,这两个引脚实际上是悬空的。由于没有得到标准供电,故模块无法正常运作。

如果要使得功能正常,有两个方法。一是修改电路原理图,生成新的 PCB 并联系厂家重新打板;二是在原 PCB 板的焊盘面用适当长度的杜邦线,将用到 V_{cc} 的焊盘与标准 3.3 V 焊盘固定焊接。

使用杜邦线焊接完成后,在上电之前必须检查所用焊点或未被绝缘皮覆盖的线头和附近焊点是否接触。在调试时,如果有该情况出现而未发现,轻则会导致模块内电路烧毁,重则导致整个 PCB 板报废。在后续的焊接过程当中,这种方法仍可能存在很多不稳定因素和弊端。为确保后续运行情况良好,需修改原理图和 PCB 并重新制作 PCB 板,结果如图 13.19 所示。

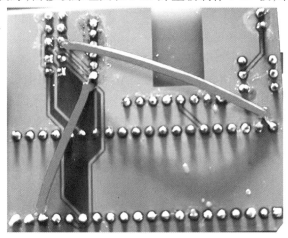

图 13.29　外接导线操作结果

电池正负极接反是一个低级且会导致严重后果的错误,稍不注意就会出现这样的情况。若在试用 12 V 直流电源的过程当中被导线的颜色误导,可能导致 MCU 的芯片和无线通信模块的芯片在上电的一瞬间会烧毁并冒起白烟,将直接导致整个 PCB 作废。因此,在调试时一定要全神贯注并小心动作,尤其是在进行电压或电流较大的操作中。

2) 断路短路检验和焊点电压测量

此阶段用到了万用表的电压档、电流档和短路档作为检测手段。整个过程中未遇到明显问题和困难,进行顺利。

在每次给板子上电之前,应首先用红黑表笔对电源的两极进行电压检测,确保输入安全后,再对板子上电,然后对稳压电路的几个贴片电容两端进行短路检测。如果万用表发出声响,说明焊盘上的锡落到了一起,电容被短路;对地隔离部分的 0 Ω 贴片磁珠进行短路检测,由于 0 Ω 贴片磁珠本就相当于导线,在这种情况下,检测到短路才是正确的现象。

接着对 AMS1117 芯片输出端的焊盘电压进行测量,如果测量结果显示为 3.3 V 和 5 V 标准电平,则说明稳压电路稳定运行。

本设计用到的 7.4 V 电源本身不具有过大的输出电流,因此电路基本不存在有电流过大烧断导线的危险。保险起见,仍需要多次对各个模块进行电流检测。经对各部分检测,电流最大处为 1.9 A,参考在硬件选型阶段对各模块的工作电流比对,并不存在电流超限的情况,电路安全性较高。

13.5.2 软件调试

1) 小车运动状态调试

虽然在系统软件设计阶段已经对智能小车的运动状态进行了明确规划,但是在实际运行当中,仍然会存在各种问题。如不同电机在相同的 PWM 下的转速是否一致? 电机的转轴带动车轮时是否存在打滑现象? 4 个车轮的质地是否统一且均匀? 地板的粗糙度对车轮转动的影响是否可消除? 这些都是实际可能存在的问题,因此智能小车运动状态的细节修饰是一个关键性工作,影响最终成品的功能和应用效果,因此要多加测验。

在智能小车端的主函数的 while(1) 中分别调用如图 12.12 所示的运动子函数,并设置了一定的占空比使转速恒定,结果为:前进后退都能够正常实现,但平移和转向动作均出现了较大的问题。

平移出现了较大程度的漂移现象:

在智能小车左平移的过程中,同侧的两个车轮转向是相反的,因此必然存在非同侧车轮的差速转动。以左平移为例,左前侧车轮和右前侧车轮轴受到的电机轴挤压力方向不同,左后轮和右后轮亦是如此,因此在相同转速下的 4 个车轮,很难使智能小车实现完美平移。因此为了实现最标准的平移运动,对左移右移函数的 4 个电机的 PWM 占空比进行调试。

表 13.9　左平移运动电机调试

平移情况	PWM 通道			
	Channel11	Channel12	Channel13	Channel14
向左后方漂移	200	200	200	200
向右前方漂移	250	200	200	200
左转严重	200	250	200	200
向左前方漂移	200	250	300	200
轻微漂移	200	250	300	300
漂移情况逐渐消失	200	250	350	300
稳定移动	200	250	360	300

右平移仍采用表 13.9 的“定三改一”方式,对 PWM 通道寄存器值进行逐次判断和修改,就能得到稳定的运行情况。

转弯时出现了轮胎打磨现象:

该动作同侧的两个车轮转向是相同的,异侧的两个车轮转速相反,且需要外侧车轮的转速大于内侧车轮,因此与平移原理相似,由于电机轴对车轮轴的挤压力不等,左右两侧车轮差速必然会导致车轮原地打磨现象。如果要实现智能小车较快速度完成转弯,那么这个现象无法完全避免,仅能一定程度减小磨损带来的车体振动。

表 13.10　右转运动电机调试

转向情况	PWM 通道			
	Channel11	Channel12	Channel13	Channel14
转弯缓慢	500	400	500	400
振动加大,转动半径大	550	400	550	400
振动减小,转动半径大	550	400	500	400
转动半径减小	550	400	500	500
转动半径更小	550	400	450	500
转弯快,半径很小	600	400	400	600
转弯很快,半径小	650	400	400	650

由表 13.10 可以得出结论:要实现快速、小面积内的转弯动作,并非简单的外侧轮转速大于内侧轮,同样需要前轮和后轮产生一定的转速差,且不可过小或过大,过小会导致转动半径大,过大则会导致打磨现象严重。

2) 无线通信数据收发调试

本次设计的智能小车和手套间的通信方式为串口通信。具体是通过判断手套端的实时姿态角度值,用其 USART3 的 TX 端,通过无线通信模块 JDY-40 发送对应的字符至智能小车端串口,智能小车 USART3 的 RX 端接收到字符后执行对应的动作指令。因此,在控制智能小车移动之前,对串口实际发出和接收的数据在计算机的串口助手 XCOM V2.0.exe 进行显示也很有必要,一方面是为了检验程序编写的正确性,另一方面也是减少智能小车在测试阶段因软件方面的问题导致的轮胎磨损,以保证最终产品功能的可观性。这一部分调试采取由易到难的顺序进行。

测试手套端 USART3 的发送情况:

①在手套端主程序的 while(1)里写入:USART_SendData(USART3,'G');delay_ms(500);

②需要用到一块和手套端 JDY-40 模块 AT 指令相同的 JDY-40 模块,对应引脚直接连接到 USB 转 TTL 连接器,与电脑端的 USB 端口插接,通电。此时,观察接收窗口每隔 0.5 s 是否弹出一个"G"。

如图 13.30 所示为发送成功的现象,可以根据以上步骤完成后面阶段的测试。需要注意的是,如果发现串口助手窗口中未出现预期的结果,且在程序面板未找出问题的情况下,不可随意怀疑是硬件出了故障而强行拆除通信模块。此种情况下,更有可能是在 I/O 口和时钟配置时出现了差错,或是所用到的全局变量和局部变量超出了定义时的位数(如 char 通常只有 128 位,若定义了 char 类型字符而在使用时超过 200 位,则会失效,需改为 unsigned char 类型字符)。

测试智能小车端 USART3 的接收情况:

此时无须修改手套端程序,在智能小车端的 USART3 中断服务子程序的"接收中断"中加入语句:Res = USART_ReceiveData(USART3,'G');USART_SendData(USART3,Res);

图 13.30 串口 3 发送测试结果

程序编译下载到单片机后,将串口 3 接收到的字符发给计算机的串口助手进行显示,如果在 0.5 s 内能够弹出两个"G",说明手套端和智能小车端通信无差。此步骤完成,即可进行手套端直接控制智能小车运动。

3)总体运行调试

将编写无误的程序编译,分别下载到手套端和智能小车端的 STM32 最小系统板中,进行所有功能的综合测试。智能小车上电后,LED 指示灯 PC13 开始缓慢闪烁,表示智能小车进入到正常运行状态待命。

首先,对手势控制智能小车动作的成功率进行了一定测试,正常情况下,对智能小车连续做出 20 次不同的手势动作,正确的次数为 20 次;对智能小车连续做出 50 次不同的手势动作,正确的次数为 48 次;对智能小车连续做出 100 次不同的手势动作,正确的次数为 97 次。综合看来,成功率控制在 97.05% 左右。

接下来,在智能小车正前方一段距离放置一个篮球,手套端控制智能小车匀速前进,当智能小车距离篮球约 0.2 m 时,智能小车 PC13 指示灯常亮,显示为报警状态,并自动停止在原地,此时做出前进手势,没有任何现象,然后做出后退、左平移或者右平移手势都可使智能小车移动出危险距离,可见智能小车运行情况完好,可以进行更复杂的运动操作。

在一个宽敞的房间内,摆放多个障碍物,如图 13.31、图 13.32 所示。随后,让智能小车按图示控制指令进行运动,并开始计时。测试全程用到了所有的手势动作和模块功能。经测试 10 次后,得出平均行驶一趟的时间约为 28.8 s,整个运行过程无明显卡顿现象,且通信情况良好,基本无断联情况发生。

图 13.31　智能小车综合运动调试过程

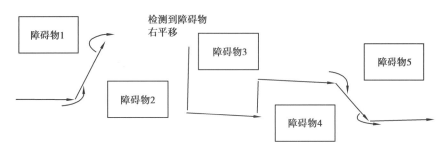

图 13.32　智能小车综合运动调试过程示意图

4）创新功能的测试

根据系统已经完成的功能，也许会在手套端想到以下几个创新点：智能小车的加速运动，智能小车的自动避障等。

智能小车的加速运动：

为确保试验的安全性，先对前进动作进行加速设计，具体思路是：细化俯仰角 Pitch 的取值区间。即当俯仰角在-30°～-40°范围内时，调节占空比为 250，电机驱动智能小车行驶；当俯仰角在-40°～-55°范围内时，调节占空比为 450，电机驱动智能小车行驶等。在手套端主程序和智能小车端中断服务子函数中分别加入 if 判断，其中关键部分的程序代码如下。

手套端加入的判断语句如下：

```
if(pitch <= -30 &&pitch>=-40 && roll>=-40&&roll<=40 && yaw>=-45&& yaw<=40)
    USART_SendData(USART3,'G');
/***加速测试***/
else if(pitch <= -40 && pitch>=-55 && roll>=-40 && roll<=40 && yaw>=-40 &&
yaw<=40)
    USART_SendData(USART3,'I');
else if(pitch <= -55 && pitch>=-65 && roll>=-40 && roll<=40 && yaw>=-40 &&
yaw<=40)
    USART_SendData(USART3,'J');
else if(pitch <= -65 && pitch>=-75 && roll>=-40 && roll<=40 && yaw>=-40 &&
yaw<=40)
    USART_SendData(USART3,'K');
/**************/
```

智能小车端加入的判断语句如下：

```
if(flag != 1 && Res == 'G' && War_flag != 1)
    {
        straight(250);
        flag = 1;
    }
/*****加速测试*****/
    else if(flag != 8 && Res == 'I' && War_flag != 1)
    {
        straight(450);
        flag = 8;
    }
    else if(flag != 9 && Res == 'J' && War_flag != 1)
    {
        straight(600);
        flag = 9;
    }
    else if(flag != 10 && Res == 'K' && War_flag != 1)
    {
        straight(750);
        flag = 10;
    }
/*****************/
```

程序编写完成后下载到智能小车端，发现运行情况良好，基本能够实现预期功能。不足是,如果智能小车以较快的速度驶向障碍物,可能因无法及时制动而发生交通事故。原因是在超声波模块 HC-SR04 工作时,其内部算法得到结果后,在判断程序得出结果的这段时间内智能小车动作较快,来不及关闭定时器以及 PWM 通道。目前尚未完善该功能,望在后续的研究中完成。

智能小车的自动避障:

在智能小车端主函数的测距判断中加入后退指令即可,智能小车判断前方障碍物距离是否在规定的 0.2 m 范围内的程序代码如下:

```
if( s < 20)
    {
            GPIO_ResetBits( GPIOC , GPIO_Pin_13) ;
            War_flag = 1;
            if( onece = = 0)
            {
                stop( ) ;
                onece = 1;
/ **** 小车自动后退 **** /
                back(250) ;
            }
    }
```

程序编写完成后下载到智能小车端,发现智能小车制动之后,出现后退断续、迟缓的现象,说明功能实现有问题。初步认定为,每一次进入判断的程序都占用一定的时间,而不停地执行判断也必然会导致不停地结束循环。因此,back 函数也在按一定周期执行,所以会出现不连贯的现象。其次,考虑到智能小车执行 back 指令时如果手套端同时加入前进的动作指令,有可能产生动作冲突的现象,导致判断程序无响应。因此,这一功能有待后续完善。

第14章

基于毫米波雷达的睡眠状态检测系统设计

14.1 基于毫米波雷达简介

目前,睡眠质量的优劣愈发受到人们的重视。针对这一需求,本章引入基于毫米波雷达的睡眠状态检测系统,该系统采用非侵入性的检测方式,可为用户带来一种创新的睡眠检测体验。

基于毫米波雷达的睡眠系统通过 60 GHz 毫米波雷达传感器,能够精准捕捉到人在睡眠过程中因呼吸和心跳引起的胸部微小运动。STM32 微控制器作为核心处理单元,负责接收、处理雷达传感器捕捉到的信号,并提取准确的心率、呼吸和体动数据。用户可通过手机 App 随时查看这些数据。系统根据这些数据给出相应的睡眠评分并判断出用户深度睡眠、浅度睡眠和清醒这 3 种状态。此外,系统还具备云存储功能,用户的历史睡眠数据可保存至云平台,并生成直观的实时曲线,方便用户对睡眠状况进行回顾和分析。

实验结果表明本系统对睡眠状态的检测精度高、稳定性好,为睡眠检测提供了创新解决方案,可应用于医疗监护、健康管理及睡眠分析等领域。

14.2 系统总体方案设计

本系统设计旨在通过非接触式的手段,实时检测用户的呼吸、心率以及体动数据,为用户提供睡眠质量评分。系统主控单元选用 STM32F103C8T6 单片机,其强大的处理能力和高性价比,确保了系统的高效稳定运行。

14.2.1 总体设计

如图 14.1 所示为系统的总体设计方案图。R60ABD1 毫米波雷达模块负责在夜间无光环境下,通过非接触的方式监测用户的呼吸、心率和体动数据。这些生理数据对于评估睡眠质量至关重要。STM32F103C8T6 作为系统的核心控制单元,负责接收雷达和光敏传感器发送的数据,并对数据进行必要的处理和分析,以计算出睡眠质量评分。同时,还负责与其他模块进行通信,协调整个系统的工作。

光敏传感器通过接入单片机具有 AD 能的 GPIO 口。光敏传感器能够实时采集环境光照信息,并将其转换为数字信号发送至单片机。光照信息对于调整助眠策略、提供舒适的睡眠环境具有重要意义。显示模块通过 I²C 通讯协议,单片机将相关数据显示在屏幕上,便于用户实时了解自身睡眠状况。单片机通过串口协议将处理后的数据发送至 Wi-Fi 模块,Wi-Fi 模块再将数据上传至云端平台进行存储和下发。用户可以随时随地通过手机或其他终端设备查看自己的睡眠数据和分析报告。系统配备了 4 个独立按键,用户可以通过这些按键进行相关阈值的设置,如呼吸频率、心率等参数的正常范围。系统可以根据用户的个性化需求进行更准确的睡眠评估。如语音模块与光敏传感器配合,实现助眠效果在当环境光照过强时,语音模块可以发出提示音,建议用户调整环境亮度;在特定时间段(如入睡前),语音模块还可以播放轻柔的音乐或自然声音,帮助用户更快地进入睡眠状态。

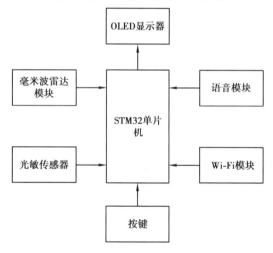

图 14.1　系统总体方案设计图

14.2.2　硬件选型

在本设计中,核心硬件组件涵盖单片机、多种传感器、通信模块和语音模块。传感器方面,选用毫米波雷达传感器和光敏传感器来适应不同场景下的数据采集需求。在硬件选型过程中,重点考了单片机的适配性、传感器的精确性与稳定性,以及通信和语音模块的兼容性和性能。这些选择确保了整体设计的实用性和可靠性。

1)单片机

由表 14.1 可知,深圳宏晶科技有限公司的 51 系列单片机虽然拥有足够数量的 I/O 口,但是主频较低,运行速度较慢;且只有 1 个串口,当程序需要多个串口进行试验调试时较麻烦,因此不作首选。STM32F103C8T6 和 STM32F407VET6 相比,后者拥有较为优良的内核和较高的主频,Flash 闪存、ROM 和 RAM 均优于前者,但是考虑到本次设计要求需要达到的工程量以及运行稳定性等因素,前者完全可以达到,后者显得有些大材小用,故选择成本价较低的STM32F103C8T6。STM32F103C8T6 控制器,如图 14.2 所示。

表 14.1　几种 MCU 最小系统参数对比

类别	型号参数		
	STC89C52	STM32F103C8T6	STM32F407VET6
主频	48 MHz	72 MHz	168 MHz
Flash	8 kB	64 kB	512 kB
RAM	512 B	20 kB×8 bit	192+4 kB
I/O 口数量	40 个	37 个	82 个
内设	3 个定时器,1 个串口	4 个定时器,3 个串口	17 个定时器,4 个串口

图 14.2　STM32F103C8T6 最小系统板实物图

2）毫米波雷达传感器

毫米波雷达呼吸心跳睡眠检测模块性能参数对比见表 14.2,R60ABD1 60G 毫米波雷达呼吸心跳睡眠检测模块低功耗,对于需长时间运行的睡眠检测系统至关重要。因为它可以延长设备的使用寿命,同时降低了系统的整体运行成本。另外,该模块成本低并且探测距离更远。

表 14.2　毫米波雷达呼吸心跳睡眠检测模块性能参数对比

类别	型号指标	
	R77ABH1	R60ABD1
精度	>90%	90%
工作频率	77～78 GHz	61～61.5 GHz
工作电压	3.3 V	3.3 V
产品功耗	5 V/250 mA	5 V/93 mA
产品体积	≤60 mm×45 mm×5 mm	≤35 mm×31 mm×7.5 mm
探测距离	0.1 m～2 m	≤2.5 m

R60ABD1 雷达模块是采用 60 G 毫米波雷达技术,可实现的人体呼吸心率感知及睡眠评估的功能,如图 14.3 所示。模块基于调频连续波(Frequency Modulated Continuous Wave,FM-CW)雷达体制,针对特定场合内的人员,能够输出呼吸心率频率,结合长时间的睡眠姿态体动采集,实时上报人员的睡眠状态和历史记录。

雷达天线发射电磁波信号,并同步接收目标反射后的回波信号。雷达处理器通过解析不同接收天线回波信号的波形参量之间的相位差和能量变化,反馈目标运动微动能量变化、距离、方向、速度等信息。可以探测目标的运动状态和胸腔呼吸起伏频次状态。R60ABD1 雷达模块工作参数见表 14.3。

表 14.3　R60ABD1 毫米波雷达呼吸心跳睡眠检测模块功能参数

雷达频段	60 G 毫米波雷达
天线数量	1T3R
探测机制	FMCW 调频连续波
主动探测	胸腔心跳呼吸起伏探测功能 微动运动幅度探测功能

（a）正面　　　　　　　　　　　　　（b）反面

图 14.3　R60ABD1 60 G 毫米波雷达呼吸心跳睡眠检测模块

3）光敏传感器

光敏电阻与光电二极管和光电三极管相比,结构相对简单,通常由一片光敏材料和两个电极组成,这使得它的制备相对容易,且成本较低。在光照条件下,光敏电阻的电阻值变化明显,因此易检测光信号的强弱。虽然其灵敏度不如光电二极管和光电三极管高,但在本系统中,已足够满足需求。同时,光敏电阻的响应速度可以达到微秒级,适合应用于对光信号快速响应的场合。尽管光电二极管和光电三极管的响应速度也很快,但光敏电阻在本应用中更具优势。光敏电阻实物如图 14.4 所示。

图 14.4　光敏电阻实物　　　　　　　图 14.5　ESP8266 模块实物

4）通信模块

在通信模块的选择上，Wi-Fi 模块和蓝牙模块都是常用选项，但各自具有不同的特点和优势。在本系统设计中，基于 ESP8266 的模块选择使用 Wi-Fi 模块，如图 14.5 所示为 ESP8266 模块实物图。

ESP8266 模块具备高性能的特点，它搭载了一颗 Tensilica L106 32 位处理器，主频高达 80 MHz，能够满足复杂的计算需求。在处理大量数据或执行复杂任务时，比蓝牙模块更具优势。其次，ESP8266 模块具有低功耗特性。在保持 Wi-Fi 连接的状态下，只需要约 2.5 mA 的电流，大大降低了系统的整体功耗。此外，ESP8266 模块性价比较高，能够在不增加过多成本的情况下，实现更为丰富的功能和应用。因此，基于高性能、低功耗和低成本的综合考虑，选择基于 ESP8266 模块的 Wi-Fi 模块作为本次系统设计的通信模块。这将为本系统带来更为出色的性能、更低的功耗和更低的成本，满足实际需求。

5）语音录放模块

在语言录放模块的选择上，ISD1820 模块凭借其独特的自动节电功能脱颖而出，语音录放模块性能参数对比见表 14.4。这一功能使得 ISD1820 模块的维持电流低至 0.5 μA，极大地降低了设备的整体功耗，对于追求能效比的现代电子设备来说，这无疑是一个重要的优势。除了节能特性，ISD1820 模块成本也极具优势。另外，ISD1820 模块采用了 Flash 存储器来存储信息。这种存储方式不仅能在断电情况下保存数据长达 100 年（典型值），还具备高达 10 万次的反复录音能力。基于以上考虑，本次设计最终选用了 ISD1820 语音录放模块。如图 14.6 所示为 ISD1820 语音录放模块实物图。选择该模块不仅满足了项目的实际需求，还在能效、成本和数据可靠性等方面提供优异的性能。

表 14.4　语音录放模块性能参数对比

类别	参数型号	
	ISD1820	ISD4004
工作电流/mA	25～30	25～30
录音时间/min	8	8
输入电压/V	3～5	3.3～5.5
尺寸/mm	55×38	60×80
维持电流/μA	0.5	1

6）显示屏

语音录放模块性能参数对比见表 14.5。OLED 像素点从开启到关闭的响应时间非常短，几乎可以忽略不计。因此它在显示动态图像时具有更高的清晰度和更少的运动模糊。OLED 屏幕的颜色和亮度在较大角度的观看下仍能保持稳定，而 LCD 屏幕在角度较大时可能会出现颜色失真或亮度下降。OLED 显示屏无须背光模块，可以设计得更薄、更轻、更便捷。在显示黑色像素时几乎不消耗能量，因此在显示深色或黑色背景的内容时，其能耗远低于 LCD 屏幕。LCD 屏幕通常需要背光模块，这可能导致边缘漏光或背光不均匀的问题。而 OLED 屏幕由于每个像素独立发光，因此几乎不存在这个问题。

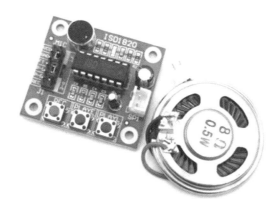

图 14.6　ISD1820 语音录放模块实物图

表 14.5　语音录放模块性能参数对比

类别	参数型号	
	OLED	LCD
发光机制	自行发光,不需要背光	需要背光
反应速度	很快,以"μs"计,比 LCD 快 1 000 倍	很慢,以"ms"计会产生"拖影"现象
显示失真	很小	很大,有水平和垂直视角失真
耗电	极省,40 寸彩电功率 80 ~ 100 W	采用 CCFL 背光的 40 寸彩电功率 290 W
厚度	可以小于 2 mm	至少 1 cm 以上

综上,OLED 显示屏更快的响应时间、更广的视角、更薄的设计、更低的能耗以及更少的漏光现象成为本次设计的最佳选择,OLED 显示屏实物图如图 14.7 所示。

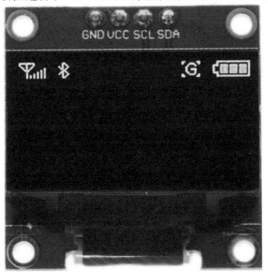

图 14.7　OLED 显示屏实物图

223

14.3　系统硬件设计

本节对显示电路、STM32F103C8T6 最小系统电路、光敏传感器电路、ESP8266 模块电路以及 ISD1820 模块电路进行了具体的设计。

14.3.1　毫米波雷达模块电路

R60ABD1 毫米波雷达模块采用非接触式监测技术,可精确捕获用户的呼吸频率、心率波动以及细微的体动数据。这些关键生理参数在无须光源介入的条件下也能被可靠地检测,确保了数据的准确性和可靠性。此外,R60ABD1 雷达模块通过稳定的串口通信协议,高效地将捕获的数据传输至单片机,为后续的数据分析、处理和存储提供了强有力的支持。这一技术整合体现了高精度监测与高效数据传输的完美结合。毫米雷达模块内部接线,如图 14.8 所示。

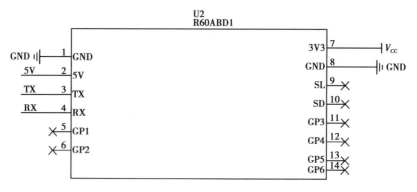

图 14.8　毫米雷达模块内部接线图

14.3.2　STM32F103C8T6 最小系统电路

STM32F103C8T6 最小系统电路设计涵盖了电源、时钟、复位和启动电路等关键部分,为微控制器提供了稳定可靠的运行环境,如图 14.9 所示。

14.3.3　显示电路

在与微型处理器进行硬件连接时,选用四针 I^2C-OLED 显示器。其中,SCL 和 SAD 两个关键引脚被精确接入到微型处理器的 PB6 和 PB7 引脚上,以实现稳定的连接。通过 I^2C 通讯协议,能够精确控制 OLED 屏幕显示的内容及其位置,无论是数据传输、屏幕刷新,还是亮度调节,都在掌握之中。这一切的实现,都依赖于精确的内部原理图与接线图,它们被详细绘制在如图 14.10 所示图纸上,为整个硬件连接提供了详尽的指导和支持。

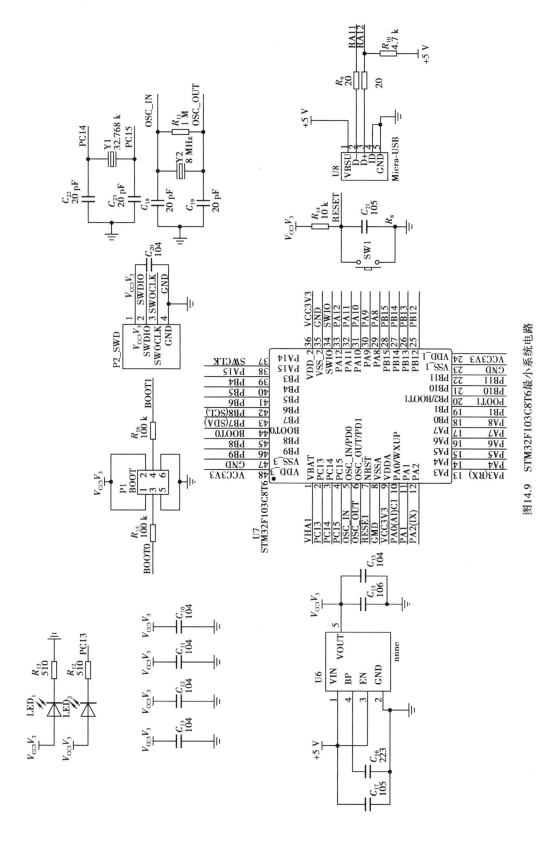

图14.9　STM32F103C8T6最小系统电路

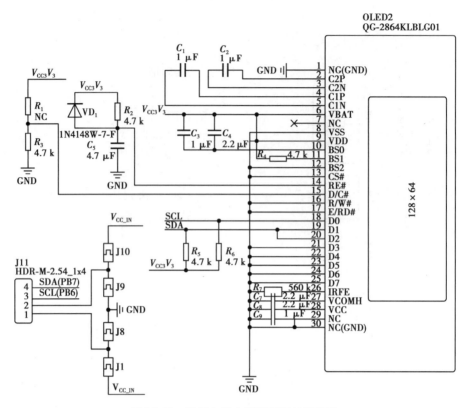

图 14.10　显示电路内部原理图与接线图

14.3.4　光敏传感器

光敏传感器可通过施加直流电压驱动,并利用 LM393 电压比较器将模拟光强信号转换为数字量输出(高低电平),模拟量 AO 则是直接通过加在光敏电阻两端电压直接输出。模拟量输出 AO 与单片机 AD 接口相连,通过 AD 转换,可获得更精确的数值。本次系统中光敏传感器连接至单片机的 AD 功能 GPIO 口,可实时捕获光照强度数据并转换为数字信号。单片机根据采集的光照信息,通过编程判断,控制相内部电路原理图如图 14.11 所示。

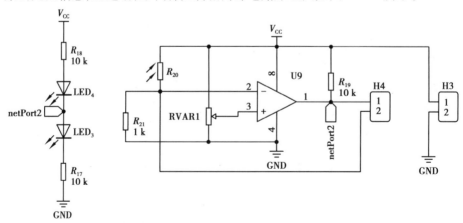

图 14.11　光敏传感器内部电路原理图

14.3.5　ESP8266 模块

ESP-01S 模组共接出 8 个接口,可通过 AT 指令集进行配置和控制,实现网络连接、数据传输等功能。如可以通过 AT 指令连接 Wi-Fi,设置服务器端口,进行传输控制协议(Transmission Control Protocol,TCP)连接,设置透传模式等。在本系统中,数据通过串口协议,经 Wi-Fi 模块被精准地传输至云端平台,实现安全、可靠的数据存储,并为后续的数据分析和下发作业奠定坚实基础。这种综合的数据传输和处理策略不仅提升了效率,还确保了数据的完整性和可用性。ESP01S 模块内部原理图与接线图如图 14.12 所示。

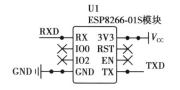

图 14.12　ESP01S 模块内部接线图

14.3.6　ISD1820 语音模块

ISD1820 语音模块与光敏传感器的巧妙配合,能够创造出独特的助眠效果。此模块可以有效帮助用户放松身心,快速进入深度睡眠状态。其内部原理图与接线图如图 14.13 所示。

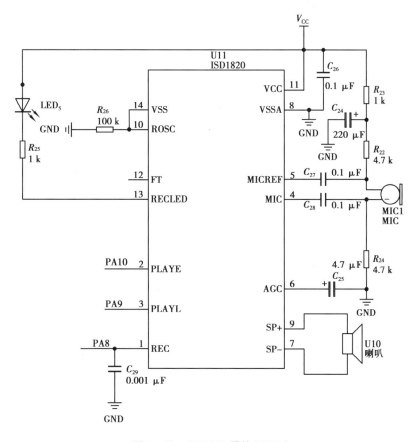

图 14.13　ISD1820 模块原理图

227

14.4 软件设计

系统软件总体框图如图 14.14 所示。系统正常上电后,进入按键读取程序,在未按键时,默认为 0,此时进入菜单状态判断,再进入不同的界面。通过按键 1 的循环累加实现 3 个菜单界面的循环切换,使得在很小的屏幕上显示更多内容的效果。

菜单 1 为时间显示界面,在该界面上显示年月日时分秒等信息,同时界面上还会通过调用雷达数据进行判断数据是否异常,数据异常就会在显示器上显示报警信息。呼吸报警显示"B",心率报警显示"H",体动报警显示"A"。通过按下按键 1 可进入菜单界面 2,菜单界面 2 将会显示雷达检测到的呼吸、心率、体动数据,最后一行显示的是雷达数据流。再次按下按键 1,进入菜单界面 3。在此界面,可以通过按键 2 进行选择想要进行加减的数字位数,通过按键 3 进行数字加,按键 4 进行数字减。为提高程序开发效率与程序的可移植性,本次项目采用模块化编程,为后续增加功能奠定坚实基础。

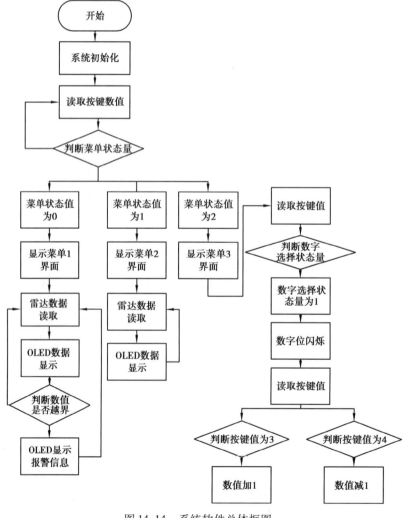

图 14.14 系统软件总体框图

14.4.1　OLED 显示子程序

显示部分子程序流程图如图 14.15 所示。首先初始化 OLED 显示屏,设置其显示模式、分辨率以及颜色等关键参数。其次,清除屏幕上的所有内容,再确定并设置光标在显示屏上的具体位置,以便准确显示数据。再次,将需要展示的信息或数据写入 OLED 显示屏的指定位置。完成数据写入后,将缓冲区内的数据发送到显示屏,以实时更新显示内容。为便于观察显示效果,可以根据实际需要设置适当的延时。最后,完成所有操作后,关闭 OLED 显示屏并释放相关资源。

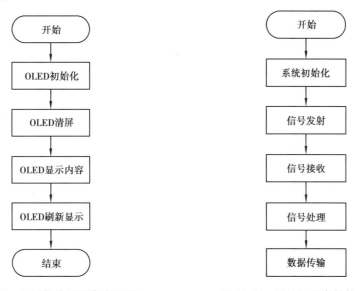

图 14.15　显示部分子程序流程图　　　　图 14.16　雷达子程序软件流程图

14.4.2　毫米波雷达子程序

本节将深入剖析毫米波雷达的程序设计与信号处理关键技术。重点介绍信号处理算法,以实现对雷达数据的精确处理。同时,还将探讨支持向量机(Support Vector Machine,SVM)分类算法在雷达数据处理中的应用,以提升识别与分类的准确性。

雷达系统首先通过天线发射出特定频率和调制方式的毫米波信号。当这些信号遇到障碍物时,会产生反射回波,这些回波随后被雷达接收器捕获。捕获的回波信号会经过一系列预处理步骤,如放大和滤波,以提升信号质量。随后,高级处理算法,如距离快速傅里叶变换(Fast Fourier Transform,FFT)用于精确测距,多普勒 FFT 用于测速,非相干累加用于增强信号强度,恒虚警率(Constant False-Alarm Rate,CFAR)处理以减少误报,角度估计技术用于确定目标的方向。最终,处理后的数据被转换成距离多普勒矩阵(Range Doppler Matrix,RDM),该矩阵综合了目标的距离、速度和角度信息,为雷达系统提供全面的目标探测结果。流程图如图14.16 所示。

14.4.3　光敏子程序

光敏子程序软件流程如图 14.17 所示。在初始化阶段,首先进行 ADC 的配置,设定其采样率、分辨率以及选择适合的工作模式。接着，对 DMA 进行初始化，包括选择传输通道、确定传输模式（正常或循环）、设定数据宽度，并指定源地址（ADC 数据寄存器）和目标地址（内存地址），同时设定传输的大小。此外，选择性地配置 DMA 传输完成中断或 ADC 转换完成中断。一旦配置完成，便可以触发 ADC 并开始转换，这可以通过软件、定时器或外部事件来启动。随后，ADC 将对模拟信号进行采样、量化和编码，最终生成数字信号。

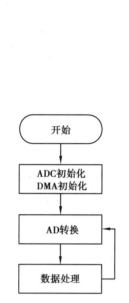

图 14.17　光敏子程序软件流程图

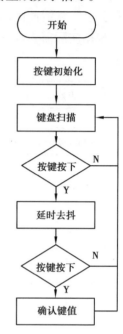

图 14.18　按键子程序流程图

14.4.4　按键子程序

按键子程序流程如图 14.18 所示。首先，按键输入引脚被配置为输入模式，且一个按键状态变量被初始化为未按下状态。然后，系统持续检测按键状态，通过读取按键输入引脚的电平值来判断按键是否被按下。如果检测到低电平（通常表示按键被按下），系统会进入延时消抖阶段，以避免机械按键抖动引起的误触发。延时时间可根据实际需求进行调整。延时结束后，系统会再次读取按键输入引脚的电平值以确认按键状态。如果电平值仍然为低电平，则确认按键被按下，并执行相应的功能代码。最后，无论按键是否被按下，系统都会更新按键状态变量为未按下，以便下次检测时能够正确识别按键状态。

14.4.5　Wi-Fi 子程序

Wi-Fi 子程序流程如图 14.19 所示。首先需要初始化 Wi-Fi 模块，设置其工作模式及连接参数。接着，设备会扫描周围环境中可用的 Wi-Fi 网络，并搜索附近的 Wi-Fi 热点。随后，用户可从搜索到的热点列表中选择一个并尝试连接到指定的 Wi-Fi 网络。连接成功后，设备会验证连接状态以确保成功接入网络。一旦验证通过，设备将从连接的路由器获取其分配的 IP 地址。根据实际需求，用户还可以进一步配置网络参数，如 DNS 设置等。完成这些步骤后，为了测试网络连接是否稳定，设备会尝试访问网站或发送数据包以验证其网络连通性。最后，设备将进行数据的同步发送与接收,实现网络数据的交互功能。

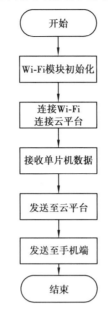

图 14.19　Wi-Fi 子程序流程图

14.5　云平台与 App 设计

借助手机应用程序,用户能够便捷地实现对睡眠质量的细致追踪与实时监控。该应用不仅能够即时显示包括呼吸频率、心率、身体活动在内的关键生理数据,还提供睡眠评分,让用户对自己的睡眠状况有更为全面的了解。

一旦检测到异常数据,系统会立即触发警报,确保用户能迅速采取措施。云平台安全存储的历史数据,为用户提供了宝贵的回顾资源,还生成了更为直观的实时曲线图,将复杂的睡眠数据转化为易于理解的视觉呈现,使用户能够一目了然地掌握自己的睡眠健康状况,从而做出更科学的睡眠调整和生活规划。

14.5.1　云平台设计

STM32 单片机连接 OneNET 消息队列遥测传输(Message Queuing Telemetry Transport,MQTT)服务器的工作流程主要包括硬件连接、固件代码编写、OneNET 平台配置、STM32 配置与代码集成、代码实现与测试以及平台验证等步骤。首先,准备好 STM32 微控制器及其相关硬件。然后,确保 STM32 能够成功连接到 OneNET 的 MQTT 服务器并发布数据。接下来,在 OneNET 平台上创建产品和设备,并在创建设备时添加必要的鉴权信息,如 ProductKey、DeviceName 和 DeviceSecret。之后,将 OneNET 的 SDK 集成到 STM32 的固件代码中,并配置软件开发工具包(Software Development Kit,SDK)以使用从 OneNET 平台获取的鉴权信息。完成这些后,编写代码实现与 OneNET 平台的通信功能,如数据上传和命令接收等。编译并烧录代码到 STM32 开发板,最后通过 OneNET 平台查看设备状态和数据,并验证云平台上的数据曲线以确保数据传输的正确性。整个流程涵盖了从硬件准备到软件实现以及平台验证的全过程。

1）产品开发

OneNET 云平台以其卓越的性能,支持海量自研模组和成品智能设备轻松接入云端,不仅涵盖设备物模型(如属性、事件、动作)的全面管理,还提供了设备开发、调试、数据解析等一系列配套服务。此外,实时监控功能确保设备状态一目了然,设备消息流转高效且稳定,为平台应用开发提供了强有力的支持。通过深入研读文档手册,我们已成功实现产品开发设备的接入,相关产品的开发属性如图 14.20 所示,充分展示了 OneNET 云平台的强大功能与易用性。

图 14.20　产品开发属性

2）物模型搭建

本设计在 OneNET 云平台上创建了专属的设备模型。该模型精准地定义了设备的一系列关键参数和属性,涵盖了体动、呼吸、心率以及睡眠参数等核心指标,如图 14.21 所示。这些精心设计的参数和属性在 OneNET 云平台上实现了直观的可视化展示,让用户能够随时随地、一目了然地掌握自己的睡眠状况,从而为用户提供了更加便捷、智能的睡眠健康管理体验。

图 14.21　物模型设计界面

OneNET 云平台数据曲线如图 14.22—图 14.25 所示。登录到 OneNET 云平台并导航至相应的设备数据监控界面可以看到相应的数据曲线图。这些图表直观地展示了设备所收集到的实时数据,并允许用户通过其动态变化来深入理解设备的运行状态。

在数据曲线图中,横轴代表时间,显示数据的收集时间范围,这使得用户能够方便地查看历史记录,并识别出数据中的趋势和模式。纵轴则代表数据的具体数值,根据所监控的设备参数,纵轴上显示的是体动频率、呼吸速率、心率数值、睡眠评分。不同的参数将有不同的单位和刻度,以确保数据的准确性和可读性。

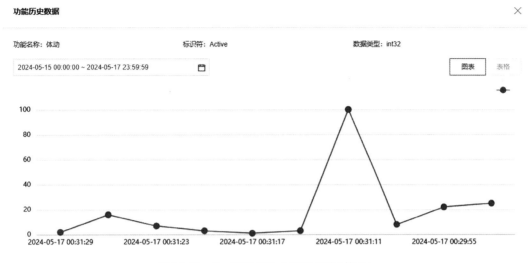

图 14.22　OneNET 云平台数据曲线(体动)

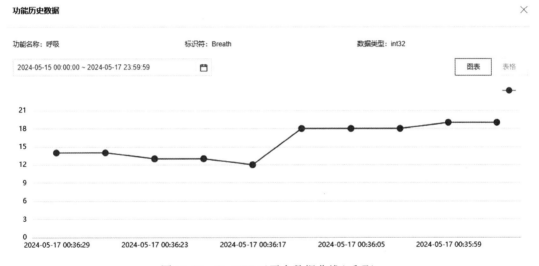

图 14.23　OneNET 云平台数据曲线(呼吸)

14.5.2　手机 App 设计

uni-app 作为一款先进的跨平台应用开发框架,基于 Vue. js 技术,赋予了开发者一次编码、多端生成的强大能力。通过 uni-app,开发者可以高效编写代码,轻松构建适用于 iOS、Android、H5、小程序等多个平台的应用程序。在 App 界面的设计上,uni-app 借助描述性和修饰性语言,能够精准控制页面的布局、内容和外观,为用户带来卓越的视觉体验。完成开发后,App 能够实时反映环境参数的变化,为用户提供实时、准确的信息,如图 14.26 所示。

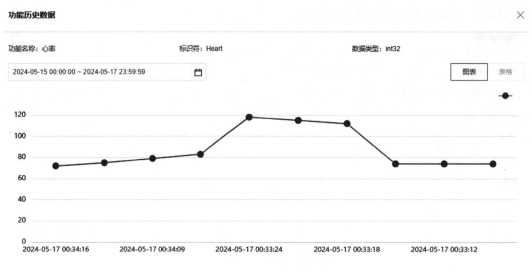

图 14.24　OneNET 云平台数据曲线(心率)

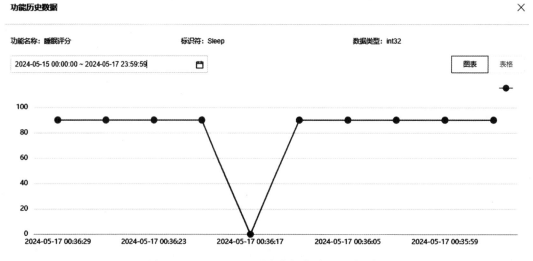

图 14.25　OneNET 云平台数据曲线(睡眠评分)

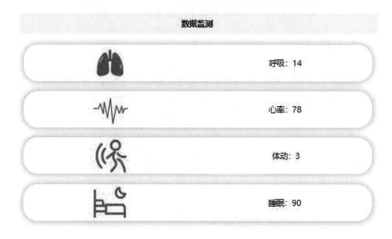

图 14.26　uni-app 显示界面

14.6　实验研究

本节先介绍系统调试的过程。系统调试是确保系统稳定性和可靠性的关键步骤,它涉及对系统各个组成部分的详细检查和测试。再进行实验验证以测试本系统实现的功能。

14.6.1　系统调试

焊接完成后,插上供电线,系统启动。设备启动时,首个界面将会在时间日期下显示"B""H"警报,显示呼吸和心率不在正常范围。这是由于毫米波雷达模块的数据采集和处理需要一定时间,约 1 min 后数据稳定后报警会自动消失。系统上电界面显示如图 14.27 所示。

（a）系统上电报警　　　　　　　　　　（b）系统恢复正常

图 14.27　系统上电界面显示

系统稳定后,通过按键 1 进行界面切换,第 1 个界面是时间与报警显示,第 2 个界面是数据检测显示如图 14.28 所示,第 3 个界面是阈值修改界面如图 14.29 所示。当处于第 3 界面(即数据检测界面)时,其他 3 个按键按下均无反应(防误触功能)。只有处于第 3 界面(数据检测界面)时,按下第 2 个按键才会切换需要修改的位,按键 3 为加,按键 4 为减。当数值加超过 9 时,自动归 0。当数字减为 0 时,自动归 9。

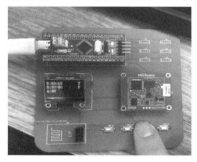 

图 14.28　数据检测界面　　　　　　　图 14.29　阈值修改界面

14.6.2　睡眠质量评分标准

在本节将介绍两种评分标准:第一种为单一评分标准,第二种为权重评分标准。

1）单一评分标准

体动作为客观的睡眠检测工具，在青少年、孕妇、运动员等群体中得到广泛应用。但是常规睡眠通常采用单一体动作为睡眠检测的依据，在实际测试过程中往往容易出现误判情况。因此，本设计在计算睡眠质量评价体系将引入呼吸、心率、体动这 3 项数据，通过引入呼吸，心率进行更加精确的睡眠质量评分。成年人正常睡眠数据见表 14.6。

表 14.6　正常睡眠数据

	心率（分/次）	呼吸（分/次）	体动（时/次）
区间	50 ~ 70	12 ~ 20	0 ~ 10

当心率和呼吸都正常时，体动达到 0 ~ 10 次/h，本系统认为处于深度睡眠状态，评分为 90 分，当体动达到 10 ~ 20 次/h，本系统认处于浅度睡眠状态，评分为 40 分，当体动超过 0 次/h，本系统认处于清醒状态或者身体异常状态，系统报警且不显示睡眠评分。

2）权重评分标准

传统的睡眠检测方法通常仅依赖体动数据来评估睡眠状态，这种单一的判断标准在实际操作中容易引发误判，从而影响检测结果的准确性。因此引入不同权重进行更加精确的睡眠质量评分。

$$P = AS_1 + BS_2 \tag{14.1}$$

式中　P——质量分数；

　　　A——浅度睡眠权重；

　　　S_1——浅度睡眠；

　　　B——深度睡眠权重；

　　　S_2——深度睡眠。

$$S_1 = A_1 I + A_2 J + A_3 K \tag{14.2}$$

式中　S_1——浅度睡眠时长；

　　　A_1——呼吸权重；

　　　I——呼吸均值；

　　　A_2——心率权重；

　　　J——心率均值；

　　　A_3——体动权重；

　　　K——体动均值。

$$S_2 = A_4 I + A_5 J + A_6 K \tag{14.3}$$

式中　S_2——深度睡眠时长；

　　　A_4——呼吸权重；

　　　I——呼吸均值；

　　　A_5——心率权重；

　　　J——心率均值；

　　　A_6——体动权重；

　　　K——体动均值。

14.6.3 实验数据分析

在睡眠时,成年男性和女性的呼吸频率通常为 12～20 次/min,安静状态下更慢。超过 24 次/min 为呼吸过速,少于 12 次/min 为呼吸过缓,若出现异常情况,系统会报警。心率方面,男性安静时为 60～80 次/min,女性为 60～100 次/min;睡眠时,男性多为 50～70 次/min,甚至可能低至 40～50 次/min,女性则为 50～70 次/min。体动则因个体差异而不同,但睡眠时应较少以保持质量。以上数值为一般情况下的正常范围,具体数值可能因个体差异、健康状况、生活习惯等因素而有所不同,若出现异常情况,应该及时就医咨询。

本次实验对象 1:宋某,23 岁,男性,实验现场如图 14.30 所示,其深度睡眠系统数据显示睡眠评分为 90 分。呼吸测量值为 13 次/min,心率测量值为 70 次/min,体动测量值为 3 次/h,宋某深度睡眠评分 90 分,数据如图 14.31 所示。

图 14.30 宋某实验现场

 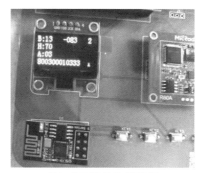

（a）睡眠评分　　　　　　　　（b）呼吸测量值等数据

图 14.31 宋某实验数据显示

本次实验对象 2:王某,21 岁,女性,本次实验王某憋气 1 min,系统报警即第一个界面显示"B""H""A"且不显示睡眠评分。实际情况中,可以认为患有呼吸疾病(如呼吸暂停综合征)或者发生其他紧急情况,建议及时进行相关救治措施。实验现场如图 14.32 所示,报警显示如图 14.33 所示。

睡眠呼吸暂停综合征(Sleep Apnea Syndrome,SAS)是一种在睡眠中因阻塞等原因导致的呼吸短暂中断现象。典型表现为鼾声突然停止,患者尝试呼吸却难以进行,随后会惊醒并急促喘息。此过程中,患者可能出现踢打或身体扭动的动作。这不仅影响睡眠质量,还可能导致低氧血症和高碳酸血症等严重并发症,对生命构成威胁。

图 14.32　王某实验现场

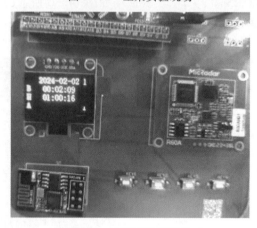

图 14.33　王某实验报警显示

阻塞性睡眠呼吸暂停低通气综合征(Obstructive sleep apnoea-Hypopnea Syndrome, OSAHS)是最常见的睡眠障碍之一,全球约有 9.36 亿年龄在 30～69 岁的人受到睡眠呼吸暂停低通气指数(Sleep-related Apnea-Hypopnea Index, AHI)标准的影响, AHI 标准为 5 次/h 或更多事件,美国睡眠医学会(American Association of sleep Medicine, AASM)标准。中枢性睡眠呼吸暂停综合征(Central Sleep Apnea Syndrome, CSAS)的患病率较低,为 0.9%,但也可导致健康并发症。

本次实验对象 3:杨某,22 岁,男性,实验现场如图 14.34 所示。其浅度睡眠系统数据显示睡眠评分为 50 分。呼吸测量值为 18 次/min,心率测量值为 60 次/min,体动测量值为 18 次/h,如图 14.35 所示。

图 14.34　杨某实验现场

（a）睡眠评分　　　　　　　　　　（b）呼吸测量值等数据

图 14.35　杨某实验数据显示

第15章
基于气体传感器阵列的"电子鼻"系统设计

石化产业是国民经济的重要组成部分之一。在工厂或现场中,由于管理疏忽、设备故障等原因,可能导致危险气体泄漏,甚至造成重大事故。这些危险事故时有发生,发生时需要尽快通知到管理单位及时锁定源头并采取相应的应急措施。因此,进行危险性气体泄漏源检测和追踪工作非常重要,而电子鼻气源追踪定位又是当前国内外的研究热点。

本章设计了一种基于金属氧化物传感器阵列的电子鼻。传感器采用了分布式矩阵结构布局,具备主动呼吸功能。本章还设计了电子鼻的软硬件系统,通过 USB 接口与 ROS 机器人通讯,引导机器人实现气源追踪定位功能;并提出了一种基于上升信号数量测算气源距离的算法,解决了气体湍流和羽流对检测结果准确性的影响,提高了金属氧化物传感器响应和恢复特性。

15.1　系统总体方案设计

本章设计的电子鼻主要是搭载到 ROS 移动机器人完成气源检测和追踪定位。电子鼻通过 USB 接口与 ROS 机器人进行通讯,设计详细指标见表 15.1。

表 15.1　设计详细性能指标

指标项目	性能描述
通讯方式	USB,速率应达 19 200 bps 及以上
检测浓度	$(25 \sim 500) \times 10^{-6}$
检测范围	半径 7 m 范围
检测精度	± 0.5 m
采样分辨率	12 bit 及以上
采样率	10 kSPS 及以上
电源输入	DC 12 V

指标项目	性能描述
整机功耗	15 W 及以下

在性能测试实验环节中,为保证实验安全,拟用酒精模拟泄露气源,需要设计一个用于模拟工业气体泄漏的实验装置,以实现工业检测危险气体泄漏场景模拟。

本章实验主要基于金属氧化物(Metal Oxide,MOX)传感器、高速 ADC 采集单元、STM32 MCU,设计一套配合 ROS 机器人使用的用于检测气体泄漏和源头位置估测的系统。其中,传感器阵列主要用于获取设备各方向气体状况,通过 ADC 采集单元采集到 MCU,然后通过通信单元发送到系统 ROS 主机,ROS 主机再将获得的数据通过无线网络传送到 ROS 从机进行数据整理和运算处理,然后将结果返回到 ROS 主机,根据实际场景的需要,ROS 从机可以为本地局域网络的 PC 端或者是云端更高性能的服务器运算集群。系统框图如图 15.1 所示。

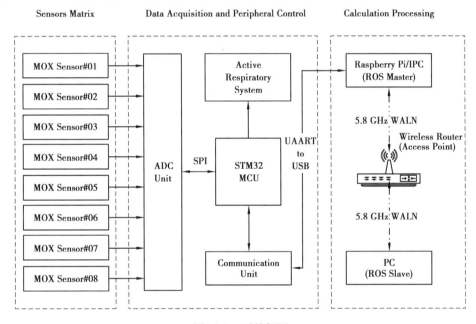

图 15.1　系统框图

15.2　硬件介绍

15.2.1　核心处理器

MCU 是控制系统的核心,选择合适的 MCU 对系统的设计至关重要。本次设计的电子鼻系统对采集速度有较高的要求,不仅要能够支撑对主动呼吸系统的控制,还需要具有兼容 ROS 设备通讯的功能,更需要考虑搭载到移动机器人平台使用功耗等多方面问题。故本设计选用了意法半导体公司推出的基于 ARM® Cortex™-M3 的 STM32F103ZET6 单片机,具有多种外设,芯片时钟速度可达 72 MHz,片内拥有 96 kB 的 SRAM 存储器和 1 MB 的 Flash 存储器,支持 UART 通信、串行外设接口(Serial Peripheral Interface,SPI)通信,核心最大功耗 120 MW,成本低,能够满足本次设计的所有需求。

15.2.2　气体传感器

实验环境中采用了酒精作为挥发气体源,选用国产 MQ-3 酒精传感器,检测浓度范围为 $(25\sim500)\times10^{-6}$,标准测试条件下器件灵敏度为 $R_s(\text{inair})/R_s(125\times10^{-6}\ \text{酒精})\geqslant5$,浓度斜率为 $\alpha\leqslant0.6(R_{300\times10^{-6}}/R_{125\times10^{-6}}\ \text{酒精})$,输出信号为 $0\sim5$ V 电压信号,加热电压为 (5 ± 0.2) V,最大功耗约为 900 MW。本次实验通过多个传感器构成传感器阵列,MOX 传感器具有体积小、质量轻、功耗低、价格便宜等优点,能够满足本次设计的需求。

15.2.3　数模转换单元

设计方案中采用了 8 路 MOX 传感器采集不同方位的气体情况,配合使用的 MQ-3 传感器模块输出为模拟电压信号和数字电平信号,结合实际需求,本设计使用的是模拟电压信号。由于所选 MCU 本身的模数转换电路精度较低,且同时进行多通道采集会影响系统整体响应速度,故搭配了亚德诺半导体公司生产的高速高精度 AD-7606,该 AD 单元具有 8 路同步输入特性,采样率高达 200 kSPS,采集精度可达 16 bit,采集范围可达 ±10 V,兼容 SPI 通讯协议,功耗约为 100 MW,成本低,能够满足本次设计的需求。

15.2.4　运算处理单元选型

由于电子鼻的实际应用场景近乎为装载到移动机器人应用方向,系统需要在满足功能实现的情况下,尽最大可能降低整体功耗,故选用主从机处理模式,机器人 ROS 主机选用低功耗的 Raspberry Pi 4B(一款基于 ARM 的微型电脑主板)和低功耗工控机完成整个数据的收集以及机器人运动控制。受限于功耗和 CPU 性能,机器人 ROS 主机的整体运算速度较慢,故将数据通过 5.8 GHz 高速无线网络的方式经无线路由器传输到性能更好的 ROS 从机进行运算。从机可以根据实际应用场景选择 PC 端或者是云端更高性能的服务器集群。

15.3　电子鼻系统硬件设计

15.3.1　电子嗅觉装置模块硬件设计

电子鼻使用 MQ-3 传感器构成的传感器阵列作为核心硬件,基于此传感器设计了信号调理放大电路,单个电子鼻传感器模块硬件电路如图 15.2 所示,AO 接口连接到 AD-7606 采集端子。

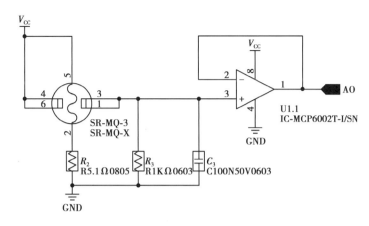

图 15.2　MQ-3 传感器调理电路

15.3.2　通信设计

电子鼻内含 AD7606、MCU 与传感器矩阵。电子鼻内 AD7606 与 MCU 程序模拟的 SPI 协议信号进行通信。电子鼻 MCU 与 ROS Node MCU 之间可以通过 I^2C 或者 SPI 等多种协议进行通信传输数据,ROS Node MCU 通过 CH340 芯片将单片机 UART 信号转换为 USB 串口信号与 Raspberry Pi 进行通信,Raspberry Pi 作为 ROS 主机,通过 5.8 GHz 频段高速无线网络接入无线路由器,与同一局域网内的 ROS 从机进行通信。若有工业级别大量设备应用需求,可以在 ROS Node 下按需接入更多的电子鼻装置,数据经由 ROS Master 通过无线路由器经由运营商网络直接接入互联网,将采集到的数据上传到性能更高的云端服务器集群进行运算,其通讯模块结构图如图 15.3 所示。

15.3.3　主动呼吸系统设计

为增强设备气体采集能力,拟设计一套集加速换气、吹扫功能于一体的主动呼吸系统。主动呼吸主要通过调速风扇的低速模式提升电子鼻对气体的采样能力,而吹扫功能则通过风扇的高速模式实现对设备的清洁。可通过 MCU 的普通 I/O 直接控制呼吸系统启停,主动呼吸模块安装在传感器下端,FAN-EN 和 PWM-IN 引脚与 MCU 连接,通过 FAN-EN 控制主动呼吸系统启停,通过 PWM-IN 输入 PWM 信号控制速度实现主动呼吸和吹扫功能,控制电路如图 15.4 所示。

15.3.4　电源模块设计

本设计的 MOX 传感器阵列共计 8 通道传感器。MQ-3 型传感器的单个传感器工作电压 5 V、电流最大可达 0.18 A,传感器阵列总功率最大可达 7.2 W。为保证传感器阵列正常工作,同时配合机器人工业常用 12 V 输出电压,需要设计一个 DC 12 V 转换为 DC 5 V 的稳压电路,设计选用了内置了功率 MOS 的开关转换器 MP2482DN 作为稳压电路芯片,能够实现 DC 4.5 ~ 30 V 宽电压输入转换为 DC 5 V 稳压输出,整个电源模块最大可输出 5 A 电流,能够满足本次设计需求,电源电路设计如图 15.5 所示。

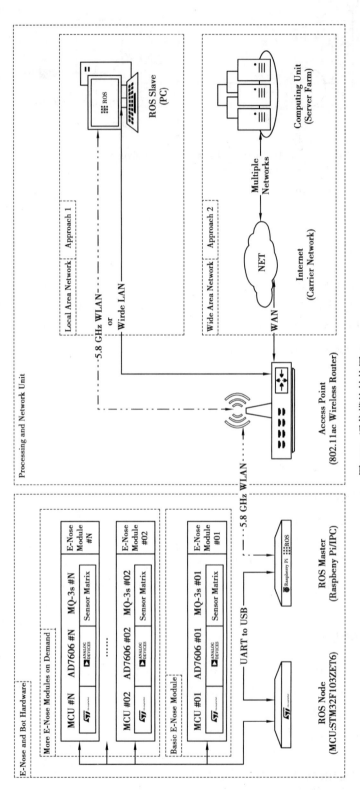

图15.3 通信模块结构图

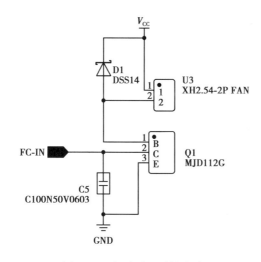

图 15.4　主动呼吸系统电路

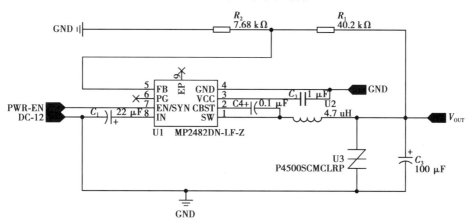

图 15.5　DC12 转 DC 5 V 稳压电源电路

15.4　气体传感器阵列设计

为实现对气体源的方向判断和定位,需要对传感器进行合理排布以获取较好气体分布信息。本设计采用了分布矩阵排布方式,该矩阵结构和环形结构类似,但是没有精确的安装角度要求,并且能够安装在机器人四周,减少顶部空间占用。使用该方式能够在使用较少传感器情况下,准确获取设备各方位气体状态信息。由于传感器采用分体式设计,安装过程更加简便,减轻了算法设计的压力,功耗适中,是一种优点明显的排布方法。结合机器人实际情况,传感器阵列最终选用了矩阵排布方式,共计 8 通道信号,对应设备的 8 个方向,能够在使用较少传感器的情况下准确获取系统全方位的气源信号状态,与系统采集模块连接如图 15.6 所示。

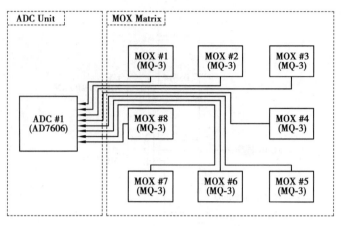

图 15.6　AD 单元和传感器矩阵连接示意图

15.5　软件系统设计

15.5.1　电子鼻 MCU 程序设计

电子鼻 MCU 主要负责传感器模拟电压量采集工作,MCU 通过软件模拟 SPI 协议程序与 AD7606 模块进行通信,将 AD7606 采集到的 8 路 MQ-3 传感器模拟电压量上传到单片机内,然后发送结果到 ROS Node MCU,程序框图如图 15.7 所示。

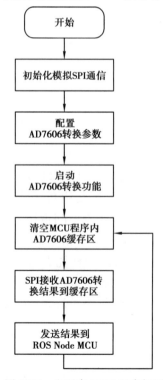

图 15.7　电子鼻 MCU 程序框图

15.5.2　ROS Node MCU 程序设计

ROS Node MCU 作为 ROS 节点,主要负责从下属各级电子鼻 MCU 获取数据,可通过 I²C、SPI 等协议与电子鼻 MCU 进行通信获取各个电子鼻采集到的数据,然后 MCU 板载 UART 串口经 CH340 芯片转换为 USB 串口信号发送到 ROS 主机,程序框图如图 15.8 所示。

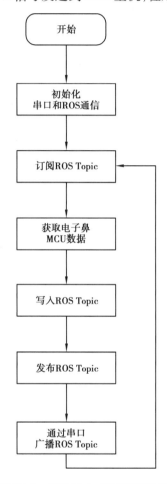

图 15.8　ROS Node MCU 程序框图

15.5.3　ROS 通讯程序设计

Raspberry Pi 作为 ROS 主机,主要负责控制机器人系统。在电子鼻应用中,可以承担数据中转任务,即通过 USB 串口通过发布 ROS Topic 方式下达采集指令。MCU 节点通过订阅上述 ROS Topic 执行采集工作,并发布 ROS Topic 方式上传的传感器数据。由 5.8 GHz 高速无线网络路由器,广播到同一局域网内或再经由运营商网络广播到云端。ROS 从机或云端更高性能的服务器集群可通过订阅方式获取计算数据,由 ROS 从机或服务器集群进行信号运算处理,然后将计算结果发布到新的 ROS Topic,ROS 主机通过相同的订阅方式获取计算结果,然后用于判断机器人下一步移动方向。ROS 通讯程序框图如图 15.9 所示。

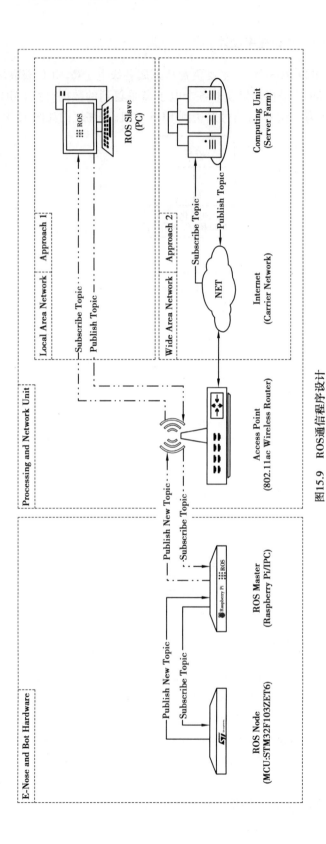

图15.9 ROS通信程序设计

15.6　气源定位追踪方案设计

实现通过气体传感器阵列数据获取气源方位是本设计的核心任务。通过设备采集到的各个传感器的电压信号,结合软件算法,完成检测、定位和追踪工作。其核心问题在于真实气体存在羽流和湍流现象以及传感器固有特性影响。

在早期研究中,Sutton 针对从点气源释放的气体羽流提出了一个高斯分布模型,如图 15.10(a)所示,它假设垂直于羽流中心线的所有横截面的时间平均浓度分布服从高斯分布,随着与源头距离的增加,截面的平均浓度下降。

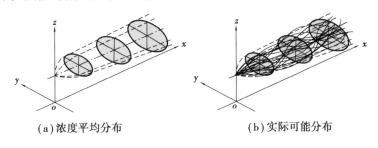

（a）浓度平均分布　　　　　　　（b）实际可能分布

图 15.10　模拟羽流分布图

实际上,如图 15.11 所示为一种真实气体实拍图片,其羽流分布情况类似图 15.10(b),目标检测气体在空气中以羽流形式传播。风作为一种湍流性质的传播介质,即使是最轻微的湍流也会将气体羽流分散成更小的羽流,这导致气体浓度分布不是理想的均匀状态,而是呈现间歇性的产生较大浓度波动的状态,因此很难用单一的传感器解决问题。故近几十年主要的研究都集中在研发精度更高的传感器及通过传感器阵列进行定位的研究。目前进行气源定位的主流方法有两种:一种是通过空间分布固定传感器网络进行定位,另一种是通过移动机器人携带电子鼻装置进行定位搜寻。本设计主要讨论的是配合移动机器人进行气源追踪定位的电子鼻硬件软硬件系统设计和实验研究。

图 15.11　真实气体羽流实拍图

本设计选用国产 MQ-3 酒精传感器作为电子鼻气体传感器阵列的核心传感器。MQ-3 传感器本身是一种金属氧化物(MOX)传感器,其具有成本低、重量轻、尺寸小的特点,但 MOX 传感器恢复时间可达 10～30 s,另外传感器固有的低通滤波特性阻碍了浓度间歇性量化,降低了远距离检测灵敏性。这些问题需要通过软件算法的优化解决。

15.7　气源定位追踪程序设计

15.7.1　基于上升信号数量的搜索方法

一种基于上升信号数量(Rise Numbers,RNS)作为估测气源距离所用核心参数的气源检测定位方法。首先需要采集清洁空气环境中的 RNS,用于设置传感器的阈值。当有气体进入检测范围以后,RNS 增加。在使用较少传感器的情况下,配合移动机器人完成气源追踪工作,并在真实羽流环境中完成追踪。虽然不可避免的会受到湍流的影响,但是多传感器同时处理可以减轻影响程度,能够较为迅速的完成检测和定位工作。

15.7.2　算法和软件实现

对于具有 n 个 MOX 传感器的气体传感器阵列,在 AD 单元每次进行采集的 t 时刻均会有一个气体传感器 i 对于单一起气体产生一个和 t 关联的电压信号 V_i,即在 AD 单元每次采集的 t 时刻均会有对应一组的 $(V_1,V_2,\cdots,V_n)$, n 为传感器数量,在本章的设计中 $n=8$,连续即传感器的采集的电压信号将会构成一个离散的二维数组:

$$V_t = \left[(t_1,t_2,\cdots,t_m),(V_1,V_2,\cdots,V_n) \right] \tag{15.1}$$

通过 ROS Topic 通信已经能够获取到有效的数据,在 ROS 从机中,通过一个 Python 程序将订阅的 Topic 中的数据提取出来,然后按照一定格式保存,供算法程序使用。

(1)信号预处理

由于传感器具有较长恢复时间,且传感器分布位置不同,以及不同 MOX 传感器本身之间存在的物理特性差异,导致获得的响应电压产生了一定的差距。数组中的不同 V_n 可能存在较大差异,导致了对传感器响应信号的数据分析处理变得困难。同时,在气体环境不受控的情况下,由于气体湍流等影响,平均气体浓度不能很好地反应气体扩散的真实状况,不便于估测源头距离,故需要对所得的信号进行一定的处理。

首先通过级联滤波的方式来增强输入信号中的快速瞬变,随后检测信号中的“阵发性信号”上升沿,即滤波信号幅度持续上升的部分。

为便于后续程序对信号的处理,信号 S 首先通过卷积与高斯核平滑,即低通滤波,以消除高频噪声:

$$S_{\text{smooth}} = SG^\sigma \tag{15.2}$$

对所有的输入信号,本设计使用了平滑参数 $\sigma_{\text{smooth}}=0.3s$ 的 G^σ 内核。

然后对信号求导,取数据点之间的差异:

$$x_t = s_t - s_{t-1} \tag{15.3}$$

式中　s_t——在 t 时刻的输入信号。

最后,进行等效具有指数核的卷积操作,通过计算半衰期 $\tau_{\text{half}}=0.4$ s(即半峰时间)的指数加权移动平均线(Exponentially Weighted Moving Average,EWMA)对导数进行漏积分。从低通传感器信号 x_t 产生滤波时间序列 y_t 可表示为:

$$y_t = (1 - \alpha) \cdot y_{t-1} + \alpha(x_t - x_{t-1}) \tag{15.4}$$

$$\alpha = 1 - e^{\lg\left(\frac{1}{2 \cdot \tau_{half} \cdot \Delta t}\right)} \tag{15.5}$$

式中　Δt——所用时间步长,可用电子鼻的 AD 单元采集频率倒数表示。

(2)"阵发性信号"搜寻

信号通过滤波后,可以将所得的信号用于进一步的处理,接下来进行搜寻"阵发性信号"操作。

首先计算 y_t 的积分:

$$y'_t = y_t - y_{t-1} \tag{15.6}$$

此时,"阵发性信号"特征可以表示为 $y'_t \geqslant 0$,为便于后续信号处理,重新定义变量 b_t 用于表示"阵发性信号"特征:

$$\begin{cases} b_t = 1, y'_t \geqslant 0 \\ b_t = 0 \end{cases} \tag{15.7}$$

当 b_t 从 0 变为 1 时,即表示一个"阵发性信号"产生,当 b_t 从 1 变为 0 时,表示"阵发性信号"结束,阵发性信号的幅度可以表示为:

$$a_{bout} = y_{t_2} - y_{t_1} \tag{15.8}$$

式中　t_1——"阵发性信号"起始时间;

t_2——阵发性信号结束时间。

由于 y_t 在 t_1 至 t_2 之间呈连续单调递增,因此有如下对应关系:

$$\begin{cases} y_{t_1} : \{a_{bout}\}_{min} \\ y_{t_1} : \{a_{bout}\}_{max} \end{cases} \tag{15.9}$$

分别对应了该段时间内产生的"阵发性信号"幅度的最小值和最大值。

(3)假阳性结果过滤

假定气体引起的"阵发性信号"仅在有点气源释放的过程中产生,本设计认为在气体开始释放前能够检测到的"阵发性信号"均为假阳性信号,并将其记为 a_{ref},本设计使用了经典的"3σ 准则"估测了假阳性幅度阈值:

$$\theta_{amp} = <a_{ref}> + 3 \cdot \sigma_{ref} \tag{15.10}$$

式中　$<a_{ref}>$——气体释放前的平均振幅;

σ_{ref}——气体释放前的振幅标准差(通常直到 $t = 50$ s)。

当气体释放后,若检测幅值低于 θ_{amp},则将其判断为假阳性信号。

(4)RNS 计算和距离估测

本设计整体通过使用 Python 的 Pandas 包对传感器所采集到的原始数据进行了数据解析、清理和重新采样,使用 numpy、scipy 和 sklearn 包执行 FFT 操作进行分解和滤波,使用 matplotlib 进行绘制。实现通过 Python 程序计算 RNS,转换为与气源距离的关系。

对于信号预处理程序实现,本设计通过 scipy. signal. butter( )函数实现了一个可控的二阶巴特沃斯数字低通滤波环节,实现了与式(15.2)相同的效果。通过 pandas. rolling( )函数对传入的信号以 5σ 为窗口大小进行数据选择,然后通过 numpy. diff( )函数计算元素差值,实现式(15.3)中的操作。通过 make_boutcounters( )函数为数据跟踪生成 EWMABoutCounter 对象,实现式(15.4)和式(15.5)操作。

对于"阵发性信号"搜寻程序实现,本设计首先将上述所得的 EWMABoutCounter 对象通过 numpy. diff( )函数实现式(15.6)中的求导操作,然后通过 numpy. array( )创建用于记录"阵发性信号"的存储区域,然后设定 sigchange 变量表示导数的正负,当所得导数为正时,通过 numpy. nonzero(sigchange >0)方法将正导数记为"阵发性信号"的起始位置,numpy. nonzero(sigchange <0)方法将非正导数记为"阵发性信号"结束位置,实现在非零数组中记录"阵发性信号"的持续状态,即式(15.7)中的操作。

对于假阳性信号过滤程序实现,本设计首先通过 numpy. zeros( )函数新建数组,然后将所得的气体释放前的数据作为参考基准传入程序,通过 numpy. std( )函数计算标准差,然后通过 numpy. mean( )函数取所得数据的平均值,求得阈值为平均值与三倍标准差之和,即实现式(15.10)中的操作。

最后通过 numpy. arange( )函数计算图像中的 RNS,然后通过 sklearn 转换为 RNS 与气源距离的关系。

15.8 综合实验结果及分析

15.8.1 实验方案

本设计主要应用于工业气体泄漏检测场景,设计了气体泄露行为模拟实验、气源检测实验和气源定位实验 3 个主要的实验环节。

电子鼻装置设计为模块化安装的结构,可扩展安装在移动机器人的四周,如图 15.12 所示为一种安装在移动机器人中层结构的安装方式。电子鼻装置分别安装在移动机器人某层的四周,机器人的上下层级以及本层级均可继续搭载其他器件或模块,且完全不影响机器人扩展性。

图 15.12 电子鼻装置安装示意图

本设计的实验环节中,选用一块 8 m×10 m 的开阔自然风力实验场地,环境中存在真实羽流,机器人和气体泄漏模拟装置的安放方法如图 15.13 所示。

实验中使用了 8 通道的 MQ-3 传感器,所采集的数据均为模拟电压,设定采集频率为 100 Hz。为便于后续应用,在该基础上扩展数据为单点传感器更替为单板 8 通道传感器。通过单板传感器数据差分可以获得更准确的数据值,减少单个传感器由于工艺等原因造成的误差,单条数据定义格式为依次为:基于时间基数的相对时间(单位:ms)、风速情况设定值和实测值、气体流量控制器情况设定值和实测值、温度值(单位:℃)、湿度(单位:% RH)、分隔符、

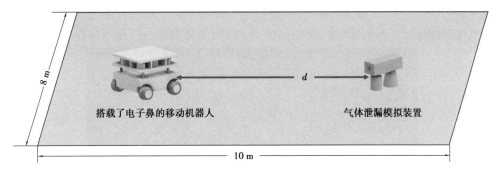

图 15.13　实验场地示意图

传感器板位 1 的 8 条数据、分隔符、传感器板位 2 的 8 条数据、分隔符等以此类推到传感器板位 8 的 8 条数据,每个数据之间使用 Tab 制表符隔开,单次采样数据 2 000 条,保存为 .csv 格式的数据集。

在实际操作过程中,由于没有较高精度的风速计以及气体流量控制器,该环节采样数据均设置为 0,由于实际设备大小限制,没有在各板位安装 8 个传感器,各板位的 8 条数据按重复的单传感器数据处理。

通过 ROS 系统自带的 rosbag 工具,可以将整个系统中 ROS Node 发送到 ROS Master 的 Topic 数据进行完整记录到一个以系统日期和时间命名的 bag 格式文件中,该文件可以通过 rosbag play 命令回放整个过程,也可以通过 rostopic 命令从该包中将数据提取到 .csv 格式文件或 .txt 格式文件,便于后续处理。通过该方式可以将所有的数据记录到文件中,然后回到实验室环境后再提取需要的 Topic 内容进行进一步研究。

15.8.2　气体泄漏模拟

在实验环节中,设计了两种用于模拟工业气体泄漏的酒精挥发装置,如图 15.14 所示。

如图 15.14(a)所示装置采用了一个由 PWM 控制的可调速风扇作为主要的模拟泄露源头,将酒精液体放入一个敞口容器然后置于盒中,借由本身存在的易挥发性质加上风扇风力进行传播,如图 15.14(b)所示装置采用了一个抽吸泵,配合一个加压喷洒装置,将酒精液体从瓶中抽出然后直接以雾化气体形式直接喷洒到空中,通过控制装置背后的抽气孔开度以达到控制酒精喷洒量的目的,配以一圈 LED 灯用于显示雾状气体形态。

（a）　　　　　　　　　　　　　　（b）

图 15.14　酒精挥发装置

经过实际测试,如图 15.14(a)所示装置产生的酒精气体浓度较低,在距离超过 0.3 m 范围外传感器几乎无法获取到有效信号,产生这种现象的原因主要是由于酒精本身的挥发能力有限,且风扇能够产生的风力也是有限的,不能很好的模拟工业气体泄漏具有的点气源泄漏、气体流速高的特点。如图 15.14(b)所示装置产生的气体状态呈点气源高速喷射的特性,符合工业气体泄漏特征。后续实验均使用如图 15.15 所示装置作为模拟气体泄漏源。

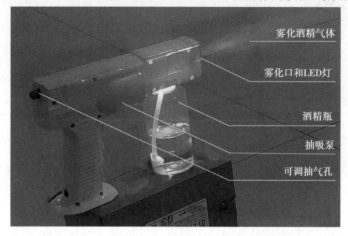

图 15.15　模拟工业气体泄漏的酒精挥发装置实物图

15.8.3　传感器响应特性测试

取 9 个 MQ-3 传感器密集分布在同一个板上,在距离传感器 0.5 m 处释放酒精气体 3 s,然后关闭气体,重复实验 3 次,取 9 个传感器 3 次测试的平均结果,测得的传感器电压响应曲线如图 15.16 所示。

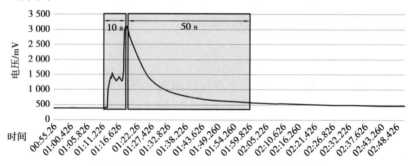

图 15.16　MQ-3 响应时间和恢复时间测试结果

从图中可以观察到,MQ-3 传感器检测气体的响应时间在 10 s 左右,而撤去气体的恢复时间在 50 s 左右,实际测试结果表明 MQ-3 传感器恢复时间远超产品说明书标称的 30 s 恢复时间。

取 9 个 MQ-3 传感器密集分布在同一个板上,实验从静置状态开始,1 min 后开始连续释放酒精气体,从距离气源 0.5 m 处每 1 min 移动一次气源,按 0.5 m 为一移动单位将气源靠近传感器板,直至 0.5 m 处停止。重复实验 3 次,取 9 个传感器 3 次测试的平均结果,测得的传感器电压响应曲线如图 15.17 所示。

从图中可以观察到,MQ-3 传感器在连续释放气体的过程中,气源距离和 MQ-3 传感器的电压响应特性有一定关联,但是未呈现出明显的线性相关特性。实验结果表明,MQ-3 传感器不是一个线性传感器,同时电压与气源距离也存在一定关系。

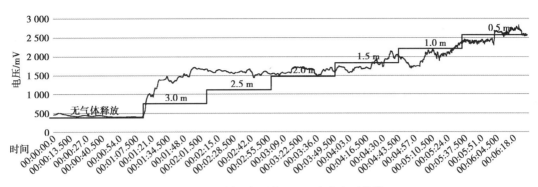

图 15.17 不同距离下的 MQ-3 响应电压曲线

15.8.4 气源检测实验

如图 15.18 所示,将设备放置在场地中线距离右侧 1 m 处,模拟泄漏源放置在场地中线上,从设备所在位置开始,按 0.5 m 为梯度设置 0.5 ~ 8 m 的检测点。气源抽气孔开度设置为 25%,重复换向测试 4 次,测试结果均值如图 15.19 所示。

图 15.18 测试现场实拍

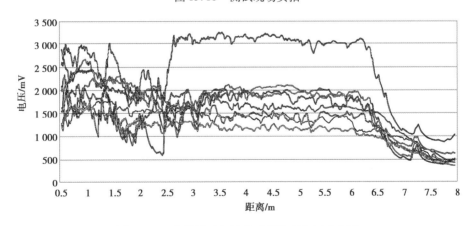

图 15.19 直线测试气体传感器阵列电压响应图

如图 15.17 所示,无气体释放情况下电压响应约为 500 mV,故此处将有效电压信号响应定义为 500 mV 以上的电压信号。如图 15.19 所示,在连续运动过程中,0 ~ 7 m 均存在有效电压信号响应,结果表明实验环境直线距离 7 m 内范围传感器均能检测到有效信号,满足设计指标。

15.8.5 回程测试

如图 15.20 所示,在 8 m×10 m 的开阔无风实验环境中,将传感器置于一端中点位置,将挥发气源从近到远移动,从机器人直线距离 5 m 处开始,每次将气源向传感器所在方向移动 0.5 m,直到气源距离传感器 0.5 m,开始反向移动,直到距离 5 m,停止移动。

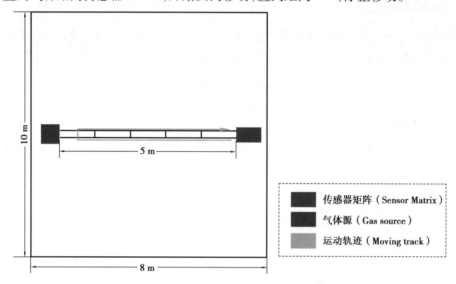

图 15.20 MQ-3 传感器响应特性测试示意图

在测试环节中,首先在释放气体前启动传感器供电和采集转换,在没有气源的情况下稳定采集 1 min,然后启动气体泄漏模拟装置,气源抽气孔开度设置为 25%,每间隔 30 s 移动按 0.5 m 为间距沿轨迹移动气源直至气源退回到原点,回到原点后等待 30 s,关闭气源,然后将设备静置 2 min,一个记录周期结束。重复上述操作 3 次,得到传感器响应曲线如图 15.21 和图 15.22 所示。

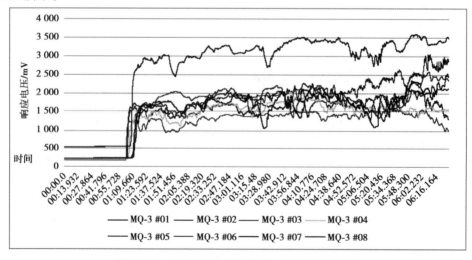

图 15.21 靠近气源的传感器阵列电压响应曲线

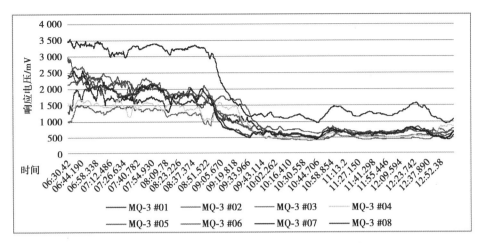

图 15.22　远离气源的传感器阵列电压响应曲线

从图中可以观察到,MQ-3 传感器在回程测试过程中表现为没有明显的线性相关特性,且与去程的数据存在较大的差异,导致这个问题的原因可能是在回程过程中受到了一定气体羽流的影响。

15.8.6　气体定位实验

将设备放置在场地中线距离右侧 1 m 处,模拟泄漏源放置在场地中线上,气源抽气孔开度设置为 25%。从设备所在位置开始,将气源分别安置到 0.5 ~ 3 m 的所有测试点,重复实验 3 次,每次实验均从无气体释放开始,1 min 后持续释放气体 4 min,然后关闭气源,静置 3 min 后关闭记录系统。重复实验 3 次,其中距离气源 0.5 m 测试点距测得数据的均值如图 15.23 所示。

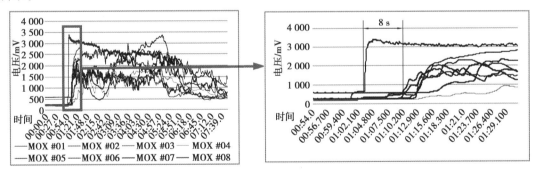

图 15.23　距离气源 0.5 m 测试点传感器阵列电压曲线

其中 MOX#02 为直面气源的传感器,也就是距离气源最近的传感器。可以看到 MOX#02 在检测到气体时的响应初次响应时间比另外的 7 个传感器快 8 s,且初次上升幅度明显高于其他传感器,可以作为判断方向的参数之一。但是各传感器反映的数据表明距离和浓度之间不存在显著相关性。

将所有测试点的 MOX#02 数据取平均值后,通过低通滤波、微分和 EWMA 算法滤波的结果如图 15.24 所示。紫色部分即为检测到的上升信号,通过程序将 RNS 计算出来,转换为如图 15.25 所示的距离与 RNS 的关系,"平均值"是指传感器阵列平均计数的回归,图中给出了 R^2 和均方根误差(Root Mean Square Error,RMSE),用于描述距离与 RNS 的线性相关性和电子鼻定位的精度。

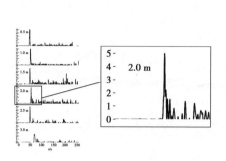 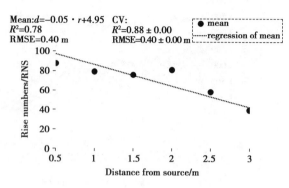

图 15.24　经算法滤波后的信号图像　　　　图 15.25　距离与 RNS 数量的关系

观察图像发现,在真实环境中,当检测到气体产生时,会产生一个振幅明显大于均值的上升信号。RNS 数量越多,与气源距离更近,均方根误差为 0.4 m,满足设计指标,图像表明距离与 RNS 具有一定的线性关系,可以通过 RNS 推测相对距离关系。其中,在 2 m 处的 RNS 数量明显高于回归均值,可能是由于此处受到了较大的羽流影响。在反向计算距离的过程中,应当采用算法排除明显偏离回归的误差点后再进行回归计算。RNS 数量与距离的关系如图 15.26 和图 15.27 所示,除去误差点后的回归 R^2 大于 0.9,表明两者之间有较好的相关性。根据 RNS 预测的距离结果误差线设置为 ±0.5,回归均落在误差线内,误差符合设计要求。

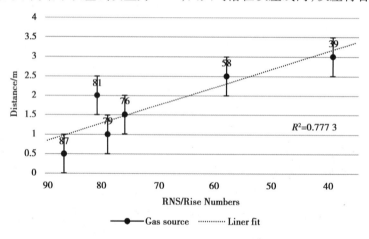

图 15.26　RNS 与距离的回归

电子鼻上的 8 个 MOX 传感器所采集的原始电压信号之间存在时间差,可作为判断气源方向的参数。气体扩散后,传感器信号不存在规律的大小关系,而存在交叉环节,故原始信号大小与距离之间不存在较好的相关性。经算法处理后的信号在检测到气体时会产生明显高于均值的上升信号,随着距离增加,RNS 数量不断减小,表明 RNS 数量与气源距离之间存在较好的相关性,且均方根误差能够满足设计指标要求,可作为估测距离的核心参数。

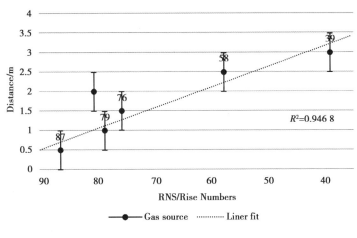

图 15.27　去除误差点后的回归

15.9　总　结

本设计基于气体传感器阵列的电子鼻系统,结合 MOX 传感器电压响应的"阵发性信号"上升沿数量(RNS)特性进行气源检测和定位,主要结论如下:

①本设计采用国产的 MQ-3 酒精传感器作为传感器阵列的核心器件,通过 AD-7606 采集卡完成电压数据采集,通过 STM32F103ZET6 作为 MCU 的 ROS Node 完成电子鼻数据接收并通过 USB 传输到 ROS Master。通过 5.8 GHz 无线网络传输数据到 ROS Slave 或云端处理集群进行数据运算,并回传运算结果到 ROS Master。本设计的电子鼻具有电压信号调理电路、电压数据采集上传、数据综合运算处理、气源检测和定位的功能。

②本设计使用基于 MOX 传感器响应的 RNS 数量进行气源检测和定位的方法,并设计了相关的算法和 Python 程序,实现了设计指标内的检测定位工作。实验结果表明,与概率分布法相比,能够在使用较少传感器的情况下完成气源检测和定位工作;与传统单一浓度梯度方法相比,本设计的电子鼻抗羽流影响效果更好。

③本设计的电子鼻系统采用了 ROS 通信方法,能够较好地配合各类移动机器人使用,适用于石化行业的危险气体泄露检测和追踪工作。

④针对本设计的电子鼻,开展了相关的实验。工业气体泄漏模拟实验验证了气源泄露装置能够有效模拟工业气体点气源、高速喷射的特性。气源检测实验结果表明本设计的电子鼻能够满足检测半径 7 m 的设计指标;气源定位实验结果表明本设计的电子鼻定位精度能够达到±0.5 m 的设计指标。综合结果表明本设计能够达到所有的设计指标要求。

参考文献

［1］柏俊杰,李作进,黄靖,等.STM32 单片机开发与智能系统应用案例:基于 C 语言、Arduin0 与 HTML5 技术［M］.重庆:重庆大学出版社,2020.

［2］敖渝钦.固定场景跟随小车主动避障的方法研究［D］.重庆:重庆理工大学,2023.

［3］张子涵.基于多传感数据融合的自主巡航智能小车设计［D］.杭州:浙江理工大学,2022.

［4］孙洁.基于毫米波雷达的非接触睡眠呼吸暂停监测系统设计［D］.杭州:杭州电子科技大学,2022.

［5］顾维玺.基于移动感知技术的睡眠状态追踪研究［D］.北京:清华大学,2015.

［6］胡杨杨.基于毫米波雷达的睡眠呼吸监测系统的研究与应用［D］.南昌:南昌大学,2023.

［7］王振军.基于 SnO_2 气体传感器阵列电子鼻系统研究与设计［D］.杭州:杭州电子科技大学,2010.

［8］陈立伟,杨建华,孙亮,等.基于分布式传感器阵列的静态气体源定位方法［J］.电子科技大学学报,2014,43（2）:212-215,221.

［9］DRIX D,SCHMUKER M. Resolving fast gas transients with metal oxide sensors［J］. ACS Sensors,2021,6（3）:688-692.

［10］WANG L X,PANG S,LI J L. Olfactory-based navigation via model-based reinforcement learning and fuzzy inference methods［J］. IEEE Transactions on Fuzzy Systems,2021,29（10）:3014-3027.